Ökobilanzierung komplexer Elektronikprodukte

Springer
Berlin
Heidelberg
New York
Barcelona
Budapest
Hongkong
London
Mailand
Paris
Santa Clara
Singapur
Tokio

Siegfried Behrendt · Rolf Kreibich
Sven Lundie · Ralf Pfitzner
Michael Scharp

Ökobilanzierung komplexer Elektronikprodukte

Innovationen
und Umweltentlastungspotentiale
durch Lebenszyklusanalyse

Mit 47 Abbildungen und 76 Tabellen

Springer

Siegfried Behrendt
Rolf Kreibich
Sven Lundie
Ralf Pfitzner
Michael Scharp
Institut für Zukunftsstudien
und Technologiebewertung
Schopenhauerstr. 26
14129 Berlin

Gefördert von der Volkswagen-Stiftung

ISBN-13: 978-3-642-64343-9 Springer-Verlag Berlin Heidelberg New York

Die Deutsche Bibliothek – CIP-Einheitsaufnahme

Ökobilanzierung komplexer Elektronikprodukte: Innovationen und Umweltentlastungspotentiale durch Lebenszyklusanalyse / von Siegfried Behrendt... – Berlin; Heidelberg; New York; Barcelona; Budapest; Hongkong; London; Mailand; Paris; Santa Clara; Singapur; Tokio: Springer, 1998
ISBN-13: 978-3-642-64343-9   e-ISBN-13: 978-3-642-60299-3
DOI: 10.1007/978-3-642-60299-3

Satz: Reproduktionsfertige Vorlage durch Herausgeber

SPIN: 10560840   30/3136 - 5 4 3 2 1 0 – Gedruckt auf säurefreiem Papier

Vorwort

Bislang wurden vor allem relativ einfache Produkte in Ökobilanzen untersucht. Der überwiegende Teil beschäftigt sich mit Verpackungsmaterialien. Zu komplexen Produkten und speziell zu elektronischen Bauteilen liegen bisher nur wenige detaillierte ökologische Untersuchungen vor. Das Institut für Zukunftsstudien und Technologiebewertung (IZT), Berlin, hat in einer umfassenden Studie jetzt erstmals Farbfernsehgeräte über ihren gesamten Lebenszyklus bilanziert. Das Interesse galt der Aufdeckung von Schwachstellen in der Produktlinie TV und der Bewertung von möglichen Innovationen zur ökologischen Optimierung von Farbfernsehgeräten.

An dem Forschungsprojekt, das von der Volkswagen Stiftung gefördert wurde, beteiligten sich die Farbfernsehgeräte-Hersteller Loewe Opta GmbH, Sony Europa GmbH und Schneider Elektronik Rundfunkwerk GmbH. Darüber hinaus waren auch verschiedene Zulieferer der Gerätehersteller sowie Verbrauchereinrichtungen, Verbände der Industrie und das Umweltbundesamt in das Projekt einbezogen.

Die Resultate, die bei dem Pilotprojekt gewonnen wurden und hier zusammengefaßt als Buch vorliegen, bieten eine Grundlage für die Ökobilanzierung komplexer Produkte. Das Buch zeigt methodische Möglichkeiten für eine Komplexitätsreduktion auf, ohne zentrale Aspekte im Lebenszyklus zu vernachlässigen, und präsentiert eine Fülle von Daten, die für weitere Arbeiten auf diesem Gebiet von Nutzen sind.

Kapitel 1 gibt einen Überblick über den Stand der Methodenentwicklung und die nationalen und internationalen Bemühungen zur Standardisierung von Ökobilanzen. Sie bilden den Rahmen, an dem sich die vorliegende Untersuchung orientiert.

Da, abgesehen von einigen Grundsätzen, bisher nur sehr wenige feste Regeln zur Ökobilanzierung existieren, wurden eigene Festlegungen getroffen. Sie werden in Kapitel 2 dargestellt. Dies betrifft insbesondere Aspekte der Systemabgrenzung, der Komplexitätsreduktion und der einzubeziehenden Kriterien sowie die Art der Aufbereitung von Ergebnissen. Um den subjektiven Faktor 'eigener Festlegungen' zu minimieren, wurde eine projektbegleitende Werkstatt mit Beteiligung der Fachöffentlichkeit eingerichtet, in der in einem kooperativen Prozeß mit den beteiligten Firmen und Vertretern relevanter Institutionen übergreifende Fragen der Zielfestlegung, der Einbeziehung von Umweltkriterien und der Bewertung behandelt wurden.

Für die Untersuchung wurde ein hypothetisches Referenzgerät zusammengestellt, das aus den Komponenten dreier handelsüblicher Geräte der beteiligten Hersteller besteht. Die Zusammensetzung des Referenzgerätes wird in Kapitel 3 beschrieben.

Die Kapitel 4 bis 9 geben die Ergebnisse der Input-Output-Analysen in Form einer Sachbilanz wieder. Um die Komplexität auf ein bearbeitbares Maß zu reduzieren, wurden als Leitparameter für die Untersuchung Energieverbrauch und Abfallmenge ausgewählt. Betrachtet wurde der gesamte Lebenszyklus, d.h. von der Gewinnung und Verarbeitung der Rohstoffe, der Werkstoffherstellung und Bearbeitung, der Fertigung der Bauteile und Montage des Gerätes über die Distribution und Nutzungsphase bis hin zu Recycling und Entsorgung.

In den Kapiteln 10 bis 13 werden Innovationsoptionen zur ökologischen Optimierung von Farbfernsehgeräten behandelt. Untersucht wurden verschiedene Gehäusevarianten und Elektronikkonzepte sowie Möglichkeiten, den Energieverbrauch in der Gebrauchsphase zu senken.

In Kapitel 14 erfolgt eine Wirkungsabschätzung der in der Sachbilanz ermittelten Umweltbelastungen. Sie konzentriert sich auf den Vergleich der Umweltwirkungen verschiedener Gehäusekonzepte. Ein weiterer Schwerpunkt ist die Abschätzung der toxikologischen Relevanz der ein- und freigesetzten Stoffe.

In Kapitel 15 werden Schlußfolgerungen aus den Ergebnissen der Sachbilanz und Wirkungsabschätzung gezogen. Darüber hinaus werden Umweltentlastungs- und Optimierungspotentiale eines ökologisch konstruierten Fernsehgerätes anhand des Ressourcenverbrauchs, des Primärenergiebedarfs, der Recyclingquote und der Abfallmenge dargestellt.

Abschließend sei an dieser Stelle betont, daß die Zusammenarbeit mit den kooperierenden Firmen Loewe Opta GmbH, Schneider Elektronik Rundfunkwerk GmbH und Sony Europa GmbH sehr fruchtbar verlief. Dies äußerte sich insbesondere in dem Engagement, das dem Projekt entgegengebracht wurde sowie in der Bereitstellung von Informationen und Daten. Wertvolle Informationen haben auch verschiedene Zulieferer der Hersteller zur Verfügung gestellt.

Hervorzuheben sind die Firmen Ninkaplast GmbH, Philips GmbH Bildröhren-fabrik und Schott-Werke GmbH sowie der Elektronikbauteilehersteller Philips Components. Den beteiligten Firmen sei an dieser Stelle für ihre Kooperation gedankt. Darüber hinaus gebührt den Teilnehmern der projektbegleitenden Werkstatt besonderer Dank: Herrn Brix (Stiftung Warentest), Herrn Graßmann (Deutsches Institut für Normung), Frau Harenberg (SchUB beim BUND), Herrn Henseling (Sekretariat der Enquete-Kommission „Schutz des Menschen und der Umwelt" des 12. Deutschen Bundestages), Herrn Landeck (Loewe Opta GmbH), Herrn Mordziol (Umweltbundesamt), Herrn Neitzel (Umweltbundesamt), Herrn Ohmle (Schneider Elektronik Rundfunkwerk GmbH), Herrn Rock (Unter-nehmensGrün), den Herren Dr. Scheidt, Günther, Schulz, Schneider und von Quast (alle Sony Europa GmbH) und Frau Westermann (Umweltbundesamt), da sie durch ihre Sachkompetenz und konstruktive Mitarbeit wesentlich zum Fort-schritt des Projekts beigetragen haben. Bei der VW-Stiftung bedanken wir uns für die Förderung, ohne die das Projekt nicht hätte durchgeführt werden können. Besonderer Dank gebührt schließlich Herrn Hof, der das Projekt von seiten der Volkswagen-Stiftung betreut und unterstützt hat.

Siegfried Behrendt
Prof. Dr. Rolf Kreibich
Sven Lundie
Ralf Pfitzner
Dr. Michael Scharp

Inhaltsverzeichnis

Tabellenverzeichnis

Abbildungsverzeichnis

1 Die Produkt-Ökobilanz

1.1 Definition

Bei dem Bemühen, konkrete Aussagen über die Umweltauswirkungen von Produkten und Verfahren treffen zu können, hat in den letzten Jahren die Methode der Ökobilanzierung an Bedeutung gewonnen.

Der Begriff 'Ökobilanz' wird in der Literatur vielfältig verwendet, teilweise für recht unterschiedliche Dinge wie z. B. produktbezogene Bilanzierungen als auch für unternehmensinterne Stoff- und Energiebilanzen. Dies hat zu einer Begriffsverwirrung beigetragen, deren Ursprung in den Anfangszeiten ökologisch orientierter Bilanzierungsversuche zu suchen ist. Mittlerweile hat die Diskussion um Ökobilanzen in einigen Punkten einen gewissen Konsens erzielt. So wird in Bezug auf die Begriffswahl im nationalen Rahmen bei Ökobilanzen mit einem konkreten Produktbezug von Produkt-Ökobilanzen gesprochen, international hat sich die Bezeichnung Life-Cycle-Assessment (LCA) durchgesetzt. Dabei wird von einem erweiterten Produktbegriff ausgegangen, der es auch erlaubt, Dienstleistungen in den Untersuchungsrahmen einzubeziehen, so daß z. B. Einwegwindeln mit Baumwollwindeln und einem Windelwaschdienst verglichen werden können. Wenn im folgenden von Ökobilanzen die Rede ist, sind - sofern nicht anders erwähnt - immer Produkt-Ökobilanzen gemeint.

Ziel einer Ökobilanz ist es, die mit Produkten in Verbindung stehenden Wirkungen auf die Umwelt zu erfassen, transparent und strukturiert aufzubereiten sowie zu bewerten. Hierzu werden entlang des gesamten Produktlebenswegs, also von der Gewinnung der Rohstoffe bis zur endgültigen Entsorgung, die auftretenden ökologischen Auswirkungen unter Verwendung einer fundierten Datenbasis analysiert und in ihrer spezifischen Wirkung abgeschätzt und bewertet.

Ökobilanzen stellen ein umweltorientiertes Informations-, Zielfindungs- und Planungsinstrument dar, mit dessen Hilfe die wesentlichen Schwachstellen innerhalb von Produktlebenszyklen oder Produktionsverfahren identifiziert, mögliche Alternativen verglichen und bewertet werden können. Aufgrund dieser

Vergleichs- und Optimierungsfunktion werden Ökobilanzen als Hilfsmittel für umweltorientierte Entscheidungen in Bezug auf die Auswirkungen eines Produktes, Prozesses oder einer Dienstleistung herangezogen.

Heute sind über 400 Ökobilanzen bekannt. Die meisten Ökobilanzen vergleichen verschiedene Materialien. Mit rund 33% aller Studien dominiert der Verpackungsbereich. Es folgen Baumaterialien, Hygieneartikel, Energie und Kunststoffe. Erst langsam werden auch langlebige komplexe Konsumgüter und Investitionsgüter in Ökobilanzen erschlossen. Der Anteil elektrotechnischer Produkte liegt mit 3,1% vergleichsweise niedrig. Dies dürfte einerseits darin begründet sein, daß Verpackungen und Babywindeln als Wegwerfprodukte im Zuge der umweltpolitischen Diskussion größere Aufmerksamkeit erlangt haben. Andererseits ist die Bilanzierung komplexer Produkte bisher sowohl methodisch anspruchsvoll als auch finanziell aufwendig[1].

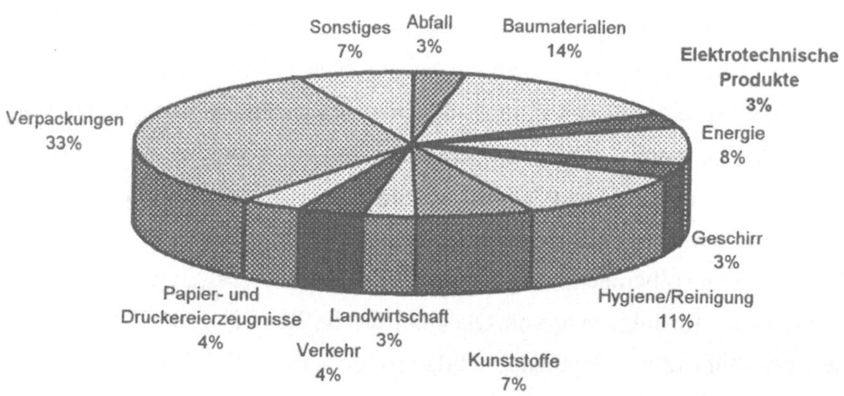

Abb. 1.1. Anwendungsfelder von Produkt-Ökobilanzen (1974 bis 1995; Rubik, 1997)

---

[1] Behrendt, Siegfried; Köplin, David (1996): Ökobilanz als Instrument zur kreislaufgerechten Produktgestaltung: Lebenszyklusanalyse von Farbfernsehgeräten, in: Kreibich, Rolf u.a. (Hrsg.): Wirtschaften in Kreisläufen, Weinheim 1996, S. 67ff.

1.2 Methodischer Ansatz

Die Entwicklung einer Methodik zur ökologischen Bewertung von Produkten reicht bis in die 60er Jahre zurück als das Midwest Forschungsinstitut in Kansas City (USA) im Auftrag von Coca Cola für verschiedene Getränkeverpackungen eine 'Resource and Environmental Profile Analysis' erstellt hat. In den 80er Jahren hat vor allem das Schweizer Bundesamt für Umwelt (BUWAL) mit der Methode der Kritischen Volumina entscheidenden Einfluß auf die Methodikdiskussion genommen. Inzwischen sind weitere methodische Ansätze hinzugekommen. Sie spiegeln das Dilemma von Ökobilanzen wider, aufgrund der Komplexität von Stoff- und Energieflüssen einerseits und dem Wunsch nach möglichst einfachen Ergebnissen andererseits zwischen Informationsverdichtung und Informationsvernichtung Kompromisse machen zu müssen. Die methodischen Antworten auf dieses Dilemma sind vielschichtig. Grundsätzlich kann zwischen High-level- und Low-level-Aggregationsverfahren differenziert werden (Rubik 1994).

High-level-Aggregationen liegen dann vor, wenn aus den verfügbaren Sachdaten über Wertungskoeffizienten eine oder mehrere Kennziffern gebildet werden. Hierzu zählt z. B. die Methode der ökologischen Knappheit oder das Konzept der kritischen Mengen.

Low-level-Aggregationen verzichten hingegen weitgehend auf eine Informationsverdichtung und werten die Ergebnisse im Rahmen von entscheidungsorientierten Vorgehensweisen wie Nutzwertanalysen oder verbal-qualitativen Verfahren aus.

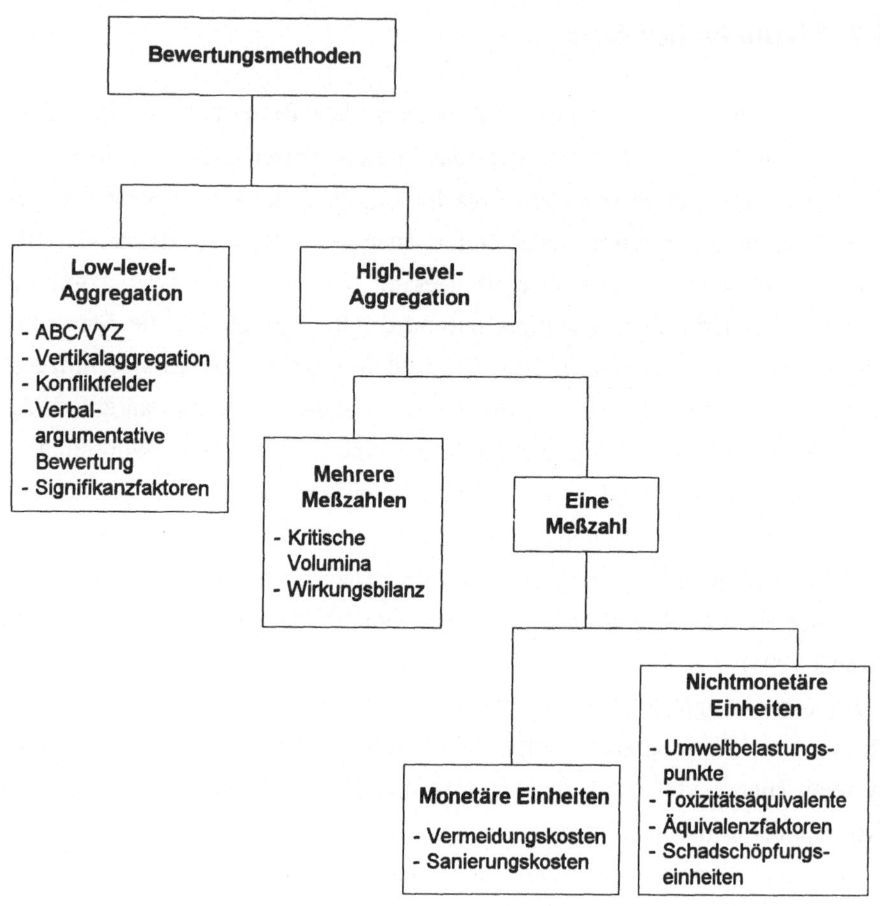

Abb. 1.2. Bewertungsmethoden bei der Ökobilanzierung (Rubik 1994)

In der Praxis überwiegen bisher Produktbilanzen, die das Konzept der kritischen Mengen und der Umweltbelastungspunkte anwenden (Rubik 1994). Daraus ist aber noch kein 'main stream' abzuleiten. Zunehmend wird deutlich, wie problematisch gerade auf eindimensionale Aggregationen fixierte Bewertungsverfahren sind. So zeigt z. B. eine Studie von Baumann, in der drei auf eindimensionale Kennziffern abzielende Methoden miteinander verglichen werden, daß die Ergebnisse um mehrere Größenordnungen schwanken (Baumann 1992). Von Ökobilanzen zur Vegetationskontrolle ist bekannt, daß die zugrundegelegten Grenzwerte zur Berechnung der kritischen Mengen entscheidenden Einfluß auf das Ergebnis haben, mitunter sogar zu gegenteiligen Ergebnissen geführt haben (Jolliet 1993).

Angesichts der verschiedenen methodischen Entwicklungen wird seit einiger Zeit auf nationaler und internationaler Ebene an der Formulierung von einheitlichen, konsensfähigen Standards zur Ökobilanzierung von Produkten gearbeitet. Beteiligt sind daran insbesondere:

- der Arbeitsausschuß „Produktökobilanzen" beim Deutschen Institut für Normung (DIN), der in einem „Memorandum of Understanding", 1994 Grundsätze für produktbezogene Ökobilanzen formuliert hat (DIN 1994).
- die 'Arbeitsgruppe Ökobilanzen' des Umweltbundesamtes, die 1992 einen Sachstandsbericht „Ökobilanzen für Produkte, Bedeutung - Sachstand - Perspektiven" (UBA 1992) vorgelegt hat. 1994 wurde im Zuge weiterer Diskussionen ein Grundsatzpapier zu Fragen der Wirkungsbilanz und der Bewertung erarbeitet (UBA 1994).
- die Enquete-Kommission des 12. Deutschen Bundestages „Schutz des Menschen und der Umwelt", die u. a. das Ziel verfolgte, wissenschaftlich begründete und gesellschaftlich konsensfähige Bewertungskriterien für Ökobilanzen zu entwickeln. Die Ergebnisse sind vor allem im Zwischenbericht der Enquete-Kommission zusammengefaßt (Enquete-Kommission 1993).
- die Strategic Advisory Group on Environment (SAGE) bei der International Standardization Organisation (ISO), die mit der DIN-Arbeitsgruppe kooperiert. Die bisher erreichten Arbeitsergebnisse wurden im Comittee Draft 1996 (CD 14041) vorgelegt.
- der Nordic Council of Ministers veröffentlichte mehrere Reports zum Life Cycle Assessment (Nordic Council of Ministers 1992, 1995).
- die Internationale Vereinigung Society of Environmental Toxicology and Chemistry (SETAC), die einen „Code of Practice" erarbeitet hat (SETAC 1993).

Aus den nationalen und internationalen Diskussionen hat sich eine weitgehend konsensfähige Grundstruktur zur Aufstellung von Ökobilanzen herausgeschält. Danach sollte eine Ökobilanz folgende vier Elemente umfassen:

1. Bilanzierungsziel (goal definition)
2. Sachbilanz (inventory)
3. Wirkungsbilanz (impact analysis)
4. Bilanzbewertung (valuation).

Aus diesen Bausteinen läßt sich folgendes Prozeßschema einer produktbezogenen Ökobilanz ableiten. Die Pfeile weisen darauf hin, daß es sich bei der Erstellung von Ökobilanzen um einen iterativen, rückgekoppelten Prozeß handelt.

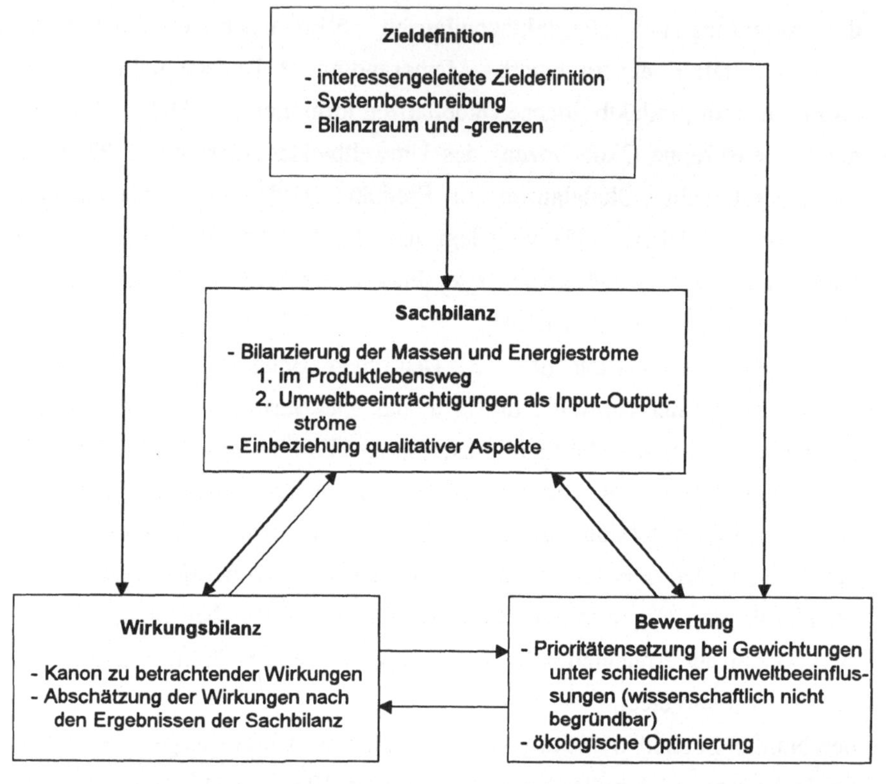

Abb. 1.3. Prozeßschema einer produktbezogenen Ökobilanz

Zieldefinition: In der Zieldefinition (scoping) ist insbesondere das Erkenntnisinteresse offenzulegen, der Anwendungsbereich zu definieren und das Bilanzierungsziel zu formulieren. Darüber hinaus sind in diesem Bilanzbaustein die zu betrachtenden Produkte bzw. Alternativen festzulegen. Dabei ist eine funktionelle Äquivalenz, d. h. eine nutzen- und leistungsbezogene Vergleichseinheit zu beachten. Dies ist besonders wichtig, da ansonsten ein Vergleich methodisch auf Probleme stößt. Die Ermittlung des Nutzens wirft insofern Probleme auf, als daß objektive Meßgrößen fehlen. Schließlich sind im Rahmen der Zieldefinition die

Bilanz- bzw. Systemgrenzen (z. B. Bilanzzeit, Bilanzraum, Abschneidekriterien) sowie die einzubeziehenden Umweltkriterien festzulegen.

Sachbilanz: In der Sachbilanz (inventory) werden die Stoff- und Energieflüsse einschließlich der Emissionen als Input- und Outputgrößen entlang des gesamtes Lebensweges der untersuchten Produkte erfaßt, d. h. von der Rohstofferschließung und -aufbereitung über den Transport der Rohstoffe, die Herstellung und die Distribution der Produkte bis hin zu Ge- und Verbrauch sowie Entsorgung und Verwertung.

Die Sachbilanz ist konfrontiert mit einer oftmals schwierigen Datenlage. Deshalb besteht das Problem der Qualität, der Repräsentativität und Validität von Daten. Insbesondere sind Datenlücken zu beachten. Methodische Schwierigkeiten treten auch bei der Spezifizierung der Systemgrenzen und der Zuordnung von Prozessen auf (z. B. bei Kuppelprodukten). Ebenso lassen sich Handlungsanleitungen aus bekannt gewordenen Ökobilanzen nicht verallgemeinern, vielmehr sind immer wieder Einzelfallbetrachtungen und -lösungen erforderlich.

Wirkungsbilanz: Im Rahmen der Wirkungsbilanz (impact analysis / assessment) wird versucht, die Auswirkungen der in der Sachbilanz festgestellten Belastungen auf die Umwelt zu beschreiben und abzuschätzen.

Bisher gibt es kein breites empirisches Fundament für die Erfassung und Abschätzung von Umweltwirkungen. Dieses Problem wird insbesondere dadurch verschärft, daß in einer Ökobilanz in der Regel der Orts- und der Zeitbezug fehlt, und darüber hinaus der Bezug zu einer willkürlichen funktionalen Größe hergestellt wird (IFEU 1993). Der Emissionsort und das zeitliche Emissionsverhalten sowie die komplexen Wechselwirkungen können nicht genau beschrieben werden. Dies betrifft insbesondere die Kurzzeit- und Nahwirkungen von Umweltbelastungen. So besteht beispielsweise das Problem, Stickoxidemissionen in ihrer Wirkung dahingehend zu differenzieren, ob sie in einer hochbelasteten Innenstadtstraße, in einem vom 'Waldsterben' betroffenen Gebiet oder auf offener See freigesetzt werden.

Angesichts der Vielfalt und Komplexität der möglichen Wirkungen und deren Wechselwirkungen untereinander hat sich eine 'auswirkungsorientierte Klassifizierung' von Stoff- und Energieströmen als eine praktikable Methode zur Wirkungsabschätzung herauskristallisiert. Sie wurde in den Niederlanden an der Universität in Leiden (CML) entwickelt und von SETAC, DIN/NAGUS und ISO aufgegriffen. Diesem Ansatz zufolge werden zunächst die in der Sachbilanz erhobenen Umweltgrößen nach ihren potentiellen Umweltwirkungen entsprechenden Wirkungskategegorien zugeordnet ('classification'). Anschließend werden die klassifizierten Größen innerhalb der Wirkungsgrößen hinsichtlich ihres jeweiligen Belastungspotentials beschrieben ('characterisation'). Bei diesem Schritt geht es vor allem darum, geeignete und wissenschaftlich gestützte Umrechnungsfaktoren heranzuziehen, die eine Vergleichbarkeit und Aggregierung wirkungsspezifischer Parameter ermöglichen.

In Tabelle 1.1 sind derzeit diskutierte Wirkungsbereiche dargestellt. Während für den Treibhauseffekt und den Ozonabbau in der Atmosphäre weitgehend Konsens über anzuwendende Aggregationsverfahren existiert, besteht in Bezug auf andere Bereiche noch erheblicher Diskussionsbedarf. Dies gilt beispielsweise für die Photooxidantienbildung, die Eutrophierung und die Inanspruchnahme von Ressourcen. Strittig ist insbesondere die Berechnung des Flächenverbrauchs und die Einbeziehung von lärmbezogenenen Sachbilanzdaten. Besonders schwierig ist die Aggregation von Daten zur Humantoxizität, Ökotoxizität und Biodiversität. Hier besteht derzeit kein adäquates Verfahren, mit dem die Heterogenität dieser Effekte zu einer Größe zusammengefaßt werden kann. Deshalb sind hier qualitative und quantitative Einzelfallbetrachtungen methodisch erforderlich.

Tabelle 1.1. Wirkungsbereiche

Wirkungsbereiche	SETAC[1]	UBA[2]	DIN[3]	Enquete[4]	Nordic[5]
Rohstoffverbrauch		+	+	+	+
Treibhauseffekt	+	+	+	+	+
Ozonabbau	+	+	+	+	+
Photooxidantienbildung	+	+	+	+	+
Versauerung	+	+	+	+	+
Eutrophierung		+	+	+	+
Humantoxizität	+	+	+	+	+
Ökotoxizität	+	+	+	+	+
Bodenbeanspruchung / Landschaftsverbrauch	+	+	+		+
Verringerung der Arten-vielfalt (Biodiversität)			+		+
Deponierung von Abfällen	+		+	+	
Arbeitsschutz	+				+
Lärmbelastungen	+	+			
Geruchsbelastungen	+				

Hierbei bedeuten die Ziffern 1 bis 5:

1. SETAC Europe Workshop Leiden 12/91. Zusätzliche Wirkungsbereiche: 'effect of waste heat on water', COD discharge.
2. UBA 1994; Hinsichtlich der Wirkungsbereiche Human- und Ökotoxizität wird anstelle der hier verwendeten Begriffe zwischen Humantoxizität und direkter Beschädigung von Organismen und Ökosystemen unterschieden.
3. Stand der Diskussionen um produktbezogene Ökobilanzen im Rahmen des DIN/NAGUS-Arbeitsausschusses, Arbeitspapier, Januar 1995: Standardliste der Wirkungskategorien; zu Lärmbelastungen, Geruchsbelastungen, Erschütterungen, optische Einwirkungen besteht weiterer Diskussionsbedarf. Nicht aufgenommen wurden: CSB-Einleitungen, Arbeitssicherheit, Sonderabfälle, Abfälle, Erosionsförderung, Unfall- und Störfallrisiken, Abwärme und Sauerstoffzehrung.

4. BT-Enquete-Kommission 'Schutz des Menschen und der Umwelt' 1994. Beschrieben werden relevante Stoffströme für ein Stoffstrommagement.

5. Nordic Council of Minsters: LCA Nordic Technical Reports No 10 and Special Reports No 1-2, TemaNord 1995: 9; Der Ressourcenabbau wird differenziert in Energie und andere Materialien sowie Wasser und Land; Die Kategorie menschliche Gesundheit (human health) wird in 'toxical impacts, non-toxical impacts' und 'human health impacts on work environment' unterteilt.

Bilanzbewertung: Aufgabe des vierten Schritts der Ökobilanz ist die abschließende Bewertung (evaluation). Hierbei geht es um die Beurteilung der Ergebnisse der Sach- und Wirkungsbilanz mit dem Ziel, die einzelnen Wirkungsbereiche in ihrer relativen Bedeutung zu gewichten und zu einem Gesamtergebnis zu führen.

Die Bewertung wirft neben der Wirkungsbilanz die größten Probleme bei der Erstellung von Ökobilanzen auf. Grundsätzlich ist davon auszugehen, daß die Bewertung unterschiedlicher Umweltbelastungen bzw. Wirkungspotentiale aufgrund der Subjektivität der Urteile unterschiedlich ausfällt. Diese Situation ist prinzipiell nicht vermeidbar. Allerdings kann daraus nicht der Schluß gezogen werden, die Bewertung wäre generell beliebig. Vielmehr geht es darum, vor dem Hintergrund der Sachergebnisse die Gewichtungen nachvollziehbar zu begründen.

Das DIN geht in diesem Zusammenhang davon aus, daß die aktuell in Arbeit befindlichen Ökobilanzen sich 'lediglich auf allgemein gehaltene Überlegungen beziehen können, so daß sowohl die Wirkungsbilanz als auch die Bewertung derzeit weitgehend im Kontext einer jeweiligen Ökobilanz selbst unter Beteiligung der Fachöffentlichkeit zu entwickeln sind' (DIN 1994, S. 4).

Aus diesem Grunde wurde bei der Erarbeitung der Ökobilanz für TV-Geräte eine projektbegleitende Werkstatt eingerichtet, an der Vertreter des Umweltbundesamtes, der Stiftung Warentest, von Umwelt- und Unternehmensverbänden sowie der beteiligten Hersteller teilgenommen haben.

2 Vorgehensweise und Systemdefinition

2.1 Vorgehensweise

Die Ökobilanz ist in Module entlang des Lebenszyklus von Farbfernsehgeräten unterteilt. Hierzu gehören:

- Rohstoffgewinnung und -bereitstellung (Kunststoffe, Aluminium, Stahl, Kupfer etc.),
- Herstellung der Baugruppen (Transformator, Widerstände, Leiterplatte etc.),
- Montage,
- Distribution,
- Gebrauchsphase sowie
- Recycling und Entsorgung.

Für jeden Lebenszyklusabschnitt wurden umweltrelevante Daten erhoben. Dadurch, daß die Module prinzipiell gleich aufgebaut sind, können sie aneinander gekoppelt werden, so daß der für die Sachbilanz erhobene Datenpool auf verschiedene Bilanzierungsvarianten angewandt werden kann.

Methodisch orientiert sich die Ökobilanzierung an Stoff- und Energiefluß- bzw. Prozesskettenanalysen sowie Input-Output-Analysen. Entsprechend werden die verfahrenstechnischen Abläufe hinsichtlich ihrer Umweltrelevanz betrachtet und als Teilmodule dargestellt.

Weiteres Kennzeichen der methodischen Vorgehensweise war die Organisation einer begleitenden Werkstatt, die zu Beginn der Sach- und am Ende der Wirkungsbilanz stattfand. Dadurch wurden in einem kooperativen Prozeß mit Vertretern relevanter Institutionen (Stiftung Warentest, Verbraucherverbände, Umweltbundesamt) zu diesem Thema und Vertretern der beteiligten Firmen übergreifende Fragen etwa der Zielbeschreibung, der Einbeziehung von Kriterien, der Bewertung sowie der Lösung von Ziel- und Bewertungskonflikten konsensorientiert behandelt. So konnten die unterschiedlichen interessengebundenen Anforderungen an die Erstellung von Ökobilanzen für Farbfernsehgeräte einfließen und in einem Abwägungsprozeß im Zuge der Bewertung berücksichtigt werden.

2.2 Bilanzierungsziele

Hauptziel der Bilanzierung von Farbfernsehgeräten war die Identifizierung technischer Innovationspotentiale, die einen relevanten Beitrag zur Umweltentlastung leisten können. Hierzu wurde anhand von Fernsehgeräten der beteiligten Firmen ein hypothetisches Referenzgerät untersucht und mit technischen Optionen verglichen.

Damit verknüpft waren weitere Ziele:

- Adaptierung bisheriger produktbezogener Bilanzierungs- und Bewertungsverfahren auf die Ökobilanzierung von Farbfernsehgeräten unter Berücksichtigung der erforderlichen Komplexitätsreduktion.
- Identifizierung der Belastungspotentiale (Schwachstellen) entlang des Lebenszyklus.
- Entwicklung eines ökologischen Bewertungsrasters zur Beurteilung von Innovationsoptionen.

2.3 Bilanzvarianten

Um einen Vergleichsmaßstab zu erhalten, wurden konventionelle Geräte oder Bauteile bilanziert und die dabei erhaltenen Daten zu einem Referenzgerät zusammengefaßt. Das konventionelle Referenzgerät ist im wesentlichen durch ein Gehäuse und Chassisrahmen aus Kunststoff, eine duroplastische Leiterplatte (FR2/FR4) einschließlich gehäuster elektronischer Bauteile sowie durch eine Kathodenstrahl-Bildröhre gekennzeichnet.

Hinsichtlich der technischen Optionen wurden Alternativen zu konventionellen Geräten untersucht, die sich vor allem

- bei der Materialverwendung für das Gehäuse,
- in der Zusammensetzung der Elektronik,
- durch eine Standardisierung der Bildröhre und
- im Hinblick auf den Energieverbrauch

unterscheiden.

Im einzelnen wurden folgende Baugruppen bzw. technische Features bilanziert:

Gehäuse: - Kunststoffgehäuse nach der 'airmould'-Technik hergestellt,
- Metallgehäuse (Stahl, Aluminium),
- Werkstoffkombinationen (Holz, Stahl, Aluminium).

Elektronik: - Dickschichthybridtechnik mit Keramiksubstrat als Basismaterial,
- verstärkter Einsatz von SMT - Surface-Mounted-Technology
(Technologie der Oberflächenmontage),
- halogenfreie Basissubstrate (duro- oder thermoplastische Folien)
auf Metallträger

Energie: - spezielle Schaltungslayouts mit reduzierbarer Leistungsaufnahme für den Normalbetrieb wie auch den Stand-By-Modus.

Bildröhre: - Standardisierung der Konus- und Schirmglaszusammensetzung

Als Gegenpol zum konventionellen Referenzgerät wurde ein ökologisches Gerät modelliert, das die vorstehenden technischen Optionen umfaßt. Dadurch konnten mögliche Umweltentlastungspotentiale in ihrer Gesamtheit im Vergleich zum konventionellen Referenzgerät ermittelt und sichtbar gemacht werden.

2.4 Bilanzgrenzen

Prinzipiell ist festzustellen, daß es - abgesehen von einigen Grundsätzen - bisher nur sehr wenige feste Regeln hinsichtlich der Komplexitätsreduktion gibt (z. B. Ausschluß der Energieaufwendungen zur Herstellung von Werkzeugen und Produktionsanlagen sowie deren vorgelagerten Prozesse). Ein standardisierter Satz von Kriterien existiert nicht. Es wurden deshalb eigene Festlegungen getroffen.

Um die Komplexität auf ein operables Maß zu reduzieren, wurden als Leitparameter für die Untersuchung Energie, Abfall und toxische Stoffe ausgewählt. Angesichts der zum Teil erheblichen Datenlücken wurde auf eine umfassende Wirkungsbilanz verzichtet. Lediglich für die Betrachtung verschiedener Gehäusevarianten wurde eine Wirkungsabschätzung durchgeführt, da hier für die eingesetzten Werkstoffe und Fertigungsverfahren verläßliche Daten vorliegen.

An Lebenswegabschnitten wurden die Rohstoffgewinnung- und -aufbereitung, die Herstellung der Werkstoffe und der Bauteile, die Montage der

Farbfernsehgeräte sowie der Gebrauch, die Entsorgung und die Verwertung der Geräte betrachtet, wobei folgende Einschränkungen gemacht wurden:

- Stoffe, Bauteile, Prozesse, Phasen oder Module wurden nicht bilanziert, wenn sie hinsichtlich ihrer Umweltwirkungen von nachrangiger Bedeutung sind. Darunter fallen z. B. Hilfsstoffe wie Schmiermittel oder Energieaufwendungen für die Herstellung von Maschinen, Werkzeugen und die für die Herstellung der Farbfernsehgeräte genutzten Infrastrukturen (Gebäude, Lager etc.).
- Betriebs- und Hilfsstoffe wurden nicht unter dem Gesichtspunkt ihrer Herstellung (z. B. Energieverbrauch), sondern im Hinblick auf ihre Human- und Ökotoxizität betrachtet.
- Es werden nicht sämtliche Bauteile untersucht, sondern in erster Linie Bauteilegruppen.
- Die Transportwege wurden im wesentlichen grob abgeschätzt, um eine Größenordnung im Vergleich zu anderen Lebenswegabschnitten zu haben.
- Die Deponierung und Verbrennung von Fernsehgeräten wurden im Vergleich zur Verwertung nachrangig betrachtet.

Neben der sachlichen Festlegung von Bilanzgrenzen war eine zeitliche und eine räumliche Abgrenzung der betrachteten Prozessketten notwendig. Dies betrifft z. B. zeitabhängige Effekte etwa von klimawirksamen Gasen oder die Abhängigkeit der Abfallmengen von der Anzahl der angenommenen Recyclingdurchläufe. Bei der räumlichen Abgrenzung geht es um die Festlegung der betrachteten Gebiete oder Länder. Die Untersuchungen konzentrieren sich in dieser Hinsicht auf die Bundesrepublik Deutschland. Beim Stromverbrauch wurde aufgrund des europäischen Stromverbundnetzes und der Lieferbeziehungen der beteiligten Unternehmen der europäische Strommix zugrundegelegt. Weitergehende Differenzierungen zum Zeithorizont und zur Raumabgrenzung werden im Kontext der jeweiligen Stoff- und Energieflüsse gemacht.

2.5 Datenlage

Das verfügbare Datenmaterial ist sehr heterogen und von unterschiedlicher Qualität. Obwohl inzwischen eine Vielzahl an EDV-gestützten Hilfsmitteln zur Ökobilanzierung am Markt angeboten wird, greifen diese meist auf die gleichen Primärdaten zurück. Zu diesen gehören insbesondere die

- „Ökoinventare für Energiesysteme" (Frischknecht et al. 1994),
- „Eco Profiles of the European plastics industry" (APME 1993, 1994),
- „Ökobilanzen für Packstoffe" des BUWAL (BUWAL 1991,1996).

Diese Quellen liefern für viele Basiswerkstoffe einigermaßen gesicherte Daten. Für Werkstoffe, die nicht zu den Massenwerkstoffen gehören, muß die Datenlage in weiten Teilen als sehr schlecht bezeichnet werden. Vereinzelt erlaubt die verfügbare Datenlage keine vollständige Beschreibung aller Lebenswegabschnitte. Für einzelne Werkstoffe (Noryl, Epoxidharze, Ferrite etc.) existieren kaum verfügbare Daten, so daß statt dessen vergleichbare Werkstoffe herangezogen werden mußten. Beispielsweise wurde der Material- und Energieeinsatz für den Werkstoff Ferrit ersatzweise durch den Werkstoff Eisen beschrieben.

Als Basis für die werkstoffliche Bilanzierung diente die Datenbank des Softwareprogramms UMBERTO. In diesem Programm sind die verfügbaren fundierten Literaturdaten zusammengefaßt. Dieses Datenmaterial wurde im Rahmen der Sachbilanzierung vervollständigt.

Daten zur Herstellung der Baugruppen Gehäuse (Ninkaplast GmbH, Bad Salzuflen), Bildröhre (Philips Bildröhrenwerk, Aachen; Sony Bildröhrenwerk, Bridgend, GB; Schott Glaswerke, Mainz) und Leiterplatten (ISOLA, Düren) sowie für die Endmontage (Sony Deutschland GmbH, Fellbach) wurden direkt bei den Herstellern erhoben.

Über die Herstellung der elektronischen Bauteile sind u.a. wegen der Bauteilevielfalt nur wenig Daten bzw. Literatur (u.a. MCC - Microelectronics and Computer Corporation 1993) verfügbar. Die Angaben über den Primärenergieverbrauch und das Abfallaufkommen für die Herstellung elektronischer Bauteile sind konservativ abgeschätzt und begründet worden.

Die Sachbilanzdaten der Distribution und der Gebrauchsphase sowie des Recyclings bzw. der Entsorgung basieren auf Durchschnittswerten (z. B. durchschnittliche Entfernungen, Gebrauchsverhalten, Recyclingverfahren etc.). Einen Überblick über Datenlage, Bandbreiten, durchgeführte eigene Erhebungen und die verwendeten Werte gibt folgende Tabelle:

Tabelle 2.1. Datenlage

Lebenszyklusphasen	Daten-lage*	Literaturwerte**	Eigene Erhebungen	Verwendeter Wert**
Rohstoffe/ Werk-stoffherstellung				
Aluminium	+	150-250		224
Blei	-	19		19
Eisen/Stahl	(+)	20-40		33
Ferrite	-	20-40		30
Kupfer	+	93		93
Keramik	-	40		40
Noryl/HIPS	+	76-124		124
PVC	+	51-68		68
Bildröhrenglas	-	46-61	◆	46
Bauteileherstellung				
Gehäuse	-		◆	73
Bildröhre	-		◆	740
passive Elektronik-Bauteile	-		◆	50
aktive Elektronik-Bauteile	-	350-1600	◆	500
Leiterplatten	+	4,5-25	◆	7
Montage	-		◆	53
Nutzungsphase	+		◆	
Recycling	-	7,6-40,7		25

*: +: gute Datenlage, -: schlechte Datenlage; **Angaben in MJ/kg (Werkstoffe) bzw. MJ/TV-Gerät (Bauteile, Montage, Recycling)

Die werkstoffliche Zusammensetzung des Referenzfernsehgerätes sowie die Herstellung der Baugruppen Gehäuse, Bildröhre, Leiterplatte und die Endmontage konnten relativ genau analysiert werden. Die mögliche Fehlertoleranz ist deshalb gering.

Im Gegensatz dazu ist die Fehlertoleranz der Sachbilanzdaten hinsichtlich der Herstellung der elektronischen Bauteile deutlich größer, da Produktionsdaten nicht 'vor Ort' erhoben werden konnten, sondern abgeschätzt werden mußten.

Die Stoff-, Energie- und Abfallströme der Distribution und Nutzungsphase sind unter definierten Annahmen berechnet worden. Mögliche Fehler sind als sehr gering einzuschätzen. Die Datenerhebung für die Entsorgungsphase erfolgte in Abstimmung mit Recyclingunternehmen. Auch hier ist die Fehlertoleranz als gering einzustufen.

Für die Darstellung der Input- und Outputströme sowie Primärenergieverbräuche [MJ] und Abfallmengen [kg] wird folgende Systematik aus Tabelle 2.2 verwendet.

Tabelle 2.2. Systematik der verwendeten Mengenangaben

Größenordnung erhobener IST-Werte bzw. errechnete Zahlenwerte	Verwendete Schreibweise
$x \geq 1$	xxx,x
$x < 1$	0,xx

Es wird ausdrücklich darauf hingewiesen, daß es sich bei den Zahlenangaben um Rechenwerte handelt. Bei besonders überwachungsbedürftigen Abfällen werden wegen ihrer hohen Umweltrelevanz Mengenangaben bis 0,10 g gemacht. In abschließenden Zusammenfassungen werden die Zahlenwerte gerundet, damit keine Mißverständnisse hinsichtlich der Genauigkeit der Zahlenangaben entstehen.

Bei den Angaben hinsichtlich des Primärenergieverbrauchs wird aufgrund der verfügbaren Daten zwischen Rohstoffen in Lagerstätten (u.a. Erdgas, Erdöl, Braun- und Steinkohle) und primären Energieträgern (u.a. Kernenergie, Wasser) unterschieden.

3 Zusammensetzung des Referenzgerätes

Die Grundlage des Referenzgerätes bilden drei handelsübliche Farbfernsehgeräte der Firmen Loewe Opta GmbH, Sony Deutschland GmbH und Schneider Rundfunkwerke GmbH. Es handelte sich dabei um die Geräte KV-C2901D (Sony), Calida 70 (Loewe) und Öko-Vision (Schneider).

Die Ausstattungsmerkmale sind bei allen Geräten vergleichbar. Alle Geräte verfügen über eine 29 Zoll Bildröhre mit eingetöntem Schirmglas sowie Stereoton (2 x 20 W). Die Bedienung erfolgt über einen Netzschalter am Gerät bzw. über eine Infrarot-Fernbedienung. Alle Geräte verfügen über Anschlußbuchsen für Scart, Lautsprecher und Kopfhörer, Video und Audio. Die Gehäuse bestehen aus Kunststoff (Noryl und HIPS).

Durch die Bildung des arithmetischen Mittels der drei Geräte ergibt sich das durchschnittliche Baugruppengewicht sowie die mittlere Bauteileanzahl des Referenzgerätes.

Das Referenzgerät setzt sich aus den Baugruppen Bildröhre mit Ablenkeinheit, Leiterplatte, Elektronik, Gehäuse und 'Sonstige' (Lautsprechereinheit etc.) zusammen.

Tabelle 3.1. Zusammensetzung des Referenzfernsehgerätes nach Gewicht und Bestandteilen der Baugruppen

Baugruppe	Gewicht [g]	Prozent [%]	Bestandteile
Bildröhre u. Ablenkeinheit	25.250	69,8	Bildröhre: Glas, Bleioxid, Eisen / Stahl, Bariumoxid, Strontium, Leuchtstoffe Ablenkeinheit: Kupfer, Ferrit Kunststoff (Basismaterial Epoxid, Phenolharze)
Leiterplatte	330	0,9	Kunststoffe, Papier, Kupfer
Elektronik	2.180	6,0	Aluminium (Kühlbleche), Kupfer (u.a. Kabel), Ferrit, PVC, verschiedene Kunststoffe, Epoxidharze
Gehäuse	6.580	18,2	High-Impact-Polystyrol (HIPS), Noryl
Sonstige (u. a. Lautsprechereinheit)	1.840	5,1	Glas, Stahl, Ferrit, Kunststoffe
Summe	36.180	100,0	

Bildröhre: Hauptbestandteile der Bildröhre sind Siliziumdioxid (78 Gew.-%), Bariumoxid im Schirmglas (7 Gew.-%), Bleioxid im Konusglas (6 Gew.-%), Stahl der Bildschirmmaske (6 Gew.-%) sowie Kupfer und Ferrit der Ablenkeinheit.

Leiterplatte: Die Leiterplatte besteht zu 90 % aus Basismaterial (Phenol bzw. Epoxidharze 45 % auf Papier oder Glasfaserträger 45 %), das mit einer Kupferkaschierung (ca. 9 Gew.-%) versehen ist.

Gehäuse: Das Gehäuse besteht aus bis zu 5 Bauteilen, wobei die Frontblende und die Rückwand ca. 95 Gew.- % ausmachen. Die Frontblende besteht in der Regel aus High-Impact-Polystyrol (HIPS), während bei der Rückwand Noryl (Blend aus PPE und Polystyrol) mit flammhemmenden Substanzen (i.A. auf Phosphor- oder Stickstoffbasis) eingesetzt wird.

Elektronik: Zu der Baugruppe der Elektronik werden neben den elektronischen Bauteilen (61 Gew.-%) auch Kühlbleche aus Aluminium (14 Gew.- % der gesamten Elektronik) und Kupferkabel (25 Gew.- % der gesamten Elektronik) gezählt. Bei den elektronischen Bauteilen fallen mengenmäßig besonders

Wickelteile mit ihrem Kupfer- und Ferritanteil ins Gewicht. Bei den untersuchten Fernsehgeräten liegt das Gesamtgewicht der Wickelteile im Bereich von 500-770 g. Ferner wird bei den elektronischen Bauteilen im Vergleich zu den anderen Baugruppen aufgrund der zahlreichen technischen Anforderungen eine Vielzahl von Werkstoffen eingesetzt. Hierzu zählen hauptsächlich Blei, Eisen, Stahl, Zink, in geringen Mengen Silber und Nickel, Keramik sowie Kunststoffe (u.a. Polystyrol, PVC, Bakelit, Epoxidharze), Glas, Papier und Dotierungsmaterialien (Arsen, Antimon etc.).

In Tabelle 3.2 werden die mittlere Anzahl sowie das Gesamtgewicht der aktiven, passiven Bauelemente, Kabel und Bleche angegeben. Das Gesamtgewicht basiert auf Stücklistenauswertungen, der Demontage und dem Auswiegen von Bauelementen sowie Herstellerangaben. Lediglich miniaturisierte Bauelemente (u.a. SMD-Widerstände, SMD-Kondensatoren) wurden nicht demontiert. Ihr Gewicht wurde aufgrund der ausgewerteten Stücklisten (Anzahl und Gewicht) ermittelt.

Tabelle 3.2. Anzahl der Bauelemente und Gesamtgewicht der Referenzelektronik

Fraktionen	Anzahl	Gewicht [g]
Bauelemente		
Kondensatoren	316	207
Widerstände	477	46
Wickelteile	56	645
ICs	27	52
Transistoren	59	26
Dioden	86	9
sonstige Bauteile	63	157
Kabel	3	727
Abschirm-, Kühlbleche	7	306
Summe	1094	2175

Signifikante Unterschiede existieren hinsichtlich der Anzahl der verwendeten Bauteile und deren Gewicht. Dies ist hauptsächlich auf das Schaltungslayout und die eingesetzten Bauelemente (z. B. Substitution von konventionellen Bauelementen durch SMD-Bauteile) zurückzuführen. So werden in den untersuchten Geräten 248 bis 350 Kondensatoren, 305 bis 597 Widerstände, 23 bis 93 Wickelteile sowie 48 bis 110 Dioden eingesetzt. Die Bandbreiten bei den verwendeten ICs, Transistoren, sonstigen Bauteilen, Kabeln sowie Abschirm- und Kühlblechen sind vergleichsweise gering.

Die Elektronik eines Fernsehgerätes mit einer großen Anzahl an SMD-Bauteilen wiegt mit rd. 2.100 g - trotz größerer Bauteilezahl (ca. 1.400) - weniger als die Elektronik eines Gerätes mit überwiegend konventionellen Bauelementen (Bauteilezahl ca. 700, Gesamtgewicht rd. 2.450 g).

Basierend auf der werkstofflichen Analyse aller Baugruppen bzw. Bauteile kann die werkstoffliche Zusammensetzung des Referenzgerätes abgeleitet werden. Es werden die Werkstoffgruppen Metalle, Kunststoffe, Keramik, Glas, Papier, Epoxidharze und 'Sonstige' unterschieden. Die Auswahl der Werkstoffe orientiert sich primär an dem Vorkommen im Fernsehgerät, aber auch an der Verfügbarkeit der Daten über die Gewinnung, den Transport, die Verarbeitung der Rohstoffe und die eigentliche Werkstoffherstellung.

Tabelle 3.3. Werkstoffliche Zusammensetzung des Referenzfernsehgerätes

Werkstoffe	Gewicht [g]
Aluminium	390
Blei	1.410
Eisen/Stahl	1.760
Ferrite	690
Kupfer	1.040
Zink	5
sonstige Metalle	165
Keramik	10
Noryl	3.510
HIPS	3.070
PVC	160
sonstige Kunststoffe	1.040
Glas (inkl. Bariumoxid)	22.430
Papier	20
Epoxidharze	120
Sonstige	360
Gesamtsumme	**36.180**

Unter 'Sonstige Kunststoffe' sind hauptsächlich in elektronischen Bauteilen verarbeitete Kunststoffe subsumiert. In der Mengenangabe von Glas sind 1.900 g Bariumoxid enthalten.

Die Darstellung der Sachbilanzergebnisse für die Werkstoffe im folgenden Kapitel umfaßt neben einer kurzen Beschreibung, in welcher Baugruppe der betreffende Werkstoff eingesetzt wird, jeweils die Gewinnung der Rohstoffe, deren Transport und Verarbeitung bis hin zur Werkstoffherstellung. Ebenso werden spezielle Annahmen und Randbedingungen erläutert sowie die Sachbilanzdaten, bezogen auf die eingesetzte Werkstoffmenge im Referenzgerät, dargestellt. Mengenmäßig relevant sind nach Tabelle 3.3 die Werkstoffe Glas, Kunststoffe und diverse Metalle wie Eisen/Stahl, Blei, Kupfer und Aluminium.

Abschließend wird für die gesamten Einsatzstoffe der Primärenergieeinsatz und das Abfallaufkommen quantitativ und qualitativ beschrieben. Ferner werden Aussagen über die Toxizität der Werkstoffe und der in den Prozeßschritten benötigten Hilfsstoffe bzw. den entstehenden Emissionen in den Lebenswegabschnitten von der Rohstoffgewinnung bis hin zur Herstellung der Werkstoffe gemacht.

Im Vordergrund bei der werkstofflichen Bilanzierung stehen die Leitparameter Primärenergieverbrauch und Abfall.

4 Rohstoffe und Werkstoffherstellung

4.1 Glas

Die Bildröhre eines Fernsehgerätes besteht hauptsächlich aus dem Werkstoff Glas, der von allem aus Siliziumdioxid $[SiO_2]_x$ besteht. Aufgrund unterschiedlicher technischer Anforderungen sind Schirm- und Konusglas chemisch verschieden zusammengesetzt. Im Konusglas sind zur Abschirmung der im Inneren der Röhre erzeugten hochenergetischen Röntgenstrahlung bis zu 21 Gew.- % Bleioxid enthalten. Im Schirmglas wird bei Produkten aus Europa Bariumoxid und bei Produkten aus Fernost in der Regel Strontiumoxid eingesetzt.

Die zur Verfügung stehenden Sachbilanzdaten basieren auf dem reinen Werkstoff Glas, der mit keinerlei Zusätzen wie beispielsweise Barium- oder Bleioxid versehen ist. Die energetische und werkstoffliche Abschätzung von Bariumoxid erfolgt in dem Kapitel 'Sonstige Werkstoffe', Bleioxid wird als eigenständiger Werkstoff beschrieben.

4.1.1 Systembeschreibung Glas

Die Herstellung von Glas umfaßt den Abbau der Rohstoffe, den Transport sowie die Produktion. Da für Bildröhrengläser der Abbau und die Aufbereitung der Rohstoffe nicht separat erfaßt werden konnten, wird hierfür auf Daten aus der Bilanzierung von Behälterglas zurückgegriffen. Eine Trennung der Schritte des Aufchmelzens der Rohstoffe bis zur Bildröhrenfertigung war bei den erhobenen Daten nicht möglich. Deshalb wird im folgenden zwar die Rohstoffgewinnung bis hin zur Glasproduktion (Schmelzen) beschrieben, die Bilanzierung der Stoff- und Energieströme im Rahmen der Werkstoffbereitstellung erfolgt aber hier nur bis zur Aufbereitung der Rohstoffe. Das Schmelzen des Glases wird im Kapitel Baugruppen (Herstellung der Bildröhre) bilanziert.

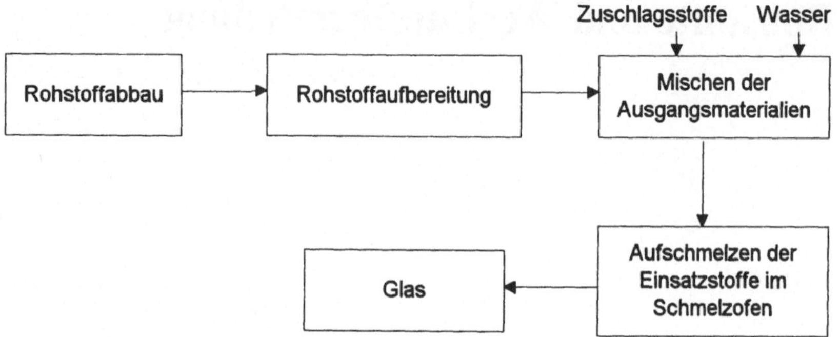

Abb. 4.1. Ablaufschema der Glasproduktion

4.1.2   Glasproduktion

Die Hauptbestandteile des Glases werden eingeteilt in Glasbildner, Flußmittel und Stabilisatoren. Die Rohstoffe (Glasbildner) sind Quarzsand, Soda, Kalk, Dolomit und Feldspat. Diese Rohstoffe werden bergmännisch im Tagebau abgebaut. Das Mischen der Materialien erfolgt unter Zugabe von Wasser und Zuschlagsstoffen (Flußmittel und Stabilisatoren). Im Schmelzofen werden die Materialien bei ca. 1400 °C aufgeschmolzen. Durch die Reaktion von Flußmittel und Glasbildnern wird die Verarbeitungstemperatur der Schmelze deutlich unter die Verarbeitungstemperatur des Glasbildners ohne Zusatzstoffe (ca. 1500 °C) gesenkt. Zur weiteren Verarbeitung des Glases wird ein Glastropfen gebildet, der bei etwa 1170 °C weiter behandelt wird (Meyers Lexikon 1981).

4.1.3   Spezielle Annahmen und Randbedingungen

Die Basis für die Sachbilanzierung von Glas bildet die „Ökobilanz von Packstoffen - Stand 1990" (BUWAL 1991, S. 53 ff.). Es werden nur der Abbau und die Aufbereitung der Rohstoffe bilanziert.

4.1.4   Sachbilanzdaten

Für die Produktion der in dem Gerät enthaltenen 20,5 kg Glas werden etwa 39 MJ Primärenergie für Rohstoffgewinnung und -aufbereitung verbraucht. Die Abfallmenge aus der Energiebereitstellung beläuft sich auf rd. 6,0 kg, die sich hauptsächlich aus Abraum sowie Aschen und Schlacken zusammensetzen. Bei der Glasherstellung von entstehen außerdem rd. 4,2 kg CO_2-Emissionen.

Tabelle 4.1. Übersicht Sachbilanzdaten der Glasproduktion

Sachbilanzdaten	
Menge des Werkstoffs im Gerät	20,5 kg
Primärenergiebedarf (ohne Aufschmelzen)	39 MJ
Abfälle	
Abraum	5,9 kg
Aschen und Schlacken zur Beseitigung/Verwertung	0,11 kg

4.2 Kunststoffe

Von den rund 10 verschiedenen, teilweise nicht identifizierbaren Kunststoffen, die in dem Referenzfernsehgerät verwendet werden, bestehen rund 85 Gew.-% der Gesamtmenge (7,8 kg) aus Polystyrol bzw. einem Polystyrol-Blend (Noryl). Der Anteil von PVC liegt bei etwa 2 Gew.-% (0,2 kg). Die verbleibenden 13 Gew.- % (1,0 kg) setzen sich u.a. aus Duroplasten (Phenol-Formaldehydharz) und anderen, teilweise mit Flammhemmern behandelten Kunststoffen, zusammen.

Für die Stoff- und Energiebilanzierung von Polystyrol und für die sonstigen Kunststoffe werden die Daten der High-Impact Polystyrol-Produktion (APME/PWMI 1993) verwendet. Bezüglich der Herstellung von Polyvinylchlorid werden die Daten von der Association of Plastic Manufactures in Europe/European Centre for Plastics in the Environment (APME/PWMI) und der PROGNOS AG (PROGNOS AG, 1993) zugrunde gelegt.

4.2.1 Systembeschreibung Polystyrol (High-Impact-Polystyrol)

Die Sachbilanz von Polystyrol-(HIPS)-Granulat umfaßt die Schritte von der Entnahme der Rohstoffe aus Lagerstätten (Rohöl- und Erdgasförderung) bis hin zur Produktion von HIPS-Granulat.

Die Stoff- und Energieflüsse beinhalten die Herstellung von Styrol über die Zwischenprodukte (Ethylen, Benzol und Ethylenbenzol) bis zur Herstellung von HIPS-Granulat.

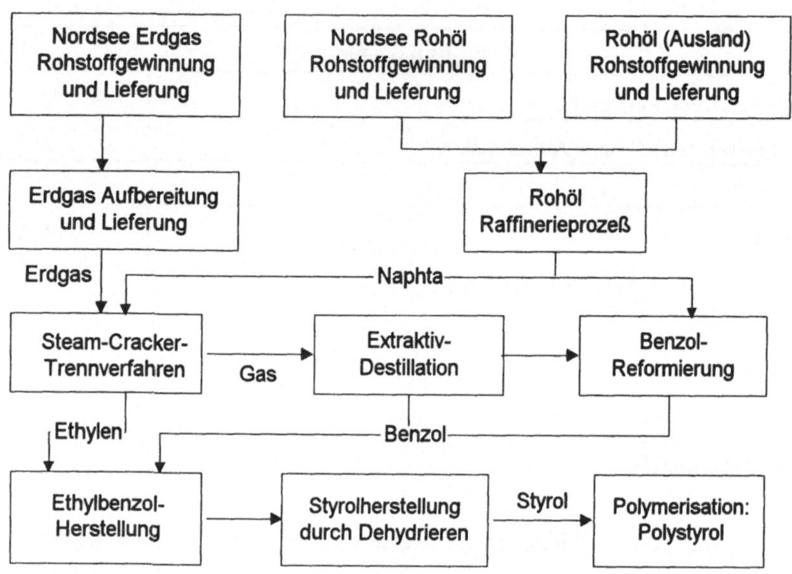

Abb. 4.2. Ablaufschema der Polystyrolproduktion (APME/PWMI, Rep.4)

4.2.2 Produktion von Polystyrol (HIPS)

Ausgangsstoff für die Produktion von Polystyrol ist Styrol. Die Herstellung von Styrol findet über mehrere voneinander getrennte Zwischenprodukte (Benzol, Ethylen, Ethylbenzol) statt.

Benzol wird neben anderen Aromaten (Toluol, Xylol) im Catalytic-Reforming-Prozeß gewonnen. Ethylen entsteht durch die Weiterverarbeitung der Naphta-Fraktion im Steam-Cracker-Verfahren, woran sich die Umwandlung zu Ethyl-benzol anschließt. Das am häufigsten angewandte Verfahren ist die Alkylierung von Benzol und Ethen unter Beimengung eines Lewis-Säure-Katalysators (z. B. AlCl$_3$). Dieser Vorgang kann entweder in der Flüssig-Phasen- (Temperaturen: 160-180 °C) oder in der Gas-Phasen-Reaktion (Temperaturen: 400-450 °C, Druck: 2-3 Mpa) erfolgen.

Durch die Dehydrierung von Ethylbenzol entsteht Styrol. Für diese Reaktion ist die Gegenwart eines Katalysator-Gemisches und überhitzter Dampf notwendig. Überhitzter Dampf dient dabei als Energielieferant und als Regenerator für den Katalysator. Nach der Aufarbeitung wird Styrol mit Stabilisatoren versetzt.

Für HIPS gibt es unterschiedliche Herstellungsverfahren. Das gängigste ist die Block-Polymerisation. Dabei reagiert Styrol zusammen mit Polybutadien und geringen Mengen an Lösungsmitteln (Toluol, Ethylbenzol) in einem Reaktor bei 100-170 °C und 0,05-0,2 Mpa. Nach der Reaktion werden über die Entgasungsanlage Lösungsmittel und störende Restmonomere entfernt. Die Polymerschmelze wird dann unter Wasser im Extruder granuliert.

4.2.3 Annahmen und Randbedingungen für HIPS

Der Input für den Produktionsprozeß liegt in Form von Rohstoffen in Lagerstätten vor. Neben dem Produktionsprozeß selbst werden außerdem die Vorketten der Ausgangsmaterialien zum Polymerisationsprozeß sowie die Energieträger einbezogen.

4.2.4 Sachbilanzdaten HIPS

Die Inputmenge aller Materialien beträgt 135,9 kg für 7,6 kg HIPS. Nach Abzug der eingesetzten Wassermenge von 114,1 kg verbleiben für Rohstoffe (Energieträger mit 21,7 kg) und Mineralien (Eisenerz, Kalkstein, Bauxit, Natriumchlorid etc. Mit 0,13 kg) eine Restmenge von 21,8 kg. Die Zugabe der Lösungsmittel für die Block-Polymerisation ist mengenmäßig nicht erfaßt.

Die Primärenergiemenge für die Herstellung des Endproduktes einschließlich aller vorgelagerten Schritte beträgt 946,1 MJ. Darin enthalten sind sowohl der energetische (347,1 MJ) als auch der nicht-energetische Verbrauch (599,0 MJ).

Das unspezifizierte Abwasser stellt mit 114,1 kg den Hauptanteil am Gesamtoutput dar. Quantitativ relevante Stoffe sind außerdem Emissionen in die Luft (CO_2 13,7 kg, NO_x 0,19 kg, SO_2 0,28 kg, VOC 0,22 kg) sowie Abfälle (Abraum 0,12 kg, unspezifizierte Abfälle 0,30 kg).

Tabelle 4.2. Übersicht Sachbilanzdaten der HIPS-Herstellung

Sachbilanzdaten	
Menge HIPS im Gerät	7,6 kg
Primärenergiebedarf	946,1 MJ
Energetischer Primärverbrauch	347,1 MJ
Nicht-energetischer Primärverbrauch	599,0 MJ
Abfälle	
Abraum	0,1 kg
Unspezifizierte Abfälle	0,3 kg

4.2.5 Systembeschreibung Polyvinylchlorid

Die Bilanzierung von Polyvinylchlorid beinhaltet die Rohstoffgewinnung, den Transport, die wichtigsten Verfahrensschritte wie Elektrolyse, Steam-Cracker-Trennverfahren, die Chlorierung, die thermische Spaltung bis zur Block-Polymerisation.

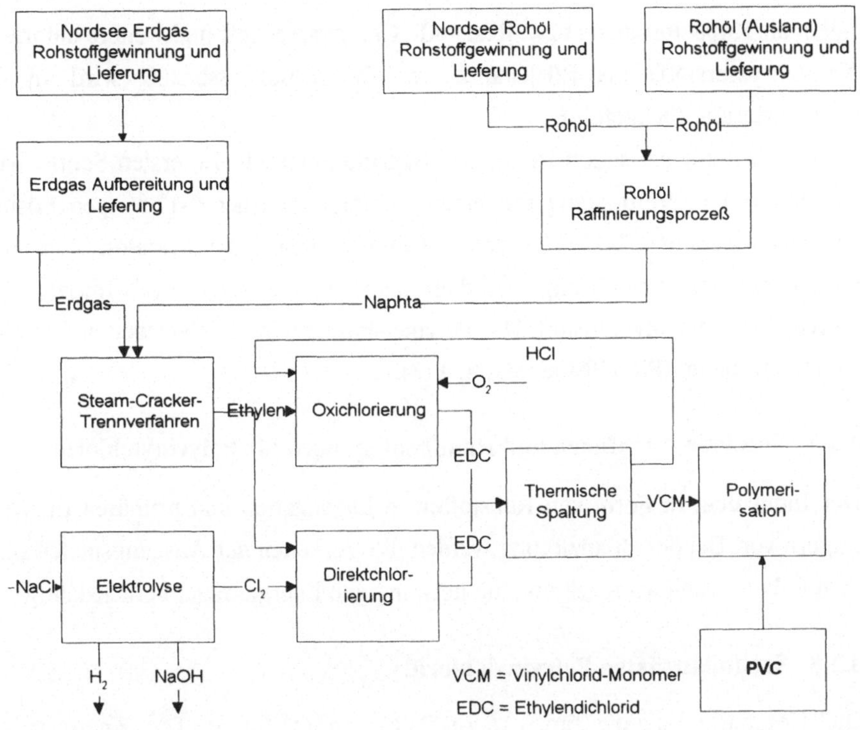

Abb. 4.3. Abblaufschema der Herstellung von PVC (PROGNOS AG, S. 119)

4.2.6 Produktion von Polyvinylchlorid (PVC)

Ausgangsstoffe für die PVC-Produktion sind Chlor und Ethylen. Die Herstellung von Chlor erfolgt durch die elektrolytische Zersetzung von Steinsalz (NaCl) in der Chlor-Alkali-Elektrolyse. Dabei entstehen neben dem Chlor als Kuppel-produkte Natronlauge (NaOH) und Wasserstoff. Ethylen ist ein petrochemisches Produkt, welches aus Naphta im Steam-Cracker-Prozeß hergestellt wird. Eine Abtrennung der Gase (Ethen, Buten, Propen, Olefine und Diolefine) erfolgt durch geeignete Prozesse (z. B. Auswaschen).

Chlor und Ethylen bilden die Basis für das Vinylchlorid-Monomer (VCM). Die Synthese erfolgt nach dem Verfahren der integrierten Oxichlorierung. Dabei handelt es sich um die Kopplung der Direktchlorierung und der Oxichlorierung. Das entstehende Zwischenprodukt Ethylendichlorid wird in einem thermischen Cracking-Prozeß in das Vinylchlorid-Monomer umgewandelt. Bei diesem Prozeß fallen als Kuppelprodukte bzw. Reststoffe Chlorwasserstoff und weitere chlorierte Kohlenwasserstoffe als Rückstände an. Der Chlorwasserstoff wird in die Oxichlorierung rückgeführt.

Die Blockpolymerisation ist in zwei Schritte unterteilt. Im ersten Schritt wird Vinylchlorid in Verbindung mit einem Initiator zu einer 6-12 %-igen Lösung (Prozeßtemperatur 62-75 °C) von 0,1 mm großen Polyvinylchlorid-Partikeln vorpolymerisiert. Die Lösung wird dann unter erneuter Zugabe von Initiator und Vinylchlorid auspolymerisiert. Das Polymer-Pulver wird im Extruder zu Granulat weiterverarbeitet (PROGNOS AG, S. 118).

4.2.7 Spezielle Annahmen und Randbedingungen für Polyvinylchlorid

Der Input liegt in Form von Rohstoffen in Lagerstätten und primären Energieträgern vor. Bei der Bilanzierung werden die Vorketten der Ausgangsmaterialien zum Polymerisationsprozeß und die notwendigen Energieträger berücksichtigt.

4.2.8 Sachbilanzdaten Polyvinylchlorid

Die Gesamtinputmenge für 0,16 kg PVC beträgt 1,4 kg. Die Energieträger (0,22 kg) gehen sowohl in den energetischen als auch in den nicht-energetischen Verbrauch des PVC ein. Die eingesetzte Wassermenge von 1,1 kg verläßt den Bilanzraum wieder vollständig als unspezifiziertes Abwasser.

Der Primärenergieverbrauch von 10,9 MJ setzt sich aus einem energetischen von 6,1 MJ und einem nicht-energetischen Verbrauch von 4,8 MJ zusammen.

Der Output (1,6 kg) ist um 0,16 kg größer als der Input. Die Differenz ist auf die Kohlendioxid-Emission von 0,31 kg zurückzuführen. Die gebundene Menge an Sauerstoff, die auf der Outputseite auftaucht, ist auf der Inputseite nicht bilanziert worden. Lediglich reiner Sauerstoff wird als Inputgröße bilanziert nicht jedoch der in der Luft enthaltene Sauerstoff.

Tabelle 4.3. Übersicht Sachbilanzdaten der PVC-Herstellung

Sachbilanzdaten	
Menge PVC im Gerät	0,16 kg
Primärenergiebedarf	10,9 MJ
Energetischer Primärverbrauch	6,1 MJ
Nicht-energetischer Primärverbrauch	4,8 MJ
Abfälle	
Unspezifizierte Abfälle	0,01 kg

Hinweise auf weitere Umweltbelastungen bei der PVC-Produktlinie finden sich im Abschnitt 'Wirkungsabschätzung'.

4.3 Eisen und Stahl

In dem Referenzfernsehgerät sind rund 1,76 Stahl, 0,69 kg Ferrite und 0,16 kg sonstige Metalle (Legierungen, Silber, Nickel, Zinn etc.) enthalten. Der Stahl wird zu 98 % in der Bildröhre u.a. als Spannrahmen oder Lochmaske (Invarstahl) eingesetzt. Diese Bauteile enthalten teilweise minimale Zusätze von Nickel und Chrom. 2 % des Stahls kommen in den Lautsprechereinheiten zur Anwendung. Die verbleibende Stahlmenge (kleiner 1 %) ist in der Elektronik sowie der Ablenkeinheit enthalten. Ferrite werden in Transformatoren und der Ablenkeinheit eingesetzt. Die Ferrite werden als Wickelkern bei Transformatoren (ca. 39 %), in der Ablenkeinheit (45 %) und Lautsprechereinheit (15 %) eingesetzt.

Über die Eisen- bzw. die anschließende Stahlherstellung sind ausführliche Daten verfügbar (Chapman 1983; Habersatter 1990; Hofstetter 1994; Ullmann 1990). Hinsichtlich der Ferritherstellung fehlen entsprechende Daten. Die Literaturangaben beziehen sich lediglich auf die Zusammensetzung und nicht den Herstellungsprozeß. Aufgrund des hohen Eisenanteils - Ferrit besteht aus Eisenoxid (Fe_2O_3) mit Beimengungen von Oxiden zweiwertiger Metalle wie NiO, MnO, ZnO, MgO, CuO, BeO, CdO, CaO, CoO - wird für die stoffliche und energetische Bereitstellung der Datensatz des Eisens herangezogen.

Somit wird aufgrund obiger Annahmen die Herstellung von 2,6 kg Eisen bilanziert, wovon 1,76 kg zu Stahl weiterverarbeitet werden. Im folgenden wird die Eisen- und Stahlproduktion beschrieben.

4.3.1 Systembeschreibung Eisen

Die Eisenherstellung umfaßt den Abbau des Erzes und die Förderung der Energieträger, den Transport und die Herstellung bis zum Verlassen des Hochofens. Das Eisen wird teilweise zu Stahl weiterverarbeitet.

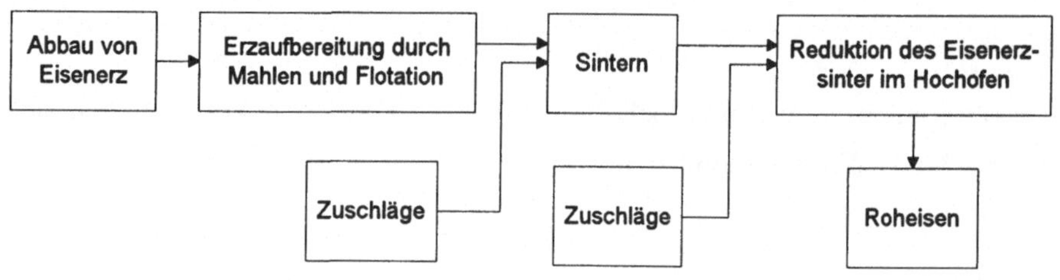

Abb. 4.4. Ablaufschema der Roheisenherstellung (Habersatter 1990)

4.3.2 Produktion von Roheisen

Eisen wird technisch aus Eisenerzen gewonnen. Ausgangsmaterial für die Eisenherstellung ist überwiegend Eisen(III)oxid. Nach dem Abbau wird das Eisenerz durch Flotation und andere technische Trennverfahren aufbereitet. Etwa 98 % der heutigen Roheisengewinnung erfolgt durch die Reduktion mit Koks im Hochofen. Zur Vorbereitung für den Hochofen wird das Eisenerz gesintert. Dabei wird das Eisenerz mit Koks, Hochofenstaub und Kalkstein zu größeren Klumpen (Eisenerzsinter) verbacken. Im Hochofen wird schließlich das Eisenerzsinter zu Roheisen geschmolzen. Einerseits wird durch das Verbrennen des Kokses das für den Reduktionsvorgang erforderliche Kohlenmonoxid unter Zugabe von Sauerstoff gebildet und andererseits werden die notwendigen Temperaturen für das Schmelzen des Metalls erzeugt. Das gewonnene Roheisen enthält 3 bis 10 % Beimengungen, die aus dem Koks oder dem Erz stammen. Roheisen ist deshalb im Gegensatz zu reinem Eisen hart und spröde und läßt sich nicht schmieden, walzen oder ziehen (Meyers Universallexikon).

4.3.3 Spezielle Annahmen und Randbedingungen für Eisen

Die Stoff- und Energiedaten beziehen sich auf deutsche Produktionsverhältnisse. Dies gilt insbesondere für den Energieverbrauch der Hochöfen zum Schmelzen des Roheisens und für die Freisetzung von Schwermetallen in die Luft.

Die Energiegewinnung beinhaltet die gesamte Vorkette. Die Berechnung der elektrischen Energiebereitstellung basiert auf dem Stromnetz der BRD-West von 1990.

Für den Transport aller Einsatzstoffe werden die Transportmittel Seeschiff (16,2 tkm), Bahn (1,5 tkm) und LKW (0,005 tkm) zugrundegelegt.

4.3.4 Sachbilanzdaten Eisen

Die Summe aller Einsatzstoffe beträgt 266,2 kg für 2,6 kg Eisen. Der Anteil des Wasserbedarfs beläuft sich auf ca. 96 %. Die verbleibende Menge setzt sich hauptsächlich aus Eisenerz (3,6 kg), Koks (1,5 kg) sowie primären und sekundären Energieträgern (0,67 kg) zusammen.

Der Primärenergiebedarf beträgt in Summe 85,0 MJ. Davon entfallen auf die Rohstoffe in Lagerstätten 88 % und auf primäre Energieträger 12 %.

Die Summe des Outputs beläuft sich nach Abzug des Wasserdampfes, Abwasser und Kühlwasser auf 13,4 kg, die sich hauptsächlich aus 3,7 kg Abraum, 6,3 kg Kohlendioxid und dem Endprodukt Eisen (2,6 kg) zusammensetzen.

Bei den Sinter-, Kokerei- und Hochofenprozessen fallen Filterstäube und -schlämme an. Die Stäube werden vollständig in den Prozeß zurückgeführt. Anders verhält es sich bei Filterschlämmen, die nur in sehr begrenztem Maße aufbereitet, meist jedoch deponiert werden. Hinsichtlich der Zusammensetzung und der Mengen von Schwermetallen und (an)organischen Stoffen in Filterstäuben und -schlämmen können keine detaillierten Angaben gemacht werden.

Tabelle 4.4. Übersicht Sachbilanzdaten der Eisen-Herstellung

Sachbilanzdaten	
Bilanzierte Menge Eisen im Gerät	2,6 kg
Primärenergiebedarf	85,0 MJ
Energieträger in Lagerstätten	74,8 MJ
Primäre Energieträger	10,2 MJ
Abfälle	
Abraum	3,7 kg
Aschen und Schlacken zur Beseitigung/Verwertung	0,90 kg

4.3.5 Systembeschreibung Stahl

Zur Weiterverarbeitung von Roheisen zu Stahl muß das Eisen in eine schmied-
bare Form überführt werden. Dazu müssen der Kohlenstoffanteil (durchschnittlich 2,5-4 %) und andere Substanzen (u.a. Mangan, Silizium, Phosphor,
Schwefel) reduziert werden. Dies kann sowohl mit dem Blasverfahren (Sauer-
stoffblasverfahren, Thomas-Verfahren etc.) oder mit dem Elektrostahlverfahren
erreicht werden.

Die Erzeugung von Primärstahl erfolgt hauptsächlich nach dem Blasverfahren
(vgl. dazu u.a. Hofstetter 1994), weshalb dieses Verfahren für die weitere Bilanzierung zugrunde gelegt wird. Beim Recycling von Stahl wird vorwiegend das
Elektrostahlverfahren angewendet.

4.3.6 Stahlproduktion nach dem Thomas-Verfahren

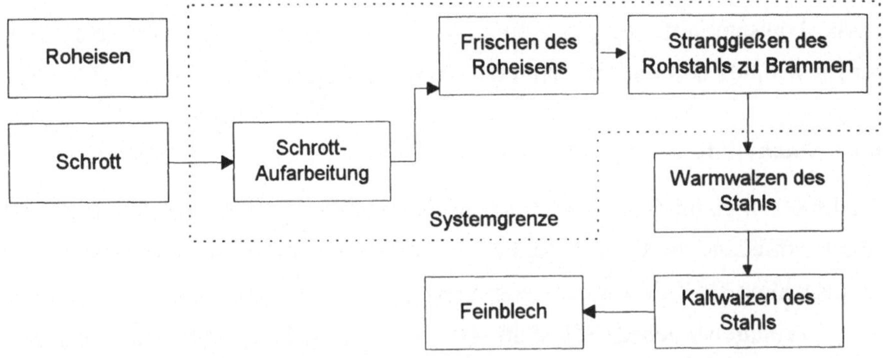

Abb. 4.5. Ablaufschema der Stahlerzeugung nach dem Thomas-Verfahren

Die Kohlenstoffreduktion des Roheisens wird durch 'Verblasen' mit reinem Sauerstoff erreicht, das sogenannte Frischen. Dabei wird der Kohlenstoff zu Kohlendioxid (CO_2) und Kohlenmonoxid (CO) oxidiert. Andere Begleitelemente oxidieren ebenfalls und werden über spezielle Schlackebildner (z. B. Kalk) gebunden und so aus der Schmelze entfernt. Diese Oxidationsreaktionen sind stark exotherm und führen zu einer starken Aufheizung der Schmelze. Deshalb ist die Zugabe von bis zu 30 % Kühlschrott möglich, der die Temperatur der Stahlschmelze verringert (Habersatter 1990, S. 102).

Nach der Sekundärmetallurgie in beheizbaren Pfannen wird der jetzt gefeinte Rohstahl anschließend auf einer Stranggußanlage kontinuierlich zu sogenannten Brammen vergossen, die dann direkt im Walzwerk weiterverarbeitet werden. Abschließend erhält man das gewünschte tiefziehfähige Feinblech nach dem Durchlaufen der Warmwalz- und Kaltwalzstraße.

4.3.7 Spezielle Annahmen und Randbedingungen für Stahl

Bei der Stahlerzeugung nach dem Blasstahlverfahren wird von einem Einsatz von 100 % Roheisen ausgegangen (vgl. dazu Produktion von Roheisen). Stahlschrott wird nicht berücksichtigt.

Daten über die Weiterverarbeitung (Formgebung des Stahls) werden bei der Herstellung der verschiedenen Bauteile berücksichtigt.

Die Energiegewinnung umfaßt die Vorkette der Energieträger. Die elektrische Energiegewinnung erfolgt nach den Verhältnissen des Stromnetzes der BRD-West von 1990.

Als Transportentfernungen werden innerhalb Deutschlands durchschnittlich per LKW 0,002 tkm und per Bahn 0,02 tkm angenommen.

4.3.8 Sachbilanzdaten Stahl

Die Inputmenge für Blasstahl beträgt in Summe 3,3 kg für 1,76 kg Stahl. Haupteinsatzstoffe sind hierbei 1,76 kg Eisen und 1,39 kg Wasser, welches das System hauptsächlich als Kühlwasser wieder verläßt.

Der Primärenergiebedarf beläuft sich auf 1,25 MJ. Er setzt sich aus den primären Energieträgern (0,29 MJ) und den Rohstoffen in Lagerstätten (0,96 MJ) zusammen.

Bei der Stahlherstellung nach dem Blasstahlverfahren treten eine Vielzahl von Outputströmen - hauptsächlich Luft- und Wasseremissionen - von 0,29 kg auf.

Die Wirkungsabschätzungen der Eisen- und Stahlproduktion werden in Kapitel 15 durchgeführt.

Tabelle 4.5. Übersicht Sachbilanzdaten der Stahl-Herstellung

Sachbilanzdaten	
Menge Stahl im Gerät	1,76 kg
Primärenergiebedarf	1,25 MJ
Energieträger in Lagerstätten	0,96 MJ
Primäre Energieträger	0,29 MJ
Abfälle	
Abraum	0,15 kg

4.4 Blei

Rund 99,3 Gew.-% des Bleis (Gesamtmenge 1,41 kg) befindet sich als Zusatzstoff in dem Konusglas der Bildröhre. Die verbleibende Menge von ca. 0,01 kg ist in der Elektronik (Lote und Bauelemente) enthalten. Für die weitere Bilanzierung wird aufgrund der verfügbaren Daten angenommen, daß es sich um reines Blei handelt. Diese vereinfachende Annahme ist zulässig, da der Bleianteil rd. 93 Gew.-% des Bleioxids ausmacht.

4.4.1 Systembeschreibung Blei

Die Herstellung von Blei beinhaltet die Entnahme der Rohstoffe und der Energieträger aus der natürlichen Umwelt, den Transport und die Weiterverarbeitung zum Endprodukt Blei (vgl. Abb. 4.6). Dabei wird Bleisulfid in Bleioxid umgewandelt, das dann im Hochofen zu Blei reduziert wird. Anschließend wird das Blei durch Raffination von Verunreinigungen befreit.

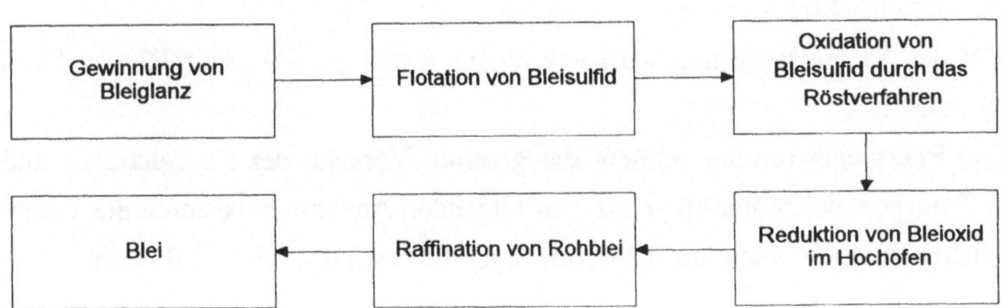

Abb. 4.6. Ablaufschema der Bleigewinnung

4.4.2 Produktion von Blei

Blei wird fast ausschließlich aus Bleiglanz (PbS) gewonnen, der meist in Verbindung mit Zinkblende, Kupfer-, Schwefelkies und anderen Mineralien vorkommt. Zunächst wird der Bleiglanz durch Flotatic . auf eine Konzentration von 50 bis 60 % angereichert. Die weitere Verarbeitung erfolgt überwiegend nach dem Röstreduktionsverfahren. Dazu wird schichtweise das Sintermaterial und ein Koksgemisch in einen Hochofen eingetragen. Bei diesem Prozeß wird das Bleisulfid bei Temperaturen über 950°C mit Luft durchblasen und möglichst vollständig in Bleioxid überführt. In dem Hochofen wird das Bleioxid bei Temperaturen um 1150°C mit Kohle bzw. Kohlenmonoxid zu Rohblei reduziert.

Das Rohblei enthält noch eine Reihe von Verunreinigungen, insbesondere Kupfer, Eisen, Arsen, Zinn, Antimon, Wismut und Edelmetalle. Im Rahmen der Raffination werden zahlreiche Verfahren durchgeführt, die die qualitätsmindernden Elemente entfernen (Ullmann 1990, Meyers Universallexikon).

4.4.3 Spezielle Annahmen und Randbedingungen

Die Angaben des Blei-Inputs beziehen sich auf die reine Bleimenge in den natürlichen Lagerstätten. Dabei wird nicht unterschieden, ob es sich um Bleisulfid oder -oxid handelt. Verluste, die bei dem Abbau und der Aufarbeitung entstehen, werden bei der Bilanzierung nicht berücksichtigt.

Aufgrund der verfügbaren Sachbilanzdaten können die verschiedenen Verfahren des Abbaus, der Aufbereitung und deren Anteil an der Gesamtproduktion nicht berücksichtigt werden.

Bei der Sachbilanzierung wird von einem Anteil an Sekundärblei von 50 % ausgegangen.

Die Energiegewinnung schließt die gesamte Vorkette der Energieträger und den Transport der Materialien ein. Auf folgenden Annahmen basieren die Transportberechnungen: Seeschiff 0,18 tkm, Bahn 0,75 tkm und LKW 0,05 tkm.

4.4.4 Sachbilanzdaten Blei

Die Einsatzstoffe setzen sich neben Primär- und Sekundärblei aus 0,75 kg Energieträgern in Lagerstätten, 0,21 kg Mineralien sowie 14,5 kg Wasser zusammen, das hauptsächlich in Form von Kühlwasser das beschriebene System verläßt.

Für die Bleiproduktion wird Primärenergie in Höhe von 26,2 MJ verbraucht. Dabei entfallen 23,1 MJ auf die Energieträger in Lagerstätten und 3,1 MJ auf primäre Energieträger.

Der Output setzt sich aus Abfällen (1,3 kg), Emissionen in Luft (1,7 kg), Abwasser (14,5 kg) und dem Endprodukt Blei (1,4 kg) zusammen.

Tabelle 4.6. Übersicht Sachbilanzdaten der Bleiherstellung

Sachbilanzdaten	
Menge Blei im Gerät	1,4 kg
Primärenergiebedarf	26,2 MJ
Energieträger in Lagerstätten	23,1 MJ
Primäre Energieträger	3,1 MJ
Abfälle	
Abraum	1,3 kg
Aschen und Schlacken zur Beseitigung/Verwertung	0,03 kg

Von quantitativ untergeordneter Rolle sind Metallemissionen in die Luft (Arsen, Cadmium, Quecksilber, Zink) sowie bleihaltige Stäube, sie weisen jedoch ein umwelt- und gesundheitsgefährdendes Potential auf. Außerdem wird bei der Bleiherstellung Chrom freigesetzt, das quantitativ nicht erfaßt worden ist. Je nach Art des Prozesses und der Zusammensetzung können neben den quantitativ erfaßten Emissionen auch Kupfer, Antimon, Nickel, Zinn und Kobalt in die Luft emittiert werden (Dreyhaupt 1994, S. 247). Genauere Angaben über Abraum, Aschen und Schlacken, Sondermüll, Staub, unspezifizierte flüchtige Kohlenwasserstoffe sowie Abwasser sind nicht verfügbar.

Hinweise hinsichtlich der Umweltauswirkungen bei der Bleiherstellung werden in Kapitel 15 gegeben.

4.5 Aluminium

Aluminium kommt in dem Referenzgerät nur in der Elektronik vor. Ca. 79 Gew.-% der Gesamtmenge von 0,39 kg liegen in Form von Kühlblechen vor. Außerdem wird Aluminium in Elektrolyt- und Folienkondensatoren eingesetzt.

4.5.1 Systembeschreibung Aluminium

Die Aluminiumherstellung beinhaltet die Schritte vom Abbau der natürlichen Ressourcen, Transport bis hin zur Herstellung von Aluminium. Das Ablaufschema für die Produktion ist in Abb. 4.7 dargestellt.

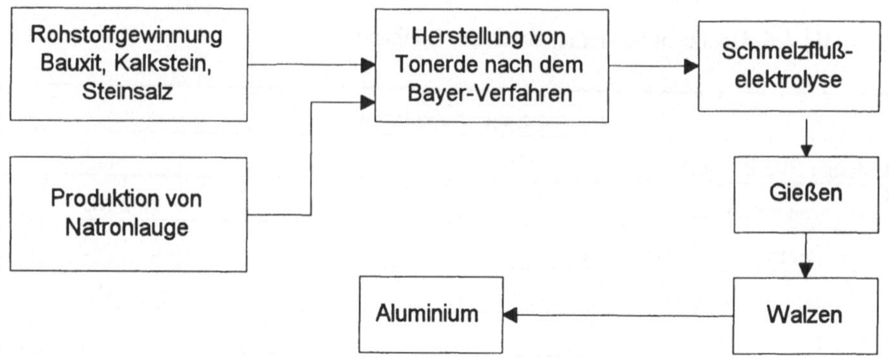

Abb. 4.7. Ablaufschema der Aluminiumproduktion

Produktion von Primäraluminium

Für die Aluminiumproduktion ist der Rohstoff Bauxit erforderlich, der über Tage abgebaut wird. Nach dem Abbau und dem Transport zur Verarbeitungsstätte erfolgt die Aufarbeitung in zwei Arbeitsschritten.

Zuerst wird aus Bauxit Tonerde hergestellt. Bei der Extraktion wird das Bauxit unter hohem Druck mit Natronlauge aufgeschlossen. Dabei entsteht Alumini-umhydroxid, das in einem Drehrohrofen bei Temperaturen um 1100 °C zu Aluminiumoxid gebrannt wird. Dieser Aufschluß erfolgt in der Regel nach dem Bayer-Verfahren.

In dem zweiten Verfahrensschritt wird das reine Aluminiumoxid zuerst in einer Kryolith-Schmelze (Kaliumhexafluoraluminat) gelöst. Das Aluminiumoxid wird dann bei 950-970 °C, bei einer Spannung von 4 V und Stromstärken bis zu 290 A elektrolysiert. Bei diesem Vorgang verbrennen die Graphit-Anoden, während sich am Boden der Schmelzwanne reines Aluminium (99,5-99,9 %) sammelt (Meyers Universallexikon).

4.5.2 Spezielle Annahmen und Randbedingungen

Die Stoff- und Energiebilanz der Aluminiumproduktion bezieht sich auf 100 % Primäraluminium, d.h. Aluminiumschrott wird nicht berücksichtigt.

Bei dem Energiebedarf der Produktion ist der Bauxitabbau, die Produktion von Tonerde, die Anoden- und Aluminiumproduktion, die Schmelzflußelektrolyse und das Gießen berücksichtigt. Die Produktion von Natriumhydroxid ist nicht enthalten.

Bei dem Transport werden für die Produktion von 1 kg Primäraluminium 51,1 tkm per Schiff und 0,593 tkm per Bahn zugrundegelegt (Hofstetter 1994).

4.5.3 Sachbilanzdaten Aluminium

Die gesamte Inputmenge bei der Produktion für alle Materialien beträgt 150,9 kg bezogen auf 0,39 kg Aluminium. Wasser stellt dabei den Hauptanteil mit 146,0 kg dar. Die verbleibende Inputmenge von 4,9 kg setzt sich aus chemischen Grundstoffen, Mineralien und Energieträgern zusammen. Die Einsatzstoffe (Natriumhydroxid, Bauxit und Kalkstein) betragen 2,0 kg und die Energieträger in Lagerstätten 2,9 kg.

Der Energiebedarf von 98,9 MJ für die Herstellung von Aluminium setzt sich aus den primären Energieträgern mit 32,1 MJ (Kernenergie, Wasserkraft) und den Rohstoffen in Lagerstätten mit 66,8 MJ (umgerechnet in Energieeinheiten) zusammen.

Die Hauptkomponenten des Outputs sind Abraum (10,9 kg), Kohlendioxid (5,5 kg), Kühlwasser (120,7 kg) und unspezifiziertes Abwasser (8,1 kg).

Außerdem fallen Abraum, Aschen und Schlacken, Sondermüll, Staub, flüchtige Kohlenwasserstoffe, in Wasser aufgeschwemmte Feststoffe sowie Abwasser an, die nicht näher spezifiziert werden können. So fällt beim Bauxitabbau Aluminiumstaub und bei dem anschließenden Aufschluß mit Natronlauge Rotschlamm als zu deponierender Abfall an. Bei der Förderung von Öl und Gas werden schwermetall- und chemikalienhaltige Bohrschlämme freigesetzt. Außerdem entweichen bei der Aluminiumproduktion geringe Mengen an giftigen Fluorverbindungen, die aus dem Kryolit gebildet werden.

Tabelle 4.7. Übersicht Sachbilanzdaten der Aluminiumherstellung

Sachbilanzdaten	
Menge Aluminium im Gerät	0,39 kg
Primärenergiebedarf	98,9 MJ
Energieträger in Lagerstätten	66,8 MJ
Primäre Energieträger	32,1 MJ
Abfälle	
Abraum	10,9 kg
Aschen und Schlacken zur Beseitigung/Verwertung	0,17 kg

4.6 Kupfer

Der Werkstoff Kupfer wird in Kabeln (ca. 77 %), Wickelteilen (rd. 14 %) sowie in den meisten elektronischen Bauelementen als Anschlußdrähte (ca. 9 %) verwendet.

4.6.1 Systembeschreibung Kupfer

Die Kupferherstellung beinhaltet den Abbau des Kupfererzes und den damit verbundenen Anfall von Abraum, die Aufarbeitung, das Erschmelzen des Kupfersteines, das Verblasen zu Rohkupfer bis hin zur abschließenden Raffination des Endproduktes (Elektrolyt-Kupfer).

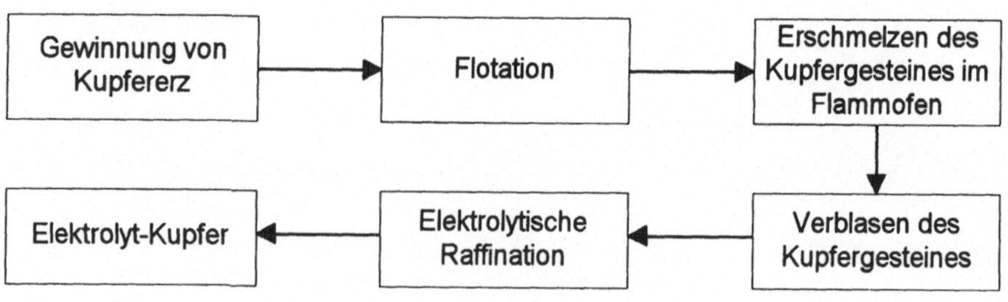

Abb. 4.8. Ablaufschema der Produktion von Elektrolytkupfer (Meyers Universallexikon)

4.6.2 Produktion von Elektrolyt-Kupfer

Der Abbau der Kupfererze, deren Kupfergehalt meist unter 1 % liegt, findet überwiegend im Tagebau statt. Der Kupfergehalt wird zunächst durch Flotationsverfahren auf eine Konzentration von 15-35 % erhöht. Die weitere Verarbeitung der Kupfergesteine ist für Kupferoxid und Kupfersulfide unterschiedlich. Der größte Teil des Kupfers (ca. 75 % der Welterzeugung) liegt in sulfidischer Form vor. Die Gewinnung des Kupfers erfolgt dann nach pyrometallurgischen Verfahren, während oxidische Erze hydrometallurgisch aufbereitet werden.

Bei der pyrometallurgischen Gewinnung erschmilzt man zunächst nach teilweiser Röstung der Erze unter Zusatz von Koks als Reduktionsmittel und kieselsäurehaltigen Zuschlägen als Schlackebildner den sogenannten Kupferstein (Cu-Gehalt 40-50 %). Das Erschmelzen erfolgt entweder im Flammofen oder nach dem Schwebeschmelzverfahren. Um die Eisen- und Schwefelanteile aus dem Kupferstein zu entfernen, wird der Kupferstein anschließend im Konverter unter Zugabe von Luft verblasen. Dabei oxidiert das Eisen und wird mit den beigefügten Zuschlägen verschlackt. Der eisenfreie Kupferstein wird dann zu Kupferoxid oxidiert. Dieses setzt sich mit dem restlichen Kupfersulfid zu metallischem Kupfer und Schwefeldioxidgas um. Das entstandene Rohkupfer hat einen Kupfergehalt von 94-97 %.

Durch die elektrolytische Raffination wird besonders reines Kupfer (Cu-Gehalt >99,95 %) gewonnen. Bei diesem Verfahren hängen den gegossenen Kupferanoden reine Kupferbleche gegenüber. Auf diesen Kupferblechen scheidet sich das Elektrolytkupfer ab. Der Elektrolyt wird umgewälzt und auf einer Temperatur von 50-60 °C gehalten. Die Kupfer-Kathode stellt das Endprodukt dar (Meyers Universallexikon, Ullmann 1990).

4.6.3 Spezielle Annahmen und Randbedingungen

Der Abbau der Kupfererze wird mengenmäßig und energetisch erfaßt. Die Angaben des Kupferinputs beziehen sich auf die reine Kupfermenge von 1 kg. Verluste, die bei der Aufarbeitung entstehen, werden bei der Bilanzierung nicht berücksichtigt.

Es wird nicht unterschieden, ob es sich um Kupfersulfid oder -oxid handelt. Bei der Bilanzierung wird davon ausgegangen, daß 60 % Primärkupfer und 40 % Sekundärkupfer eingesetzt werden.

Die Energiegewinnung beinhaltet die gesamte Vorkette. Für den Transport sind folgende Annahmen getroffen worden: Bahn 0,2 tkm und LKW 0,1 tkm. Der Seetransport ist nicht berücksichtigt worden (Hofstetter 1994).

4.6.4 Sachbilanzdaten Kupfer

Der Gesamtinput aller Einsatzstoffe beläuft sich bei obigen Annahmen auf 571,6 kg. Davon entfallen 470,3 kg auf Kupfererz und 98,1 kg auf Wasser.

Der Primärenergieverbrauch beträgt 93,4 MJ für rd. 1,0 kg Elektrolyt-Kupfer. Der Verbrauch spaltet sich in Energieträger in Lagerstätten mit 72,7 MJ und primäre Energieträger mit 20,7 MJ auf.

Die Summe aller Outputströme beträgt 584,6 kg, wobei allein der Abraum 476,0 kg ausmacht (Ullmann 1990; Hofstetter; Knall 1993). Weitere Bestandteile sind Aschen und Schlacken (2,1 kg), Kohlendioxid (5,7 kg), Kühlwasser, Abwasser sowie Wasserdampf mit 98,1 kg.

Die Sachbilanzdaten über den Abraum, Aschen und Schlacken, Sondermüll, Luftemissionen (Staub, anorganische Verbindungen und flüchtige Kohlenwasserstoffe) sowie Abwasser können nicht weiter differenziert werden.

Außerdem werden bei dem Abbau von Kupfererzen die Abwässer mit toxischen Schwermetallen kontaminiert. Bei den freigesetzten Schwermetallen handelt es sich um Blei, Cadmium, Chrom, Kupfer und Quecksilber. Ferner treten als luftverunreinigende Emissionen bei der Verarbeitung Antimon, Nickel, Zinn und Kobalt auf. Diese sind quantitativ nicht erfaßt worden. Eine Beschreibung der Umweltauswirkungen der Kupferherstellung erfolgt in Kapitel 15.

Tabelle 4.8. Übersicht Sachbilanzdaten der Kupferherstellung

Sachbilanzdaten	
Menge Kupfer im Gerät	1,0 kg
Primärenergiebedarf	93,4 MJ
Energieträger in Lagerstätten	72,7 MJ
Primäre Energieträger	20,7 MJ
Abfälle	
Abraum	476,0 kg
Aschen und Schlacken zur Beseitigung/Verwertung	2,14 kg
Besonders überwachungsbedürftiger Abraum	0,2 g

4.7 Sonstige Werkstoffe

Für die sonstigen Werkstoffe bzw. Zusatzstoffe wie Bariumoxid, Epoxidharze sowie Keramik liegen nur vereinzelt Daten vor, so daß der Energieverbrauch und das Abfallaufkommen abgeschätzt worden sind. Nach diesen Abschätzungen beträgt der Primärenergieverbrauch 68,6 MJ und der Abfall in Summe 3,5 kg.

4.8 Zusammenfassung

Der aggregierte Primärenergieaufwand für die Bereitstellung aller Werkstoffe des Referenzfernsehgerätes beträgt 1370 MJ. Dabei handelt es um einen unteren Wert, da der Primärenergiebedarf für die werkstoffliche Bereitstellung von Glas nach betriebsspezifischen Erhebungen höher liegt (vgl. dazu Kap. 4.2). Die Gesamtabfallmenge (495 kg) wird signifikant durch die Kupfergewinnung (Abraummenge 476 kg) geprägt. Im direkten Vergleich dazu ist das Abfallaufkommen der übrigen Werkstoffe gering. Über das Abfallaufkommen bei der Glasherstellung liegen keine Daten vor. Abb. 4.9 stellt die ermittelten Daten graphisch dar.

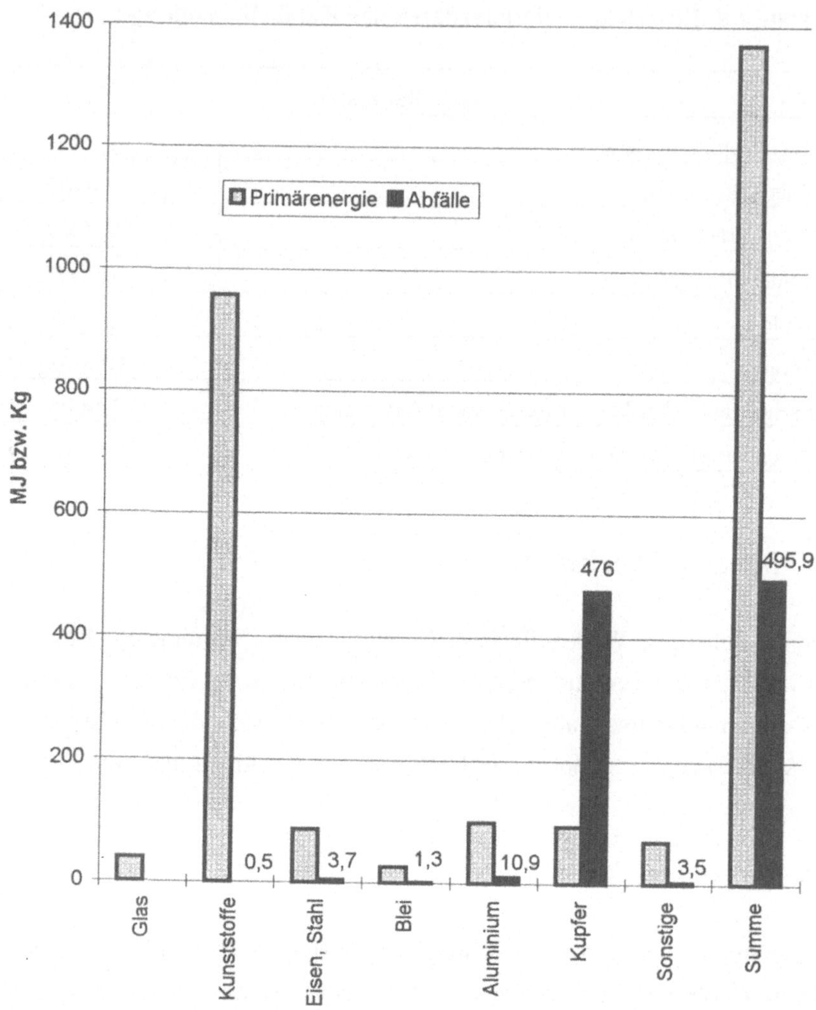

Abb. 4.9. Primärenergieverbrauch und Abfallaufkommen bei der Werkstoffbereitstellung des Referenzgerätes

Umweltgefährdende Stoffe, die bei der Werkstoffherstellung freigesetzt werden, sind nur schwierig zu erfassen. Umweltgefährdende, aber quantitativ geringe Emissionen werden in den verfügbaren Basisdatensätzen zum Teil nicht weiter differenziert oder nur in aggregierter Form aufgeführt.

5 Baugruppen

Im folgenden werden alle relevanten Baugruppen des eferenzfernsehgerätes beschrieben. Hierzu zählen das Gehäuse, die Bildröhre, die Leiterplatte sowie die elektronischen Bauelemente. Die Elektronik-Bauelemente unterscheiden sich nach ihren Funktionen in aktive Bauelemente (ICs, Transistoren und Dioden), passive Bauelemente (Kondensatoren, Widerstände, Wickelteile) und sonstige Bauteile (u.a. Stecker).

Die Ermittlung der mengenmäßigen Zusammensetzung und die Erfassung von Herstellungsprozessen der Baugruppen erfolgte in enger Zusammenarbeit mit verschiedenen Herstellerfirmen und wurde durch Literaturrecherchen ergänzt.

5.1 Gehäuse

5.1.1 Aufbau und Zusammensetzung

Für das Referenzgerät wurde ein nach dem Spritzgußverfahren gefertigtes Kunststoffgehäuse gewählt. Das Gehäuse besteht aus einer Frontblende, einer Rückwand sowie zwei kleinen Kunststoffabdeckungen für die Lautsprechereinheiten.

Die Frontblende stellt das tragende mechanische Bauteil des Fernsehgerätes dar, die einerseits mittels Bodenplatte die Elektronik trägt und gleichzeitig die Bildröhre fixiert.

Die Abmessungen entsprechen einem Standard-Fernsehgerät mit 29-Zoll-Bildröhre:

- Die Frontblende hat eine Höhe von ca. 59 cm und eine Breite ca. 68 cm. Die Bodenplatte ist rd. 50 cm breit und rd. 20 cm tief.
- Die Rückwand verjüngt sich entsprechend den Abmessungen der Bildröhre auf eine Höhe von rd. 50 cm und eine Breite von ca. 55 cm. Die Tiefe der Rückwand beläuft sich auf ca. 45 cm. In der Rückwand befinden sich sowohl unten als auch oben Lüftungsschlitze, um die notwendige Luftzirkulation zur Wärmeabfuhr während des Betriebes zu ermöglichen.

Übliche Basismaterialien der Frontblende sind Polystyrol, High-Impact Polystyrol (HIPS), Acrylnitril-Butadien-Styrol (ABS) sowie Styrol-Butadien (SB).

Als Basiskunststoff für Rückwände werden überwiegend Noryl (Blend aus PPE und PS) oder ABS eingesetzt. Die Rückwand des Referenzgerätes besteht aus Noryl. Die Zusammensetzung des Noryl kann sehr stark schwanken, da es eine Vielzahl von Kunststoffblends jeweils in Abhängigkeit des Verwendungszwecks gibt. Beispielsweise bietet GE Plastics zur Zeit 49 verschiedene Variationen von Noryl an.

Nach der Flammschutzverordnung IEC65/DIN VDE 0860/5.89 müssen Kunststoffrückwände neben Lüftungsschlitzen auch mit Flammhemmern ausgerüstet sein. Als Flammschutzmittel werden in der Regel Flammhemmer auf Phosphor- oder Stickstoffbasis eingesetzt.

Das Referenzgehäuse setzt sich wie folgt zusammen:

Tabelle 5.1. Zusammensetzung des Referenzgehäuses

	Frontblende	Rückwand
Gewicht [g]	3.100	3.500
Material	HIPS	Noryl

Daten über die Herstellung von Noryl und die verwendeten Flammhemmer sind von den Herstellern nicht erhältlich. Deshalb wird für die weitere Bilanzierung von einem reinen High-Impact Polystyrolgehäuse mit einem Gesamtgewicht von 6.600 g ausgegangen. Ein vergleichbares Gehäuse aus ABS würde - bezogen auf durchschnittliches Polystyrol - einen energetischen Mehraufwand von ca. 5 % bedeuten (Kindler, Nikles 1980, S. 802-807).

5.1.2 Systembeschreibung Gehäuseherstellung

Das System des Spritzgießens beinhaltet die Anlieferung aller notwendigen Haupteinsatz- und Zusatzstoffe von den Vorlieferanten, die Lagerung und Behandlung sowie das Mischen und Aufschmelzen des Granulates und das Spritzgießen. Abb. 5.1 zeigt die Prozeßschritte einschließlich der Konfektionierung der Gehäuse.

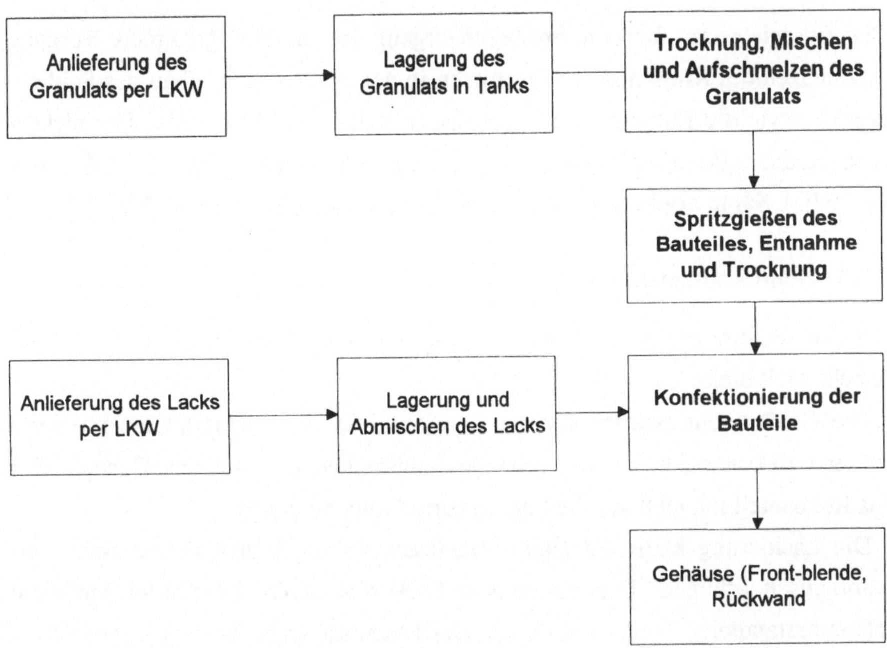

Abb. 5.1. Ablaufschema der Kunststoffgehäuseherstellung nach dem Spritzgußverfahren

Vor dem eigentlichen Prozeß des Spritzgießens wird das Granulat durch eine Luftheizung getrocknet und dann per Pipeline zu der Spritzgußmaschine gefördert. Der Energiebedarf für die Trocknung und den Transport mittels einer betriebsinternen Pipeline ist im Vergleich zum eigentlichen Fertigungsvorgang zu vernachlässigen. Die genaue Kunststoffzusammensetzung wird vor dem Spritzgießen maschinell abgemischt. Im Extruder (Plastifiziereinheit) wird der Kunststoff bei Temperaturen zwischen 225-250 °C kontinuierlich aufgeschmolzen und vermischt.

Der Fertigungsablauf ist für die Frontblende und die Rückwand identisch. Bei dem Spritzgußverfahren wird zunächst der flüssige Kunststoff in die Werkzeugform gepreßt. Der Schließdruck der Werkzeugteile beträgt ca. 1300 Mg. Die Zykluszeit für die Frontblende beträgt 140 s, für die Rückwand 80 s. Die Wanddicke der Gehäuse beträgt max. 5 mm bei Frontblenden und bei Rückwänden 3-4 mm. Die fertigen Gehäuseteile werden entnommen und manuell entgratet.

Die Ausschußrate liegt bei 2-3 Gew.-%. Angußteile (Gewicht ca. 150 g) und Gehäuse mit kleinen Fehlern werden intern rezykliert. Die Summe der anfallenden Abfallmenge beträgt ca. 1 Gew.-% (0,07 kg).

Der Energiebedarf für den Spritzgußvorgang ist für den gesamten Vorgang (Schmelzen des Kunststoffes, Einspritzen in das Werkzeug, Aufbau des Schließdrucks sowie die Entnahme) bei Gehäuseherstellern erfaßt worden. Der elektrische Endenergiebedarf beträgt für das gesamte Gehäuse ca. 6,3 kWh (ca. 22,7 Mj$_{el}$). Somit ergibt sich ein Primärenergieverbrauch von ca. 73 MJ.

5.1.3 Konfektionierung

Bei dem Referenzgerät wird nur das Frontteil lackiert, während die Rückwand unbehandelt bleibt.

Die Gehäuseteile werden vor der Lackierung in der Lackierkabine mit ionisierter Luft behandelt, um weitgehende Staubfreiheit zu erreichen. Danach wird das Rohbauteil manuell auf die Lackiervorrichtung aufgelegt.

Die Lackierung kann mit Handspritzdüsen, automatischen Düsen oder vollautomatisch erfolgen. Der verwendete Lack enthält die Lösemittel Methanol (Hauptbestandteil), Toluol und Xylol. Der Lösemittelanteil liegt zwischen 60-75 Gew.-%. Pro Frontblende werden 110 g Lack benötigt. Etwa 50 % des Lackes werden auf das Bauteil aufgetragen. Der Rest (50 %) geht als Overspray verloren. Der Festkörperanteil des Oversprays wird durch eine nachgelagerte Wasserkaskade weggewaschen. Je Gehäuse fallen ca. 50 g Lackschlamm mit einem Wassergehalt von rd. 50 % an. Der Lackschlamm sammelt sich in einem Wasserbecken. Da ein Recycling in der Regel aufgrund der häufigen Farbwechsel und der geringen Gesamtmenge zu aufwendig ist, wird der Schlamm als Sondermüll deponiert. Die anfallenden organischen Lösungsmittel - pro Gehäuse ca. 50 g - werden in die Luft emittiert.

Der Lackierkabine werden 10.000 m^3/h Luft mit einer Temperatur von 23-25 °C zugeführt. Die Zuluft wird im Jahresdurchschnitt um 13 K erwärmt. Die Erwärmung erfolgt durch eine Öl- oder Gasheizung. Der Energiebedarf für die Temperaturerhöhung pro lackiertem Kunststoffteil beträgt 1,2 MJ/Stck. Der Energiebedarf für die Wasserumwälzung beträgt pro Gehäuse rd. 0,3 MJ. Der Gesamtenergiebedarf der Konfektionierung der Frontblende beträgt somit ca. 1,4 MJ. Der Primärenergieverbrauch beläuft sich unter Berücksichtigung der elektrischen und thermischen Wirkungsgrade ca. 2,0 MJ.

Die anschließende Trocknung der lackierten Bauteile dauert ca. 20 min. bei Raumtemperatur (22-24 °C). Sie erfordert keinen zusätzlichen Energieverbrauch.

Die Ausschußquote bei der Lackierung liegt zwischen 2-3 %. Der Ausschuß kann aufgrund der Lackierung nicht für Kunststoffteile mit hohen optischen Anforderungen eingesetzt werden. Diese Bauteile werden an externe Verwerter abgegeben.

5.1.4 Zusammenfassung

Der Primärenergieverbrauch für die gesamte Gehäuseherstellung beträgt 75 MJ. Dabei entfallen auf den energieintensiven Spritzgußvorgang ca. 97 % des Verbrauchs, während die Konfektionierung rd. 3 % verbraucht.

Die reinen Produktionsabfälle (0,12 kg) setzen sich aus Kunststoffabfällen und Lackschlamm zusammen. Die energiebedingten Abfälle (12,9 kg) werden durch den bei der Energiegewinnung anfallenden Abraum dominiert. Außerdem fallen ca. 0,01 kg Aschen und Schlacken zur Beseitigung und zur Verwertung an.

Tabelle 5.2. Zusammensetzung der Abfälle bei der Gehäuseherstellung

Abfallgruppe	Gewicht [kg]
Produktionsbedingte Abfälle	
Kunststoffabfälle	0,07
Besonders überwachungsbedürftiger Abfall (Lackschlamm)	0,05
Summe	0,12
Energiebedingte Abfälle	
Abraum	12,9
Aschen und Schlacken zur Beseitigung/ Verwertung	0,02
Summe	12,9

Außerdem ist die Freisetzung von rd. 50 g organischen Lösungsmitteln bei der Konfektionierung der Frontblende zu berücksichtigen.

5.2 Bildrohr

5.2.1 Aufbau und Zusammensetzung

Für das Referenzgerät wurde eine Bildröhreneinheit (Bildschirmdiagonale 29 Zoll) ausgewählt. Diese Einheit besteht aus der Bildröhre und der Ablenkeinheit (vgl. Abb. 5.2).

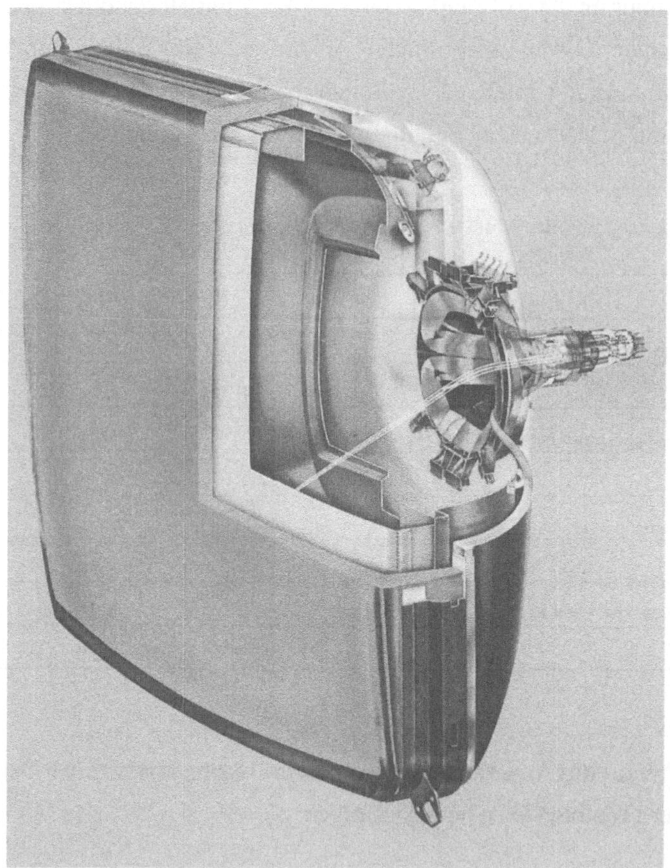

Abb. 5.2. Schematische Darstellung der Farbbildröhre (Philips)

Die Bildröhre nimmt rund zwei Drittel des Gesamtgewichts eines Fernsehgerätes ein. Neben den zwei Glaskomponenten (Schirm- und Konusglas) enthält eine

Bildröhre noch einen Metallanteil (Lochmaske, Spann- und Maskenrahmen), Elektronik (Kathodenstrahlenerzeuger-Einheit), Leuchtstoffe und Beschichtungen. Die elektrischen Durchführungen werden mit Glasemaille (Bleiborat) abgedichtet. Die Verbindung zwischen Konus- und Schirmglas besteht aus Glaslot oder Glasfritte.

Tabelle 5.3. Zusammensetzung einer 29 Zoll-Farbbildröhre (Philips 1994)

Komponenten [g]	Masse [g]
Schirm-/Konusglas mit Bariumoxid (1,9 kg) und Bleioxid (1,4 kg), Glasfritte	22.900
Metalle (Lochmaske, Spann- und Maskenrahmen, Strahlerzeuger-Einheit)	1.500
Beschichtungen und Leuchtstoffe	6
Gesamtmasse	24.406

Aufgrund unterschiedlicher technischer Anforderungen haben Schirm- und Konusglas verschiedene chemische Zusammensetzungen. Im Konusglas wird zur Abschirmung der im Inneren der Röhre erzeugten hochenergetischen Strahlung bis zu 21 Gew.-% Bleioxid zugesetzt. Da im Schirmglas die Verwendung von Bleioxid nach einiger Zeit zu einer dort unerwünschten Verfärbung des Glases durch die Strahlung führen würde, wird bei den aus europäischer Produktion stammenden Röhren Bariumoxid (ca. 1.900 g) bzw. Strontiumoxid bei Fernostimporten eingesetzt.

Zur Erzeugung des Bildes auf dem Schirm ist das Schirmglas mit einer sogenannten Leuchtschicht beschichtet. Dabei kommen Substanzen wie Europium (Eu) als Leuchtstoff für Rottöne, Cadmiumsulfid oder Zinksulfid/Silber-Verbindungen (ZnS/Ag) für Grüntöne zum Einsatz. Blautöne werden durch Zinksulfid mit einer Zumischung der Spinellverbindung Kobaltoxid-Aluminiumoxid (CoOAlO) erzeugt. Ferner sind Spuren von Arsen, Beryllium und Wismut zu finden. Die Aufbereitung und Rückgewinnung dieser Stoffe, die ca. 0,02 Gewichtsprozent vom Gesamtanteil der Bildröhre ausmachen, ist zwar theoretisch möglich, wirtschaftlich z.Z. aber nicht lohnend. Sie werden als Sondermüll deponiert.

Die Glasrezepturen der Bildröhre enthalten je nach Hersteller noch eine größere Menge an diversen Zuschlagstoffen, die im Laufe der technischen Weiterentwicklungen einem stetigen Wandel unterworfen sind. Zwar sind die Bildröhren gekennzeichnet und somit der Hersteller erkennbar, die Kennzeichnung gibt jedoch keinen Aufschluß über die Glaszusammensetzung. Selbst bei Fernsehgeräten gleichen Typs und vom gleichen Hersteller sind unterschiedliche Glassorten zu finden. Die folgende Tabelle 5.4 zeigt eine Auswahl über mögliche Inhaltsstoffe in einer Bildröhre mit den dazugehörigen Konzentrationsgrenzen:

Tabelle 5.4. Zusammensetzung Bildröhrenglas (Köplin 1994, S. 25)

Verbindung	Formel	Gew.-% Konus	Gew%-Schirm
Siliziumoxid	SiO_2	50,0-60,0	55,0-65,0
Natriumoxid	Na_2O	5,0-7,0	5,0-10,0
Kaliumoxid	K_2O	5,0-10,0	5,0-10,0
Bortrioxid	B_2O_3	0,0-0,2	0,0-0,1
Bariumoxid	BaO	0,6-2,0	0,3-13,3
Calciumoxid	CaO	3,5-6,0	1,0-4,0
Magnesiumoxid	MgO	2,0-3,0	0,0-1,4
Strontiumoxid	SrO	0,0-0,2	0,5-10,7
Bleioxid	PbO	9,9-21,0	0,0-4,0
Aluminiumoxid	Al_2O_3	1,5-4,5	1,0-4,0
Eisentrioxid	Fe_2O_3	0,0-0,1	0,0-0,1
Titandioxid	TiO_2	0,0-0,1	0,2-0,8
Antimontrioxid	Sb_2O_3	0,0-0,2	0,2-0,6
Arsenik	As_2O_3		0,0-0,2
Cerdioxid	CeO_2		0,0-0,6
Wolframtrioxid	WO_3		0,0-1,8
Zinkoxid	ZnO		0,0-3,0
Zirkondioxid	ZrO_2		0,0-2,0
Lithiumoxid	Li_2O	0,0-0,5	
Phosphorpentoxid	P_2O_5	0,1-0,6	

Für die weitere Bilanzierung der Bildröhre wird aufgrund der Verfügbarkeit der Daten folgende werkstoffliche Zusammensetzung zugrundegelegt: 21.500 g Glas (einschließlich Bariumoxid 1.900 g), 1.500 g Eisen und 1.400 g Bleioxid, das im Konusglas enthalten ist.

Die Ablenkeinheit (ca. 850 g) setzt sich werkstofflich aus ca. 290 g Kupfer, 15 g Stahl, 330 g Ferrit (Eisenoxid mit Beimengungen von Oxiden zweiwertiger Metalle wie NiO, MnO, ZnO, MgO, CuO, BeO, CdO, CaO, CoO), 130 g Kunststoff (teilweise mit Flammhemmern versehen) und 85 g sonstigen Werkstoffen (u.a. Epoxid-Vergußmasse), die nicht näher spezifiziert werden können, zusammen. Die Fertigung der Ablenkeinheit und der Lochmaske wird hier nicht näher beschrieben, da keine Daten über die Herstellung verfügbar sind.

5.2.2 Herstellung

Die Daten der Herstellung sind in Kooperation mit Glaswerken und Bildröhrenproduzenten erhoben worden. In Abb. 5.3 ist die Bildröhrenproduktion schematisch dargestellt. Kästen mit einer gestrichelten Umrandung fallen außerhalb der Systemgrenze.

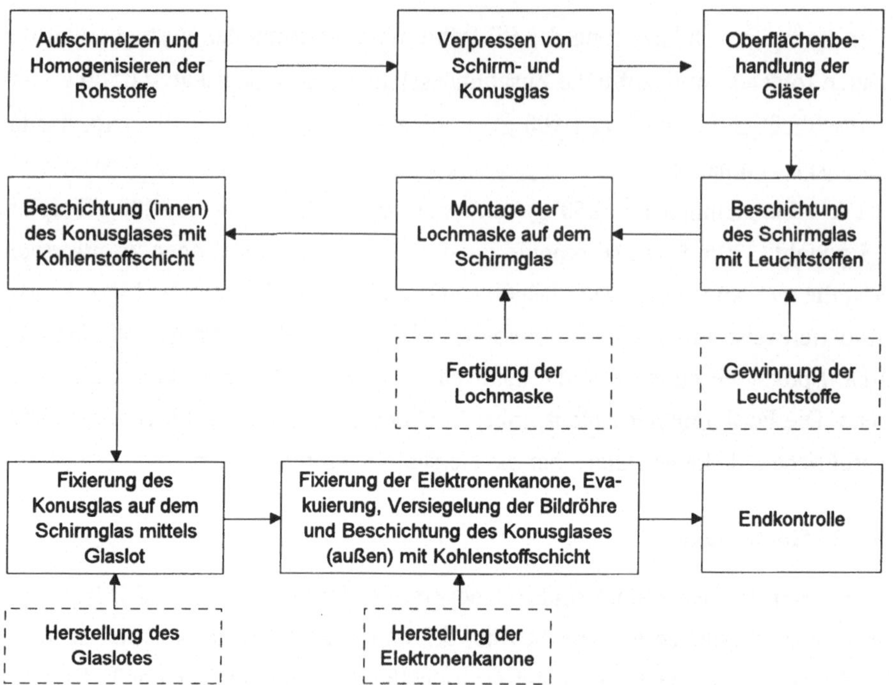

Abb. 5.3. Ablaufschema der Bildröhrenherstellung

Die Prozeßschritte Aufschmelzen und Homogenisieren der Rohstoffe, Verpressen und Oberflächenbehandlung der Gläser (Arbeitsschritte bei den Glaswerken) haben hinsichtlich des Primärenergieeinsatzes und des Abfallaufkommens große Bedeutung. Die Montage der Lochmaske im Schirmglas, die Fixierung des Konus- und Schirmglases und der Elektronenkanone sowie die abschließende Evakuierung erfolgt direkt beim Bildröhrenhersteller.

Bei der Herstellung der Bildröhre werden zuerst die Glasrohlinge für das Konus- und Schirmglas in Glasfabriken gegossen. Dazu werden die Ausgangsmaterialien (Quarzsande, Soda, Feldspat, Bleioxid, Bariumcarbonat und weitere Vorprodukte) bei Temperaturen um etwa 1330°C im unteren Teil der Keramikwanne aufgeschmolzen, homogenisiert und mit Zusatzstoffen wie Flußmitteln, Stabilisatoren und Läuterungsmitteln versetzt. Anteilig werden Produktionsabfälle und Ausschußteile (bis zu 40 % bei Schirmgläsern) beigemengt. Das flüssige Glas wird in die entsprechende Gußform eingeleitet und mit Hilfe von Druckluft gepreßt. Die Gläser verlassen nach einer kontrollierten Abkühlung die Formpressen mit einer Temperatur von ca. 600°C.

Die Schirmgläser werden anschließend entgratet und mit Schleifmittel (u.a. Bims) bis zur erwünschten Genauigkeit (Toleranz +/- 0,02 mm) abgeschliffen und poliert. Außerdem werden metallische Verbindungselemente für die Lochmaske und für die elektrischen Verbindungen eingesetzt. Auf die Kanten von Front- und Konusglas wird Glaslot für die spätere Verbindung der beiden Bauteile aufgebracht.

Die abschließende Montage der Einzelteile beginnt mit dem Auftragen der Leuchtstoffe auf das Schirmglas. Dazu wird auf der Innenseite des Schirmglases gleichmäßig eine photosensitive chemische Schicht aufgetragen, die für die Fixierung der Leuchtstoffsuspension sorgt. Zur Erzeugung des Farbbildes werden grüne, rote und blaue Leuchtstoffe (additive Farbmischung) als Punkte nebeneinander auf das Schirmglas aufgebracht. Zur Erzeugung von Grüntönen werden Zinksulfid/Silber-Verbindungen, für Blau Zinksulfid mit einer Zumischung der Spinellverbindung Kobaltoxid-Aluminiumoxid (CoOAlO) und für Rottöne Europium verwendet. Zunächst wird der grüne Leuchtstoff auf das Schirmglas flächendeckend aufgetragen. An den 'erwünschten' Punkten erfolgt eine Bestrahlung des Leuchtstoffes mit UV-Licht durch eine Lochmaske. Durch diesen Bestrahlungsvorgang wird eine Fixierung auf dem Schirm erreicht. An Stellen, die nicht dem UV-Licht exponiert werden, wird der Leuchtstoff anschließend weggewaschen. Nach jeder aufgetragenen Leuchtfarbe erfolgt ein Trockenschritt, bevor die nächste Leuchtschicht aufgetragen wird. Diese Schritte werden für die Farbtöne Blau und Rot wiederholt. Die Abfallmenge bei diesem Vorgang entspricht in etwa der aufgetragenen Leuchtstoffmenge von 6 g. Das Verhältnis der aufgetragenen Menge zur Verwendung ist 2:1. 'rote' und 'blaue' Pigmentstoffe werden zurückgewonnen, während Zinksulfid/Silber-Verbindungen ('grüne' Leuchtstoffe) als besonders überwachungsbedürftiger Abfall entsorgt werden müssen. Bei der abschließenden Fixierung wird unter Vakuum ein Aluminiumfilm auf die Leuchtstoffe aufgedampft (Sony 1996).

Die Lochmaske wird mit Ultraschall gereinigt, mit deionisiertem Wasser abgespült und dann auf das Schirmglas aufgesetzt.

Im nächsten Schritt erfolgt das Auftragen einer Kohleschicht auf der Innenseite des Konusglases. Dazu wird das Konusglas zunächst mit einer sauren Lösung gereinigt und angerauht. Der Kohlenstoff wird mit einem rotierendem Schwamm im Bereich des inneren Konushalses und mit einer Hochdruckdüse im inneren Konusbereich aufgespritzt.

Nach dem Auftragen von Glaslot auf das Konusglas werden Schirm- und Konusglas fixiert und präzise aufeinandergepreßt (sogenanntes 'Verheiraten'). Das Glaslot wird mittels einer elektrischen Heizung erwärmt, geschmolzen und wird so kristallisiert. Schirm- und Konusglas bilden nun eine Einheit.

Im nächsten Schritt wird die Elektronenkanone mit dem Glaskorpus verbunden. Dazu wird sie zunächst ausgerichtet und in den Konushals eingefügt. Der Hals wird - zunächst elektrisch und dann thermisch - von außen auf 700°C erwärmt. Bei dieser Temperatur werden Elektronenkanone und Konushals verbunden bzw. versiegelt.

Das Vakuum in der Bildröhre wird stufenweise durch mechanische und Diffusionspumpen erzeugt. Die Evakuierung erfolgt durch ein dünnes Glasröhrchen. Der evakuierte Glaskörper wird durch das Verschmelzen des Konusglases am äußersten Ende abschließend versiegelt. Anschließend erfolgt das Auftragen der äußeren Kohlenstoffschicht. Zum Implosionsschutz wird ein Metallrahmen um das Bildrohr gespannt. Um verbliebene Luftpartikel sowie Staubteilchen zu binden, wird kurzzeitig Hochspannung an die Bildröhre angelegt, wodurch diese verdampfen. Durch abschließendes Anlegen einer Niederspannung (sogenannte 'Alterung') wird das Kathodenmaterial in reines Barium umgewandelt. Es folgt eine abschließende Qualitätskontrolle. Bei fehlerhaften Bildröhren werden nachträgliche Reparaturen durchgeführt. Beispielsweise können Kratzer auf dem Schirmglas mit Hilfe einer speziellen Oberflächenbehandlung beseitigt werden (Philips 1996).

5.2.3 Zusammenfassung

Der Primärenergieverbrauch für den Fertigungsvorgang beträgt für das Aufschmelzen und Homogenisieren der Rohstoffe, Verpressen sowie die Oberflächenbehandlung des Schirm- und Konusglases 402 MJ. Dabei entfallen auf den Prozeßschritt des Aufschmelzens rund 79 % (319 MJ) des Primärenergieverbrauches. Die Erzeugung der Druckluft zum Verpressen der Gläser benötigt 22 MJ, die notwendige Wassertechnik (Wasseraufbereitung und Umwälzung) 7 MJ und nicht näher spezifizierbare Prozeßschritte 54 MJ (Lindig 1996). Die Primärenergieverbräuche des Verpressens der Gläser, der Wassertechnik und sonstige Schritte werden dem Primärenergieverbrauch der Fertigung zugerechnet.

Der Energieverbrauch aller Prozeßschritte der Montage (von der Beschichtung des Schirmglases mit Leuchtstoffen bis zur abschließenden Qualitätskontrolle) ist in Summe ermittelt worden. Die Basis der Berechnung bildet der jährliche elektrische und thermische Energieverbrauch eines bildröhrenproduzierenden Betriebes sowie die Anzahl aller produzierten Bildröhren. Bei der Berechnung kann nicht zwischen den verschiedenen Bildröhrendiagonalen (21"-29") differenziert werden. Pro Bildröhre ergibt sich ein Primärenergieverbrauch von 655 MJ$_{Pr}$. Dieser Wert splittet sich auf in den Verbrauch für elektrische Energie 520 MJ$_{Pr}$ (entspricht rd. 45 kWh$_{el}$) sowie für thermische Energie von 135 MJ$_{Pr}$.

Die gesamte Herstellung benötigt pro Bildröhre demnach 1057 MJ$_{Pr}$ (Sony 1996).

Bei der Produktion einer Bildröhre fallen energie- und prozeßbedingte Abfälle an. Die energiebedingten Abfälle machen dabei den größten Anteil mit 108 kg aus. Die prozeßbedingten Abfälle belaufen sich auf 1,46 kg. Sie setzen sich aus produktionsbedingten Abfällen und der Ausschußquote der Bildröhrenendkontrolle zusammen. Bei einer durchschnittlichen Ausschußquote von 3 % entspricht dies bezogen auf das Gesamtgewicht einer Bildröhre von 24,5 kg einer Abfallmenge von 0,74 kg. Diese Abfallmenge wird zu 0,73 kg den Gewerbeabfällen und Reststoffen sowie zu 0,01 kg den besonders überwachungsbedürftigen Abfällen zugeordnet (vgl. Tabelle 5.5).

Die Angaben berücksichtigen nicht die Filterschläuche der Abgasreinigungsanlagen und den Ausbruch der Schmelzwannen sowie den bei Wannenausbruch anfallenden Bauschutt.

Tabelle 5.5. Zusammensetzung der Abfälle der Bildröhrenherstellung (Lindig 1996)

Abfallgruppe	Gewicht [kg]	Bemerkungen
Produktionsbedingte Abfälle		
Hausmüllähnliche Abfälle	0,56	Schleifmittelschlamm und Schleifmittelabrieb
Gewerbeabfälle und Reststoffe	0,85	Abfallscherben mit Metallpins (71%), Rückstände aus der Wasser-Entkarbonisierung (5%), Gewerbemüll (24%)
Besonders überwachungsbedürftige Abfälle und Reststoffe	0,05	Bleihaltiger Schleifabrieb (52%), bleioxidhaltiges Kammerkondensat (26%), Öl-Wassergemisch (10%), Öle (4%), ölverunreinigte Betriebsmittel (3%), anorganische Stoffe mit Schwermetallen (1%), Leuchtstoffe (4%)
Summe	1,46	
Energiebedingte Abfälle		
Abraum	106,6	
Aschen und Schlacken zur Beseitigung/ Verwertung	1,67	
Besonders überwachungsbedürftiger Abfall	0	Die Menge des besonders überwachungsbedürftigen Abfalls aus energiebedingten Prozessen liegt bei ca. 1,6 g
Summe	108,2	

Als besonders problematisch sind die besonders überwachungsbedürftigen Abfälle, wie z. B. bleihaltiger Schleifabrieb, bleioxidhaltiges Kammerkondensat, Altleuchtstoffe sowie ölhaltige Abfälle, einzustufen.

5.3 Leiterplattenfertigung

Die Leiterplattenfertigung umfaßt die Prozeßschritte der Basismaterialherstellung, d.h. einer kupferkaschierten Leiterplatte und der Leiterplattenherstellung, d.h. Auftragen einer Schaltung.

5.3.1 Herstellung des Basismaterials

Leiterplatten bestehen aus einem dielektrischen Trägermaterial, dem sogenannten Basismaterial und den darauf aufgebrachten Leiterbahnen aus Kupfer. Bei dem Basismaterial handelt es sich meist um Duroplaste. Aus Gründen des Brandschutzes ist das Basismaterial in der Regel mit Flammhemmern ausgerüstet.

Es werden verschiedene Arten von Leiterplatten verwendet. Man unterscheidet FR2-, FR3- und FR4-Materialien. Als Basismaterial werden für Fernseher vielfach FR2-Materialien verwendet. Das Trägermaterial ist Papier, welches mit Phenolharzen versetzt und gehärtet wird. Bei FR3-Materialien ist das Trägermaterial ebenfalls Papier, dem Epoxidharze zugesetzt werden. Zunehmend wird auch FR4-Material eingesetzt, das aus Epoxidharz-getränkten Glasfasern besteht. **Harzherstellung für FR2-Material:** Die Harzherstellung erfolgt aus den Ausgangsstoffen Phenol und Formaldehyd unter Zusatz von Kresol und den geforderten Flammschutzmitteln (Tetrabrombisphenol A oder Phosphorverbindungen wie Diphenylkresylphosphat). Bei der Produktion (Harzhersteller) erfolgt bereits eine Vorkondensation des Harzes. Die für den Anwender fertige Formulierung (vorkondensierter Harz) enthält außerdem Methanol (ca. 30 Gew.-% bezogen auf 100 Gew.-% des Endproduktes) als Lösemittel.

Tabelle 5.6. Durchschnittliche Zusammensetzung der Formulierung

Stoffe	[%]
Phenol	65
Formaldehyd	25
Kresol	10

Bei dem Basismaterialhersteller wird die Formulierung teilweise noch mit weiteren Zusätzen versehen und dann auf das Papier (Trägermaterial bei FR2-Basismaterial) im Lackierprozeß aufgebracht. In einem Trockenofen erfolgt die Vorkondensation des Harzes. Dabei entweichen die Lösemittel als flüchtiges Gas. Dieses Gas wird als Energieträger für den Betrieb der Trockenöfen und Pressen genutzt. Im folgenden Schritt erfolgt die Auflaminierung der Kupferfolie und das

Verpressen in einer beheizten Presse. Die beiden Schritte des Laminierens und des Verpressens sind energieintensiv.

Die Herstellung des Basismaterials läßt sich für FR2-Material in folgende Schritte unterteilen:

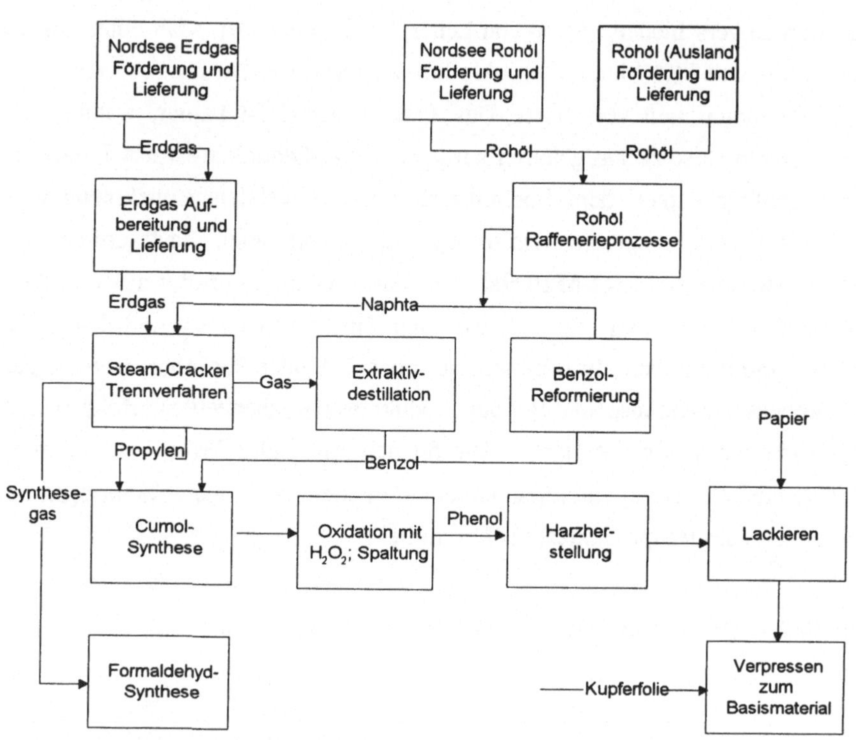

Abb. 5.4. Schematische Darstellung der Produktion von FR2-Material

Die Herstellung von FR3-Material erfolgt nach einem ähnlichen Schema. Es gibt verschiedene Epoxide, die für FR3-Material verwendet werden. In Abb. 5.5 ist die Herstellung am Beispiel eines Glycidäthers von Bisphenol A dargestellt (Ullmann 1981, S. 573).

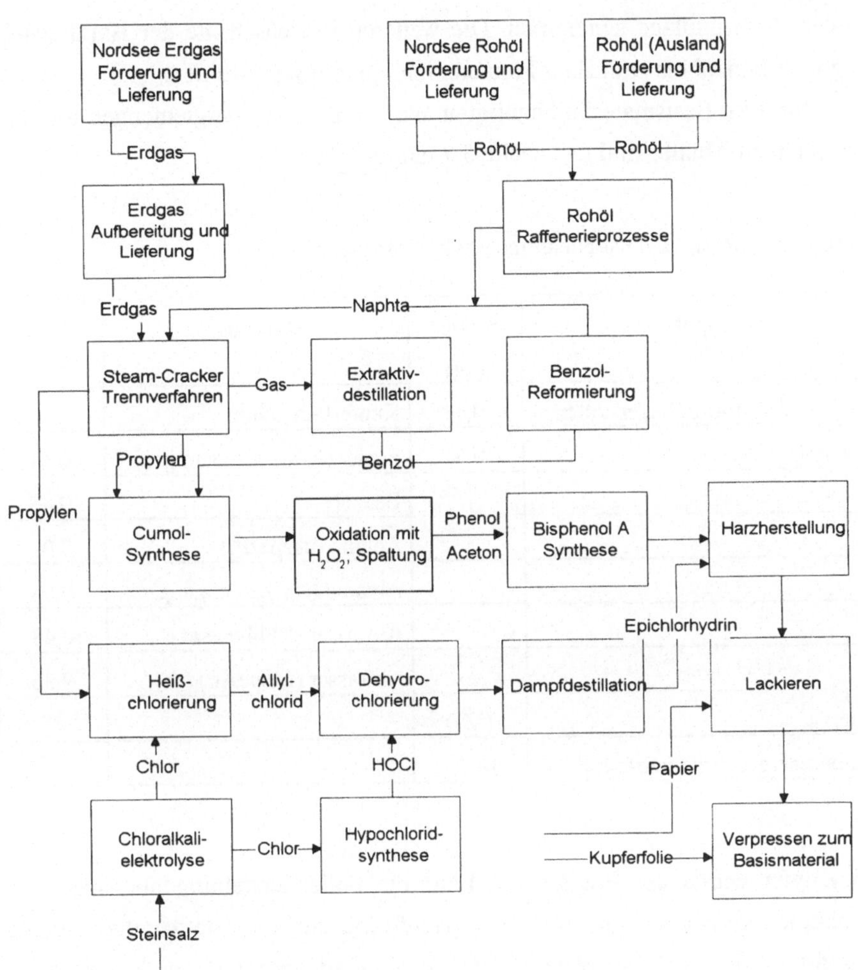

Abb. 5.5. Schematische Darstellung der Produktion von FR3-Material

Bei der Herstellung der Epoxidharze über das Zwischenprodukt Epichlorhydrin ist die Entstehung von CKW-Abfällen problematisch. Je Kilogramm Epichlorhydrin entstehen 0,05 kg CKW-Rückstände, die als Sonderabfall entsorgt werden müssen. Daneben entstehen 0,08 kg 1,2,3-Trichlorpropan und 1,2 kg CaCl, die verwertet werden (Nolte 1991, S. 346).

Bisher existieren keine aussagekräftigen Sachbilanzdaten in der Literatur zur Herstellung von Phenol- und Epoxidharzen. Da beide Fertigungsverfahren über das Zwischenprodukt Benzol erfolgen, wird für eine Abschätzung der Basismaterialherstellung die Bereitstellung von Benzol sowie der Werkstoffe Papier und

Kupfer als Grundlage genommen. Die weiteren Prozeßschritte der Harzherstellung vom Benzol bis zum Harz können nicht quantifiziert werden.

Die für 1 kg Basismaterial benötigten Werkstoff- und Energiemengen und die entstehenden Abfälle sind in Tabelle 5.7 dargestellt.

Tabelle 5.7. Input- und Outputströme pro kg Basismaterial

Input	Menge (kg)	Output	Menge (kg)
Kupfer (Rohstoff in Lagerstätten)	0,11	Kupferfolie 35μm	0,11
Zellstoff	0,31	Papier (Kraft Standard gebl.)	0,41
		Benzol	0,45
		Abfälle (unspezif.)	0,01
		Abraum (zur Beseitigung)	0,94
		Abwasser (Kühlwasser)	10,43
		Abwasser (unspezif.)	9,35
Energie	(MJ)		
Primärenergie (Energieträger)[1]	18,76		

Bei Kupfer wurde der Energiebedarf für die Folienherstellung aus massivem Reinkupfer vernachlässigt. Der Energieaufwand für die Methanolgewinnung (Lösemittel für die Harzformulierung, s.u.) wurde ebenfalls nicht gesondert erhoben.

Für das nachfolgende Verpressen des Basismaterials ergibt sich folgendes Input-Output-Schema.

---

[1] Berechnung nach: Association of Plastic Manufaturers in Europe (APME): Eco-profiles of the European plastic industry; Report 4: Polystyren, S. 10, Brussels 1993.

Tabelle 5.8. Input- und Outputströme für das Verpressen pro kg Basismaterial

Input		Output	
Stoff	Menge [kg]	Stoff	Menge [kg]
Papier	0,405	Basismaterial	1,0
Harzformulierung (100% Wirkstoff)	0,464		
Methanol (Lösemittel)	0,153	Methanol (zur Energiegewinnung)	0,153
Flammhemmer	0,080 (TBBA)	Wasserdampf (aus Kondensationsreaktion)	0,059
Kupferfolie 35 μm	0,110		
Energie therm.	>3 MJ		
Primärenergie für Pressenbetrieb	ca. 6 MJ		

Da keine quantifizierten Daten von Basismaterialherstellern bezüglich des Energieverbrauchs verfügbar sind, wurde für eine Abschätzung der Heizwert von Methanol (Lösemittel) herangezogen. Je Kilogramm Basismaterial werden ca. 150 g Methanol verbrannt. Bei einem unteren Heizwert von Methanol von 19,5 MJ/kg sind dies ca. 3 MJ. Hinzu kommt die elektrische Energie für den Betrieb der Pressen. Dafür werden ca. 2 MJ$_{el}$/kg bzw. 6 MJ$_{Pr}$/kg Basismaterial verbraucht.

Die Leiterplatten in einem Fernsehgerät wiegen durchschnittlich 0,34 kg. Dazuzurechnen ist der Leiterplattenabfall während der Fertigung der Leiterplatten in Höhe von 10%. Somit ergibt sich eine Summe von 0,38 kg Basismaterial für ein Fernsehgerät. Für die Verfahrensschritte der Basismaterialherstellung wird ein Primärenergiebedarf von ca. 21,7 MJ[2] benötigt.

---

[2] 21,7 MJ = (18,8 MJ/kg + 30,4 MJ/kg + 3 MJ/kg + 6 MJ/kg) * 0,38 kg mit 18,8 MJ/kg = Durchschnittlicher Primärenergiebedarf für Kupfer, Papier und Benzol, 30,4 MJ/kg = Feedstock Benzol, 3 MJ/kg = Primärenergiebedarf Methan und 6 MJ/kg = Primärenergiebedarf für elektrische Energie pro kg Basismaterial

Abraum entsteht in einer Menge von 0,94 kg. Es fallen insgesamt 0,01 kg Abfälle an.

5.3.2 Leiterplattenherstellung

Bei der Leiterplattenherstellung wird in der Regel von dem kupferkaschierten Basismaterial (Stärke der Kupferfolie 35 µm) ausgegangen, auf dem mit Hilfe der Subtraktiv-Technik das Leiterbild erzeugt wird.

In den meisten Fällen werden Leiterplatten produziert, die nur auf einer Seite über Leiterbahnen verfügen; in wenigen Fällen auch durchkontaktierte zweiseitige Leiterplatten (z. B. im Tunerbaustein). Für die Durchkontaktierung, die die beiden Leiterplattenseiten verbindet, sind galvanische Abscheideverfahren und umfangreichere Vorreinigungsschritte erforderlich, die zu einer hohen Umweltbelastung führen.

Bei der Leiterplattenfertigung gibt es eine sehr große Bandbreite an Fertigungsverfahren, die sich in unterschiedlichen Ressourcenverbräuchen und Umweltbelastungen niederschlagen. Die Herstellung einer durchkontaktierten Leiterplatte erfordert beispielsweise inklusive der Spülprozesse etwa 45 Fertigungsschritte. Die Verfahrensführung innerhalb eines Schrittes kann sich z. B. unterscheiden in der Art des Ätzverfahrens (sauer/alkalisch) oder in der Art der Reststoffbehandlung (Spültechniken, Abluftbehandlung). Durch die Reststoffbehandlung können insbesondere Abwasserbelastungen vermieden und Rohstoffe zurückgewonnen werden, was aber in vielen Fällen einen erhöhten Energieverbrauch zur Folge hat.

Die Wahl zusätzlicher Verfahrensschritte (z. B. eine Oberflächenvergütung durch Heißverzinnung) führt praktisch immer zu einem gesteigerten Ressourceneinsatz, der sich unterschiedlich stark auf das Gesamtergebnis auswirkt.[3] Aus diesen Gründen ist es sehr schwierig, repräsentative Daten für die Leiterplattenherstellung zu gewinnen.

Für die Bilanzierung wird davon ausgegangen, daß 90 % der Leiterplattenfläche eines Fernsehgerätes nur einseitig kupferkaschierte Leiterplatten ohne

---

[3] Eine ausführliche Beschreibung befindet sich in: Sage, J.: Industrielle Abfallvermeidung und deren Bewertung am Beispiel der Leiterplattenherstellung, Graz 1993

Durchkontaktierung und lediglich 10 % (u.a. Tuner) beidseitig kaschiert und durchkontaktiert sind.

Die Fertigung einer einseitigen Leiterplatte ist in Abb. 5.6 schematisch dargestellt.

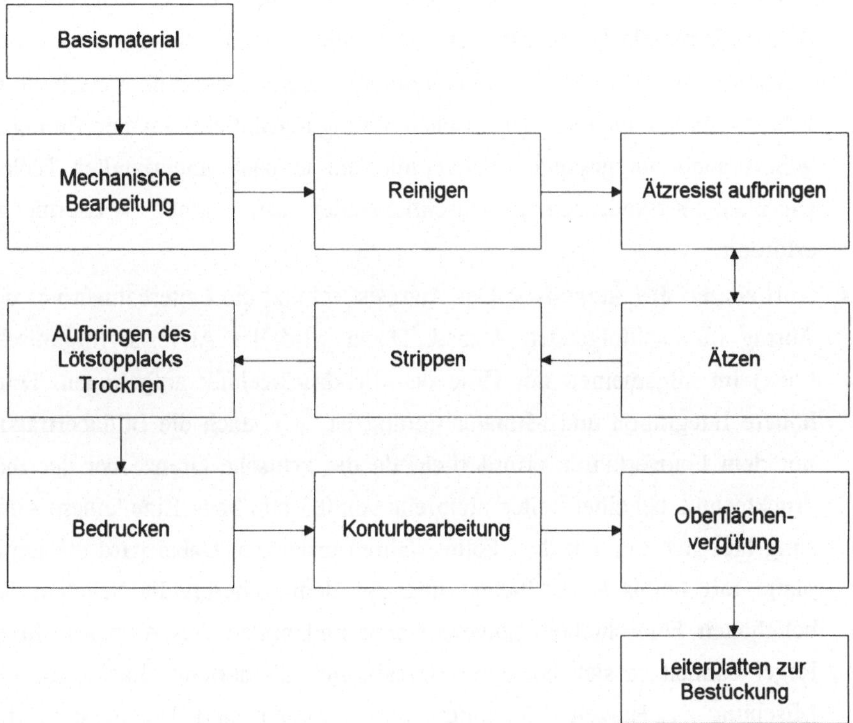

Abb. 5.6. Schematische Darstellung der Fertigung einer einseitig kupferkaschierten Leiterplatte

- **Mechanische Bearbeitung:** Das im Großformat gelieferte Basismaterial muß auf eine fertigungsgerechte Größe zugeschnitten werden. Weiterhin muß das Lochbild erstellt werden. Die dafür erforderlichen Bearbeitungsverfahren sind in der Regel Sägen, Stanzen, Schneiden, Bohren und Fräsen des Basismaterials.

  Die Bohr- und Frässtäube sowie Stanzabfälle werden bisher in der Regel als Gewerbeabfall entsorgt. Da die Ausnutzung der Zuschnitte in der Regel bei etwa 90-95 % der Basismaterialfläche beträgt, kann von einem Abfallanfall von 5-10 % der eingesetzten Menge ausgegangen werden. Hinzu kommt fertigungsbedingter Ausschuß aus den folgenden Fertigungsprozessen.

- **Reinigung:** Da die Oberflächenbeschaffenheit des Basismaterials einen wesentlichen Qualitätsfaktor darstellt, sind verschiedene Reinigungsschritte erforderlich, um Ölreste, verschleppte Prozeßlösungen und Oxidschichten von der Kupferoberfläche zu entfernen. Verwendet werden einerseits mechanische Verfahren wie Bürsten und Schleifen, z.T. auch chemische Verfahren mit wäßrig-alkalischen oder organischen Reinigungsmitteln. Zu der Reinigung gehört auch die gesamte Spültechnik, die je nach angewandter Technik (Sprühen, Kaskadenspülen, Durchflußspülen usw.) große Wassermengen erfordert.

- **Aufbringen des Ätzresists:** Der Ätzresist schützt die Leiterbahnen vor dem Abtrag im nachfolgenden Ätzbad. Dabei wird der Ätzresist (organischer Lack) im allgemeinen mit Hilfe der Siebdrucktechnik aufgetragen. Durch höhere Integration und Miniaturisierung ist z.T. auch die Bildübertragung mit dem Fotoverfahren erforderlich, da die kritische Grenze bei der Siebdrucktechnik bei einer Leiterbahnbreite von 0,3 mm liegt. Eine feinere Auflösung läßt sich nur mit dem Fotoverfahren erreichen. Dabei wird die Leiterplatte mit Fotolack beschichtet und vor dem Leiterbilddia belichtet. Die belichteten Fotoschichten polymerisieren und bilden den Ätzresist. In der Regel handelt es sich bei dem Ätzresist um UV-härtende Lacke, die eine Mischung aus Harzen, Lösemitteln und Acrylaten sind. Die nicht polymerisierten Teile werden beim Entwickeln abgewaschen.

- **Ätzen:** Das Ätzen kann in alkalischen (Lösungen mit freiem Ammoniak) oder sauren (z. B. Kupferchlorid-Lösungen) Medien erfolgen. Dabei werden die nicht vom Ätzresist abgedeckten Schichten des Kupfers abgeätzt und in die Prozeßlösung überführt. Beim Ätzen mit $CuCl_2$ entsteht in einer Disproportionierungsreaktion mit dem metallischen Kupfer $CuCl$. Dieses kann mit Salzsäure und Wasserstoffperoxid chemisch regeneriert werden. Dabei entsteht ein Überhang an $CuCl$-Lösung, der in der Regel verwertet wird.

- **Strippen:** Der nicht mehr benötigte Ätzresist wird beim Strippen entfernt. Dies erfolgt normalerweise direkt im Anschluß an den Ätzprozeß. In der Bundesrepublik Deutschland sind zum Strippen mittlerweile wäßrig-alkalische Systeme Stand der Technik. Früher wurde vorwiegend unter Einsatz von chlorierten Kohlenwasserstoffen der Ätzresist gestrippt.

- **Lötstopplack:** Der Lötstopplack dient zum Abdecken der Stellen der Leiterplatte, auf die beim Lötprozeß nach dem Bestücken kein Lötzinn aufgetragen werden soll, um das Entstehen von Lötbrücken und damit Kurzschlüssen zu verhindern. Dazu werden wärmebeständige Lacke (Einkomponenten oder UV-härtende Lacke, bei Fernsehern selten Zweikomponentenlacke) eingesetzt. Der Trocknungsschritt des Lötstopplackes stellt einen energieaufwendigen Schritt der Leiterplattenfertigung dar.

- **Bedrucken:** Zur Bezeichnung der Bauteile auf der Leiterplatte und zum Darstellen der Servicepunkte werden mit Hilfe der Siebdrucktechnik Kennzeichnungen auf der Leiterplatte angebracht.

- **Endbearbeitung:** Ergänzend zu der mechanischen Bearbeitung des Basismaterials erfolgt am Ende der Fertigung die Konturbearbeitung (Aussparungen stanzen, Fräsen, Kanten glätten etc.).

- **Schutz und Veredeln der Oberfläche (optional):** Dieser Schritt wird verwendet, um die Kupferoberfläche der Leiterbahnen vor Oxidation zu schützen. Dazu werden entweder organische Lacke (auf Kolophonium-Basis) oder eine dünne Metallschicht (überwiegend Zinn-Blei-Legierungen) aufgebracht. Insbesondere das Heißverzinnen stellt einen weiteren sehr energieintensiven Schritt dar.

Bei durchkontaktierten Leiterplatten sind außerdem aktivierende Schritte wie Beizen, Dekapieren oder Anätzen erforderlich. Hierfür stehen verschiedene Verfahren zur Verfügung. Dargestellt wird im folgenden nur das pattern-plating-Verfahren. Dabei erfolgt zunächst das Abdecken der nicht aufzukupfernden Stellen mit einem Galvanoresist. Dieser Schritt kann fotographisch oder mit Hilfe der Siebdrucktechnik durchgeführt werden (s.o.). Nach dem anschließenden Aufkupfern werden die Leiterbahnen mit einem Metall (meist Zinn oder Zinn/Blei) überzogen.[4] Dieses dient beim Ätzen als Ätzresist. Je nachdem, ob das Metall auf den Leiterbahnen verbleibt oder nachher abgelöst wird, spricht man vom metallresist- oder Metallresiststripp-Verfahren. Die Durchkontaktierung mit

---

[4] vgl. Sage, J.: Industrielle Abfallvermeidung und deren Bewertung am Beispiel der Leiterplattenherstellung, a.a.O.; S. 15

einer chemischen Verkupferung stellt aufgrund der benutzten Komplexbildner, des Einsatzes von Formaldehyd und der erforderlichen Sulfidfällung der verbrauchten Lösungen einen ökologisch sehr kritischen Verfahrensschritt dar.

5.4 Zusammenfassung: Energie, Abfall, Toxizität

Es konnten bei einem Leiterplatten-fertigenden Betrieb spezifische Daten erhoben werden.[5] Diesen Angaben wurden Literaturdaten (Sage 1993), die die möglichen Bandbreiten der Ergebnisse widerspiegeln, gegenübergestellt. Die aufgeführten Zahlenwerte beziehen sich auf eine einseitig kupferkaschierte Leiterplatte mit einer Fläche von 0,13 m^2.

---

[5] Daten der Firma FEHST in Braga (Portugal), 1996

Tabelle 5.9. Input- und Outputströme der Leiterplattenfertigung

	Betriebs-daten[6]	Bandbreite nach Sage 1993	
Input (kg)		min	max
Basismaterial	0,378		
Wasser	31,500	6,300	41,300
Reiniger	0,000	0,001	0,003
NaOH (Plätzchen)	0,016	0	0,000
HCl (33%)	0,162	0	0,129
H_2O_2 (35%)	0,035	0	0,049
H_2SO_4	0	0	0,001
Ätzresist	0,001	0,008	0,008
Lötstopplack	0,002		
Organ. Lösemittel, halogenfrei	0,004		
Trichlorethylen	0	0	0,449
Methylenchlorid	0	0	0,583
Energie el. MJ	2,379	<1	3,969
Energie therm. Erdgas MJ	0,000	<1	19,391
Output (kg)		min	max
Leiterplatten	0,330	0,330	0,330
Abwasser	31,500	6,100	41,200
Schlamm	0,000	0,008	0,357
CuCl-Lsg.	0,249	0,028	0,293
Stripplösung (Ätzresist+NaOH)	0,030	0,008	0,008
Abfälle Basismaterial	0,048	0,009	0,009
Methylenchlorid über Abluft	0	0	0,024
Methylenchlorid in Schlamm	0	0	0,030

[6] Daten Fa. FEHST, Braga/Portugal, persönliche Mitteilung

Für die weiteren Berechnungen werden die betriebsspezifischen Daten zugrunde gelegt, da die Literaturangaben nach Sage lediglich Teilschritte der Leiterplattenherstellung widerspiegeln und somit nicht direkt vergleichbar sind.

Die betrieblichen Angaben sind als Minimalwerte anzusehen, da sie sich auf einseitig kupferkaschierte Leiterplatten beziehen. Daten über durchkontaktierte Leiterplatten, die beispielsweise nach dem Additivverfahren gefertigt werden, sind nicht verfügbar.

Zusammengefaßt ergibt sich ein Primärenergiebedarf für die Leiterplattenfertigung von etwa 7 MJ und ein Abfallaufkommen von 0,05 kg fester Abfälle und 0,25 kg flüssiger Abfälle ($CuCl_2$), die in der Regel verwertet werden. Je nach Stand der Abwasserreinigung fallen Schlämme an, die als Sonderabfall deponiert werden müssen oder teilweise einer Verwertung zugeführt werden können.

5.5 Elektronische Bauteile

Die Elektronik ist anhand von Stücklisten der jeweiligen Farbfernsehgeräte und einer anschließenden Demontage untersucht worden. Die elektronischen Bauteile befinden sich in funktionellen Einheiten der Basisleiterplatte wie Bedienteil und Empfangsteil/Tuner, Stand-By-Schaltung, Netz- und Signalteil. Die Funktionseinheiten sind zum Teil auf einer Leiterplatte integriert (z. B. Stand-By-Schaltung auf der Basisleiterplatte), während u.a. das Empfangsteil als separate Funktionseinheit mit der Basisleiterplatte verbunden ist.

Bei der folgenden Darstellung der Referenzelektronik werden die elektronischen Bauteile nach passiven Bauteilen (Kondensatoren, Widerstände, Wickelteile), aktiven Bauteile (Integrierte Schaltungen (ICs), Transistoren, Dioden) und sonstigen Bauteilen unterschieden. Bei dieser Aufstellung sind außerdem Kabel und Abschirm- bzw. Kühlbleche berücksichtigt worden, die direkt mit den elektronischen Bauelementen sowie den Leiterplatten verbunden sind.

Die für die Bilanzierung zugrundegelegte Anzahl der verwendeten Bauelemente im Referenzgerät setzt sich aus dem arithmetischen Mittel der drei nach Stücklisten ausgewerteten und demontierten Farbfernsehgeräte zusammen. In Tabelle 5.10 werden die mittlere Anzahl sowie das Gesamtgewicht der aktiven und passiven Bauelemente sowie der Kabel und Bleche angegeben.

Tabelle 5.10. Anzahl der Bauelemente und Gesamtgewicht der Referenzelektronik

Fraktionen	Anzahl	Gewicht [g]
Bauelemente		
Kondensatoren	316	207
Widerstände	477	46
Wickelteile	56	645
ICs	27	52
Transistoren	59	26
Dioden	86	9
sonstige BT	63	157
Kabel	3	727
Abschirm-, Kühlbleche	7	306
Summe	1094	2175

Die Anzahl der verschiedenen Bauelementegruppen ist in hohem Maße abhängig von den vorhandenen technischen Features und dem Schaltungslayout. So werden in den untersuchten Geräten zwischen 248 und 350 Kondensatoren, zwischen 305 und 597 Widerstände, zwischen 23 und 93 Wickelteile sowie zwischen 48 und 110 Dioden eingesetzt. Die Bandbreiten bei den verwendeten ICs, Transistoren, sonstigen Bauteilen, Kabeln sowie Abschirm- und Kühlblechen sind vergleichsweise gering.

Die Anzahl der elektronischen Bauteile wird hauptsächlich durch die Widerstände (43,6 %) und die Kondensatoren (28,9 %) dominiert. Der Massenanteil ist jedoch wesentlich geringer (Kondensatoren 9,5 %; Widerstände 2,1 %), was u.a. auf die miniaturisierte Bauweise der Bauelemente zurückzuführen ist. Einen großen Anteil an dem Gesamtgewicht der Elektronik bilden die Kabel (Kupfer, PVC), die Wickelteile, die größtenteils aus Kupfer und Ferriten bestehen, sowie die Abschirm- und Kühlbleche aus Aluminium.

Aufbauend auf Tabelle 5.10 und der Analyse der werkstofflichen Zusammensetzung der einzelnen elektronischen Bauelemente ist für die gesamte Elektronik des Referenzgerätes die werkstoffliche Zusammensetzung in Abb. 5.7 zusammengestellt.

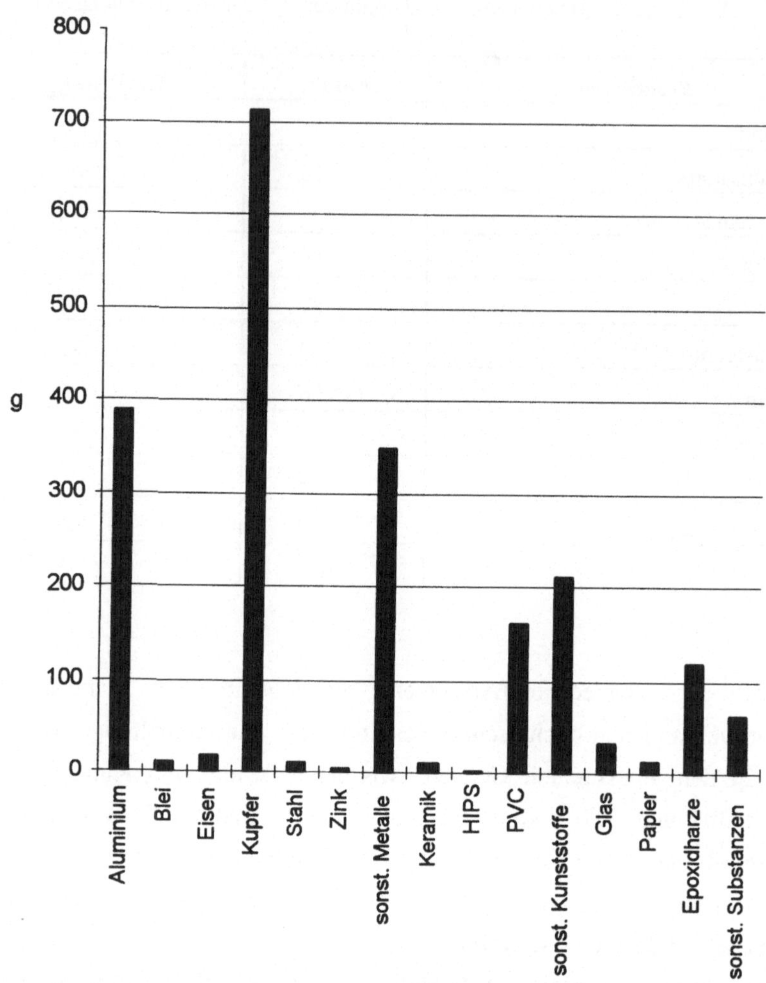

Abb. 5.7. Werkstoffliche Zusammensetzung der Referenzelektronik

Der in der Elektronik vorherrschende Werkstoff ist Kupfer. Weiterhin findet sich ein größerer Anteil Aluminium, der vor allem in den Kühlblechen enthalten ist. Die sonstigen Metalle bestehen zu mehr als 50 Gew.- % aus Ferrit, weiterhin aus Lötzinn, Silber, Nickel, Palladium und verschiedenen Legierungen. Unter 'Sonstige Kunststoffe' fallen nicht gekennzeichnete bzw. nicht identifizierbare Kunststoffe und -blends, die teilweise mit Flammhemmern und anderen Zusatz- stoffen versehen sind. 'Sonstige' Werkstoffe können den Werkstoffgruppen

Metall und Kunststoff nicht zugeordnet werden. Darunter fallen u.a. Elektrolyte, Pigmente, aromatische Isocyanide, synthetische Öle und Klebepasten.

Einzelheiten zu der werkstofflichen Zusammensetzung der elektronischen Bauteile sind im folgenden dargestellt.

5.5.1 Aufbau und Zusammensetzung der elektronischen Bauteile

Zur Übersichtlichkeit werden die Bauteile in passive, aktive und sonstige Bauelemente unterteilt. Die passiven Bauteile umfassen Kondensatoren, Widerstände und Wickelteile. Zu den aktiven Bauelementen (Halbleiter) zählen die integrierten Schaltungen (ICs), Transistoren und Dioden. Unter sonstige Bauteile fallen Kabel, Stecker, Filter, Sicherungen und Schalter.

5.5.2 Passive Bauelemente

Passive Bauelemente besitzen im Vergleich zu den aktiven Bauelementen eine wesentlich größere Anzahl an verwendeten Werk- und Zusatzstoffen. Im Aufbau sind diese Bauteile sehr komplex und unterschiedlich.

5.5.3 Kondensatoren

In einem Fernsehgerät heutiger Bauweise befinden sich mindestens vier verschiedene Arten von Kondensatoren: miniaturisierte Keramikkondensatoren, oberflächenmontierte Keramikkondensatoren (SMD) sowie Folien- und Elektrolytkondensatoren.

Miniaturisierte Keramikkondensatoren: Hierbei unterscheidet man Kondensatoren mit zwei metallischen Belägen (Einschichtkondensatoren) und sogenannte Vielschichtkondensatoren, die aus mehreren abwechselnd geschichteten Lagen aus Keramik und metallischen Elektroden bestehen. An die metallischen Beläge bzw. an die Elektrodenkontaktierungen sind im allgemeinen Anschlußdrähte aus Kupfer gelötet. Die Oberfläche ist mit einem Schutzüberzug versehen. Die Abmessungen variieren stark in Abhängigkeit der Kapazität, der Toleranz, der Verluste etc..

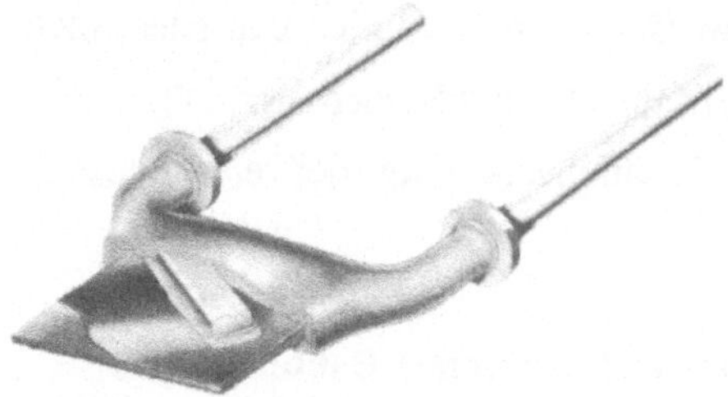

Abb. 5.8. Schematische Darstellung eines miniaturisierten Scheibenkondensators (Valvo 1983, S. 23)

Das Gesamtgewicht der untersuchten miniaturisierten Keramikkondensatoren liegt zwischen 0,09-0,15 g.

Tabelle 5.11. Werkstoffliche Zusammensetzung miniaturisierter Kondensatoren Philips 1994, S. 20-21)

Werkstoffe	Prozentualer Anteil [%]	Bemerkungen
Blei	1,5-5,5	Als Zusatz in Verbindungsdrähten und Lötzinn enthalten
Kupfer	59,9-81,5	Anschlußdrähte und Elektroden
Zinn	0,7-0,8	Als Zusatz in Verbindungsdrähten und Lötzinn enthalten
Keramik	3,8-11,3	Bariumtitanat mit Bismuth, Calzium, Zirkonium $((Ba,Ca)(Ti,Zr)O_3)$
Glas	10,4-18,5	Hauptsächlich bestehend aus Quarz
Epoxidharze	1,3-2,3	Bestehend aus Harz, Pigmenten und Additiven
Sonstige	0,8-1,9	

Oberflächenmontierte Keramikkondensatoren (SMD): Im Vergleich zu den miniaturisierten Keramikkondensatoren werden die oberflächenmontierten Kondensatoren ohne Gehäuse unbedrahtet direkt auf die Leiterbahnen gedruckter Schaltungen gelötet bzw. geklebt. Sie erfüllen die gleichen Anforderungen bzw.

Eigenschaften wie konventionelle Keramikkondensatoren. Auf das keramische Trägermaterial sind die Kondensatorschichten aufgetragen. Die elektrischen Kontakte werden durch Lötanschlüsse hergestellt. Die Abmessungen der SMD-Kondensatoren variieren in Abhängigkeit der geforderten Eigenschaften (u.a. Kapazitätswert, Temperaturbeständigkeit, Toleranz): Länge 2-4 mm, Breite 1-3 mm und Höhe 0,5-1 mm.

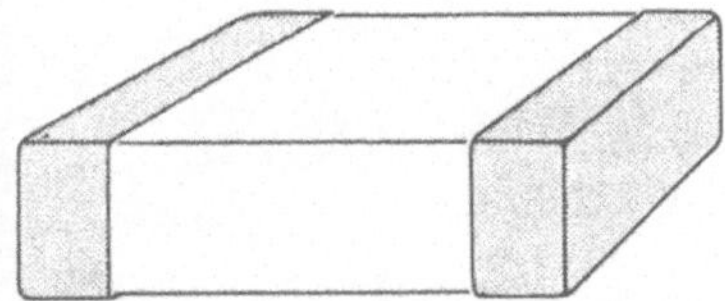

Abb. 5.9. Schematische Darstellung eines oberflächenmontierten Keramikkondensators (SMD) (Valvo 1983)

Das Gewicht eines oberflächenmontierten Keramikkondensators liegt zwischen 0,01-0,03 g. Es ergibt sich folgende werkstoffliche Zusammensetzung:

Tabelle 5.12. Werkstoffliche Zusammensetzung oberflächenmontierter Kondensatoren (SMD) (Philips 1994, S. 17)

Werkstoffe	Prozentualer Anteil [%]	Bemerkungen
Zinn	2,4-2,8	
sonstige Metalle	18,4-19,2	Palladium, Silber, Nickel
Keramik	77,2-79,0	Bariumtitanat, Cobaltoxid (0,002 mg)
Glas	0,2-0,4	mit geringen Zusätzen an Barium, Zink, Silikat und Blei (max. 10^{-4} mg)

Folienkondensatoren: Folienkondensatoren werden unter anderem im Netzteil und in der Horizontalablenkschaltung eingesetzt. Die Funktionseinheit, der sogenannte Nacktwickel (ca. 30 Gew.-% des gesamten Bauteils), besteht aus einer aluminiumbeschichteten oder -bedampften Kunststoffolie. Übliche Basismaterialien dieser Folie sind Polyester, Polyäthylenterephthalat, Polycarbonat oder Polypropylen. Die Funktionseinheit wird von einem Gehäuse und einer Vergußmasse umgeben, die üblicherweise mit Flammhemmern (bromierte Flammhemmer mit Antimontrioxid (Sb_2O_3) als Synergist) ausgestattet sind. Gehäuse und Vergußmasse machen etwa die Hälfte des Gesamtgewichts aus (Philips 1994, S. 17). Der elektrische Kontakt des Folienkondensators zur Leiterplatte wird über radial angeordnete Anschlußstifte geschaffen. Im Netzbereich werden aus Gründen der Zuverlässigkeit Metallpapierkondensatoren eingesetzt. Diese Bauteile enthalten weiterhin flammhemmerimprägniertes Papier (Landeck, Fischer 1995, S. 32).

Abb. 5.10. Schematische Darstellung eines Folienkondensators (Philips 1993, S. 24)

Das Gesamtgewicht der untersuchten Folienkondensatoren liegt in der Bandbreite von 0,2-1,2 g.

Tabelle 5.13. Werkstoffliche Zusammensetzung von Folienkondensatoren (Philips 1994, S. 23 ff.)

Werkstoffe	Prozentualer Anteil [%]	Bemerkungen
Aluminium	0,0-12,4	Beschichtung der Kunststoffolie
Blei	0,6-1,0	Als Zusatz in den Verbindungsdrähten
Eisen	0,0-55,0	Anschlußdrähte bestehen aus Fe-Cu-Legierung
Kupfer	18,6-45,0	Anschlußdrähte bestehen aus Fe-Cu-Legierung
Zink	0,9-10,5	Kontaktschicht zwischen Aluminium und Kunststoffolie mit Zink-Zinn-Legierung
sonstige Kunststoffe	11,3-37,0	Gehäuse besteht aus Polymethylen, PP (mit bis zu 4,0 % halogenierten Flammhemmern und Antimontrioxid als Synergist)
Epoxidharze	22,5-27,7	Vergußmasse ist mit halogenierten Flammhemmern (bis zu 2,5 %) und Antimontrioxid als Synergist versehen

Elektrolytkondensatoren: Die Elektroden eines Elektrolytkondensators bestehen in der Regel aus hoch aufgerauhter Aluminiumfolie, die zusammen mit Papier als Abstandshalter zu einem Wickel aufgerollt wird. Der Wickel wird mit einem niederohmigen Elektrolyt getränkt. Elektrolyte werden auf Basis organischer Kohlenwasserstoffverbindungen hergestellt. Übliche Elektrolyte in Aluminium-elektrolytkondensatoren sind N-Methylformamid, N.N-Dimethylformamid, N-Methylacetamid, Ethylenglykol und Butyrolacton (Philips 1994, S. 4). Der getränkte Wickel wird von einem Aluminiumbecher umgeben und an der Unterseite mit einer Gummi- oder Kunststoffdichtung verschlossen. Üblicherweise werden diese Kondensatoren noch mit einer PVC-Folie umhüllt.

Die eingesetzten chemischen Substanzen (hauptsächlich Elektrolyte) sind ökologisch unbedenklich (Landeck 1994, S. 8-9). Formamide und Acetamide sind organische Stickstoffverbindungen, die beim Verbrennen u.U. geringe Mengen von Ammoniak, Stickoxid und Blausäure bilden können. Außerdem treten während der Gebrauchsphase des Farbfernsehgerätes geringe Mengen an

Elektrolyten (ca. 5 g in 15 Jahren) aus. Eine Beeinträchtigung des Nutzers bzw. eine Gesundheitsgefährdung kann jedoch ausgeschlossen werden.

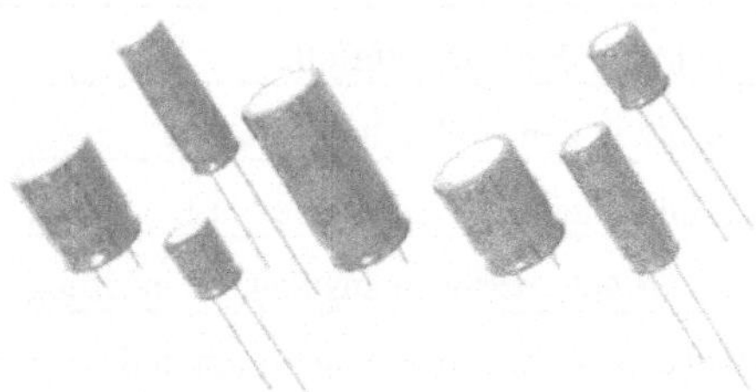

Abb. 5.11. Verschiedene Elektrolytkondensatoren (Philips 1993, S. 13)

Die untersuchten Elektrolytkondensatoren wiegen zwischen 0,3 und 22,3 g. Mit Ausnahme des kleinsten Elektrolytkondensators besitzen alle Kondensatoren eine PVC-Ummantelung. Die heute bei Elektrolytkondensatoren verwendeten Kunststoffe sind nach Landeck flammhemmerfrei (Landeck 1996).

Tabelle 5.14. Werkstoffliche Zusammensetzung von Elektrolytkondensatoren (Philips 1994, S. 28)

Werkstoffe	Prozentualer Anteil [%]	Bemerkungen
Aluminium	43,9-64,0	Gehäuse und Folienmaterial
Eisen	0,0-3,7	Anschlußdrähte (Fe-Cu-Legierung)
Kupfer	0,0-5,8	Anschlußdrähte (Fe-Cu-Legierung)
PVC	0,0-6,1	Einkapselung
sonstige Kunststoffe	3,3-34,2	Hauptsächlich Kunststoff- bzw. Gummiabdichtung
Papier	4,0-8,8	
Sonstige	15,9-35,7	Hauptsächlich Elektrolyte (N-Methylformamid, N.N-Dimethylformamid, N-Methylacetamid, Ethylenglykol)

5.5.4 Widerstände

Die Weiterentwicklung der Bauelemente hat in den letzten Jahren dazu geführt, daß konventionelle Widerstände zunehmend durch Chip-Widerstände (SMD) bzw. gedruckte Widerstände ersetzt werden. Bei dem untersuchten Schaltungslayout entfällt bereits die größte Anzahl (>50%) von Widerständen auf sogenannte SMD-Widerstände.

In dem Referenz-Fernsehgerät befinden sich folgende Widerstände: Chip-Widerstände (SMD), Kohlemasse-, Kohle- und Metallschicht-, Metalloxid- und PCT-Widerstände sowie Potentiometer und Thermistoren.

Chip-Widerstände (SMD): SMD-Widerstände werden ohne Gehäuse unbedrahtet direkt auf die Leiterbahnen gedruckter Schaltungen gelötet bzw. geklebt. Das Trägermaterial besteht aus Keramiksubstrat, auf das auf der Oberseite eine Widerstandsschicht aufgetragen ist. Die beidseitigen Lötanschlüsse gewährleisten den elektrischen Kontakt zur Leiterplatte. Chip-Widerstände erfüllen die gleichen Funktionen wie konventionelle Widerstände, ohne jedoch herkömmliche axiale bzw. radiale Anschlußdrähte zu besitzen. Die Abmessungen der SMD-Widerstände sind von den funktionalen Eigenschaften (Widerstandswert etc.) weitestgehend unabhängig: Länge ca. 3,2 mm, Breite ca. 1,6 mm und Höhe ca. 0,7 mm.

Das Gewicht eines SMD-Widerstandes beträgt ca. 0,01 g pro Bauteil. Der Hauptwerkstoff ist Keramik (hauptsächlich Aluminiumoxid).

Tabelle 5.15. Werkstoffliche Zusammensetzung von Chip-Widerständen (SMD) (Philips 1994, S. 5-9)

Werkstoffe	Prozentualer Anteil [%]	Bemerkungen
Blei	0,0-2,5	Anschlußkappen
sonstige Metalle	5,3-10,5	Anschlußkappen bestehen aus (Ag, Ni, Sn, Au Metallegierungen)
Keramik	87,5-91,1	Keramik (Aluminiumoxid oder aus einem Gemisch aus Al, SiO, CaO, MgO)
Glas	0,0-1,5	Enthält geringe Mengen an Zusatzstoffen (Silikon, Chrom, Bor etc.)
Epoxidharze	0,8-2,1	Silikonharze

Metallschichtwiderstände: Bei Metallschichtwiderständen wird auf einen Keramikkörper (Trägermaterial) ein Metallfilm aufgedampft. Aufgepreßte Metallkappen sorgen für den elektrischen Kontakt. Die Drahtanschlüsse sind an die Kappen stumpf angelötet. Dies bewirkt eine hohe mechanische Festigkeit bei guter elektrischer Kontaktierung. Der Widerstandswert wird durch einen Wendelschliff erreicht. Ein isolierender, aus mehreren Schichten bestehender Überzug schützt das Bauelement vor mechanischer Beschädigung und vor korrodierender Feuchtigkeit. Metallschichtwiderstände zeichnen sich durch eine hohe Stabilität, einen geringen Temperaturkoeffizient und eine geringe Toleranz aus (Benda o.J.).

Das Gesamtgewicht der untersuchten Metallschichtwiderstände beträgt ca. 0,25 g. Aus diesem Grund werden in der folgenden Tabelle Prozentangaben anstelle der sonst verwendeten prozentualen Bandbreiten gemacht.

Tabelle 5.16. Werkstoffliche Zusammensetzung von Metallschichtwiderständen (Philips 1994, S. 20-21)

Werkstoffe	Anteil [%]	Bemerkungen
Blei	12,45	Als Zusatz in den Anschlußdrähten
Eisen	13,1	Legierungsbestandteil in den Anschlußdrähten
Kupfer	64,9	Legierungsbestandteil in den Anschlußdrähten und Metallbeschichtung
sonstige Metalle	1,2	Bestehend aus ca. 13 % TiO_2 und ca. 86 % $MgSiO_3$
Keramik	12,5	Keramik setzt sich aus rd. 71 % Al_2O_3, 17 % SiO sowie Anteilen von Barium- und Calciumoxid zusammen.
Epoxidharze	2,0	Harze bilden zu 50 % die äußere Lackschicht
Sonstige	5,1	Pigmente etc.

Potentiometer: Im Gegensatz zu Widerständen mit festen Widerstandswerten kann ein Potentiometer für eine stetige Einstellung benutzt werden. Man unterscheidet einerseits Potentiometer zum einmaligen Justieren und andererseits Potentiometer für ständige manuelle oder motorische Einstellungen. In Fernsehgeräten kommen erstgenannte vor.

Abb. 5.12. Beispiele für ein Trimmpotentiometer (Philips 1993, S. 53-54)

Das Gesamtgewicht der untersuchten Potentiometer liegt im Bereich von 0,6-17,1 g.

Tabelle 5.17. Werkstoffliche Zusammensetzung von Potentiometern (Philips 1994, S. 11)

Werkstoffe	Prozentualer Anteil [%]	Bemerkungen
Kupfer	0,5-13,9	Enthalten in CuNi18Zn20 und CuSn8-Legierung
Stahl	0,7-18,1	
Zink	0,1-1,8	Enthalten in CuNi18Zn20 und CuSn8-Legierung
sonstige Metalle	0,1-2,4	Enthalten in CuNi18Zn20 und CuSn8-Legierung
Keramik	0,0-23,4	Al_2O_3
sonstige Kunststoffe	51,2-73,9	Plastikgehäuse (PC, Polyphenyloxid) und Elastomere
Papier	0,2-6,0	Mit Formaldehyd-Harz behandeltes Papier
Sonstige	1,2-6,6	Aromatische Isocyanide, Pigmente, synthetische Öle, Glasfilm

PTC Thermistoren und Varistoren: Beide Arten von Bauelementen dienen dem Schutz vor kurzzeitig auftretenden Überspannungen. Überspannungen werden hauptsächlich durch das Netz bzw. die Anlage oder durch den Betrieb des Bauelements selbst hervorgerufen. Steigt die Spannung über einen Grenzwert an, so sperrt das Bauelement den Stromfluß mit einer zeitlichen Verzögerung.

Die Funktionseinheit besteht aus zwei gegenüberliegenden Elektroden (häufig verwendeter Werkstoff Silber), an die Anschlußdrähte aus Kupfer oder einer Kupferlegierung gelötet sind. Die Funktionseinheit wird entweder in Glas oder in Keramik eingegossen. Da es sich bei Tabelle 5.18 um die durchschnittliche Zusammensetzung der Bauelemente handelt, werden als Vergußmassen sowohl Glas als auch Keramik aufgeführt. Die Bauteile werden außerdem von Plastikgehäusen ummantelt. Es kann davon ausgegangen werden, daß von Thermistoren und Varistoren kein nennenswertes Schadstoffpotential und damit keine Gefährdung der Umwelt ausgeht (Landeck 1994, S. 13).

Die Abmessungen variieren stark in Abhängigkeit des Widerstandswertes, der Stromstärke etc. (Durchmesser bis zu 20 mm, Dicke bis zu 4 mm).

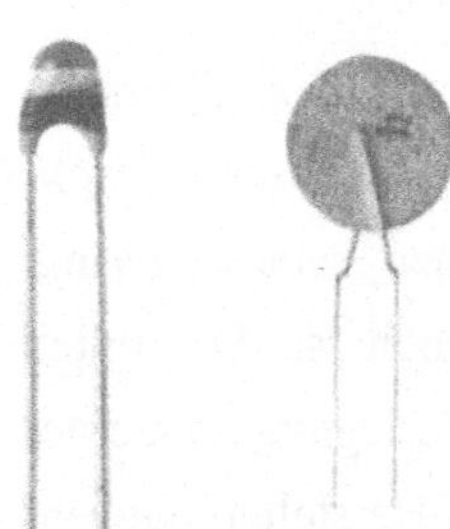

Abb. 5.13. Beispiele eines PTC und eines NTC Thermistors (Philips 1993)

Das Gesamtgewicht der untersuchten PTC Thermistoren und Varistoren liegt in der Bandbreite von 0,025-4,1 g.

Tabelle 5.18. Werkstoffliche Zusammensetzung von Thermistoren und Varistoren (Philips 1994, S. 12)

Werkstoffe	Prozentualer Anteil [%]	Bemerkungen
Kupfer	0,0-84,2	Verbindungsdrähte aus Kupfer-Legierung
Stahl	0,0-6,1	Bestandteil an Metallpins
Sonstige Metalle	1,0-37,5	Elektroden aus Silber, Anteile von Pb, Sn, Ni und Fe in den Verbindungsdrähten
Keramik	9,3-74,2	Keramik setzt sich entweder aus MnO_2, NiO und SiO oder aus SiO_2, BaO, TiO_2, CaO, SrO, Sb_2O_3 und PbO zusammen
Kunststoffe	0,0-53,8	Plastikgehäuse (Karstin PBT)
Glas	0,0-64,0	Enthält geringe Anteile an Blei- und Zinkoxid
Epoxidharze	0,0-23,6	Harz bildet einen Schutzüberzug

Bei den untersuchten Bauteilen wird als Gehäusematerial entweder Kunststoff (53 Gew.-%) oder Glas (64 Gew.-%) verwendet. Deshalb sind in Tabelle 5.18 sehr große prozentuale Bandbreiten bei den Kategorien 'Sonstige Kunststoffe' mit 0,0 und 53,8 % sowie bei 'Glas' mit 0,0 und 64,0 % angegeben.

5.5.5 Wickelteile

Unter den Begriff Wickelteile in einem Fernsehgerät fallen Spulen, Drosseln, Transformatoren, die Hochpannungseinheit und Relais. Die Anzahl der verwendeten Wickelteile ist im Vergleich zu anderen Baugruppen relativ gering, während das Gewicht mit 500 bis 800 g vergleichsweise hoch ist. Die unten aufgeführten Mengenangaben basieren zum Teil auf der Zerlegung einzelner Bauteile (Relais, Trafos, Hochspannungszeilentrafo) sowie auf Herstellerangaben. Wickelteile enthalten aufgrund der technischen Anforderung Flammhemmer. Halogenhaltige Flammhemmer werden zunehmend durch phosphorhaltige Brandschutzmittel (beispielsweise bei Wickelteilen der Firma Vogt) substituiert (Landeck 1994, S. 10). Ein genereller Verzicht auf Flammschutzmittel bei Wickelteilen ist momentan jedoch nicht abzusehen.

Spule, Drosseln: Die Mengenangaben beziehen sich auf Bauteile mit einem Gesamtgewicht von 5,8 bis 6,2 g. In Gehäusen werden ca. 10-12 Gew.- % Polybromierte Diphenylether (PBDE) als Flammschutzmittel eingesetzt (Philips 1994).

Tabelle 5.19. Werkstoffliche Zusammensetzung einer 'glass delay line' (Philips 1994, S. 38)

Werkstoffe	Prozentualer Anteil [%]	Bemerkungen
Blei	15,5-16,5	Als Bleioxid in Keramik und Glas
Eisen	0,5-0,9	In den Pins enthalten
Kupfer	6,0-6,6	Verbindungsdrähte und Pins
Sonstige Metalle	4,9-5,3	Lötzinn bestehend aus SnPb, SnPbBi
Keramik	1,1-1,5	Keramik enthält Bleioxid (extra aufgeführt s.o.) sowie Zr (16%) und Ti (6,4%)
Sonstige Kunststoffe	57,5-58,5	PC und SB als Gehäusewerkstoff mit 10-12 % PBDE
Glas	10,5-11,4	Glas beinhaltet neben Bleioxid (extra aufgeführt s.o.) noch SiO (45,8%), K_2O (3,1%) und weitere Zusatzstoffe
Epoxidharze	0,1-0,3	Dämpfungspunkte (damping spots)
Sonstige	1,3-1,7	

Relais: Bei einem Relais bewirkt eine Strom- oder Spannungsänderung (z. B. das Ein- bzw. Ausschalten des Stromes) in dem primären Erregerteil (Steuerkreis) einen Schaltvorgang in dem sekundären Teil. Häufig wird bei diesem Vorgang eine große elektrische Leistung im gesteuerten Kreis mittels einer sehr viel kleineren beeinflußt. In einem Fernsehgerät kommen elektromagnetische Relais zum Einsatz (vgl. Abb. 5.14). Beim Fließen eines elektrischen Stroms in der Spulenwicklung wird durch das im Eisenkern erregte Magnetfeld der Schneideanker bewegt. Dadurch wird ein Schaltvorgang eingeleitet.

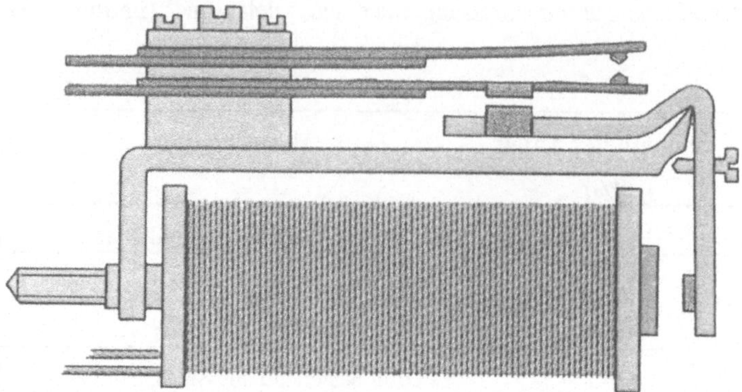

Abb. 5.14. Funktionsprinzip eines elektromagnetischen Relais (Meyers Universallexikon 1981)

Die Abmessungen der im Fernsehgerät eingesetzten Relais betragen: Länge ca. 28 mm, Breite ca. 13 mm und Höhe ca. 25 mm. Das durchschnittliche Gesamtgewicht beträgt rd. 18,7 g. Die Gewichtsbestimmung der Einzelfraktionen erfolgt durch Demontage. In den Kontakten werden teilweise geringe Mengen von Cadmium verwendet.

Tabelle 5.20. Werkstoffliche Zusammensetzung eines Relais der Firma Siemens

Werkstoffe	Prozentualer Anteil [%]	Bemerkungen
Kupfer	28,0-30,0	Kupferwicklung mit Lackierung, gesteckte Kontakte
Stahl	35,5-37,0	Spulenstift, Stahlwinkel, Anker
sonstige Kunststoffe	33,0-34,4	Ummantelung des Spulenstifts, Trägerrahmen und Gehäuse aus nicht spezifizierbarem Kunststoff
Epoxidharze	0,3-0,7	Halterungen

Transformatoren: Transformatoren bewirken eine Erhöhung bzw. Herabsetzung der elektrischen Spannung in Stromkreisen. Ein Transformator besteht aus einer Primär- und einer Sekundärspule bzw. -wicklungen, die auf die sogenannten Schenkel eines geschlossenen Ferritkerns gewickelt sind. Das Verhältnis der Wicklungszahlen auf der Primär- und Sekundärseite bestimmt die Spannungstransformation. Die Wicklungen werden teilweise mit Kunststoff-Isolationsfolie voneinander getrennt. Als Trägermaterial der Funktionseinheit dient ein Kunststoffrahmen. Der Aufbau der in einem Fernsehgerät verwendeten Transformatoren kann zum Teil erheblich variieren.

Die Mengenangaben beziehen sich auf Transformatoren mit einem Gesamtgewicht von 12,7 bis 282 g. Die werkstoffliche Auswertung basiert auf der Demontage der verschiedenen Bauteile. Diese Angaben spiegeln die werkstoffliche Zusammensetzung der Bauteile wider (Landeck 1994, S. 10).

Tabelle 5.21. Werkstoffliche Zusammensetzung von Transformatoren[7].

Werkstoffe	Prozentualer Anteil [%]	Bemerkungen
Kupfer	16,0-41,9	Kupferwicklung mit Lackierung, teilweise Kupferklebefolie
Ferrit	34,7-73,9	Ferrit besteht aus Eisenoxid mit Beimengungen zweiwertiger Metalle (u.a. NiO, MnO, MgO, CuO, BeO, CdO, CaO, CoO)
sonstige Kunststoffe	5,5-23,4	Kunststoffrahmen
Sonstige	0,0-4,7	Klebepaste

Hochspannungs-Zeilentransformator: Ein Hochspannungs-Zeilentransformator unterscheidet sich in der Funktionsweise und dem Aufbau nicht grundsätzlich von dem oben beschriebenen Transformator. Er ist lediglich für einen höheren Spannungsbereich ausgelegt. Bei den in Fernsehgeräten eingesetzten Hochspannungs-Zeilentransformatoren handelt es sich um Einphasen-Kerntransforma-

---

[7] Angaben nach eigener Demontage verschiedener Transformatoren

toren, d.h. die Primär- und Sekundärspulen sind übereinander auf einer Seite des geschlossenen Ferritrings aufgewickelt.

Die in Farbfernsehgeräten eingesetzten Hochspannungs-Zeilentransformatoren haben alle eine große Ähnlichkeit hinsichtlich des konstruktiven Aufbaus sowie hinsichtlich der eingesetzten Materialien. Das Gesamtgewicht beträgt ca. 280 g. Die werkstoffliche Auswertung basiert auf einer Demontage des Bauteils. Da es sich um Verbundwerkstoffe handelt und deshalb eine Demontage nur ungenaue Ergebnisse liefern kann, sind die angegebenen Zahlenwerte als Richtwerte anzusehen.

Tabelle 5.22. Werkstoffliche Zusammensetzung eines Hochspannungs-Zeilentransformators

Werkstoffe	Prozentualer Anteil [%]	Bemerkungen
Kupfer	8-11	Kupferwicklung mit Lackierung
Stahl	0-1	Klemmen
sonstige Metalle (Ferrit)	40-50	Ferrit besteht aus Eisenoxid mit Beimengungen zweiwertiger Metalle (u.a. NiO, MnO, MgO, CuO, BeO, CdO, CaO, CoO)
sonstige Kunststoffe	10-15	Kunststoffgehäuse vermutlich mit Flammhemmern ausgestattet
Epoxidharze	30-35	Epoxid-Gußmasse

5.5.6 Aktive Bauelemente

Zu den Halbleitern zählen ICs, Transistoren und Dioden. Sie bestehen im Vergleich zu den passiven Bauteilen aus einer deutlich geringeren Anzahl von mengenmäßig relevanten Werkstoffen.

Integrierte Schaltungen (ICs): Es gibt analoge und digitale ICs, die verschiedene Schaltungsfunktionen integrieren. Das Halbleitermaterial, das die Funktionseinheit (Schaltung) beinhaltet, besteht aus dotiertem Silizium. Als Dotierstoffe werden Arsen oder Antimon und als weitere Inhaltsstoffe Aluminium,

Phosphor, Bor, Wolfram und Nitrit verwendet. Dotier- und Inhaltsstoffe sind mengenmäßig vernachlässigbar. Ihre Konzentrationen im Silizium liegen unter der natürlichen Hintergrundkonzentration. Ein Fernsehgerät enthält rd. 5 g Silizium, das mit einer Konzentration von 10^{-7} mit Arsen dotiert ist. Somit beläuft sich die Gesamtmenge an Arsen auf 0,5 µg pro Fernsehgerät. Bezogen auf das zu entsorgende Abfallpotential an Altfernsehgeräten in Deutschland ergibt sich eine Menge von 2 g pro Jahr (Landeck 1994, S. 11).

Konventionelle ICs bestehen aus dem eben genannten Halbleiterchip, einem Metallrahmen (meist Eisen- oder Kupferlegierung), den Anschlußdrähten und einem Kunststoff- bzw. Keramikgehäuse (vgl. Abb. 5.15). Bei Halbleitern, die in der Unterhaltungselektronik eingesetzt werden, überwiegt als Gehäusematerial Kunststoff. Laut Herstellerangaben besteht das Gehäuse hauptsächlich aus SiO (< 72%) (Philips 1993, S. 24 ff.) und teilweise bromierten Epoxidharzen (vermutlich Tetrabrombisphenol; Landeck 1994, S. 12) mit Zusätzen von Antimontrioxid (< 3%). Außerdem können geringe Mengen von Silikongel als Füllstoff verwendet werden.

Abb. 5.15. Beispiel eines Halbleiters (Rutronik 1995)

Die werkstoffliche Zusammensetzung stellt einen Mittelwert von acht verschiedenen Halbleitergruppen dar, die wiederum repräsentativ aus einer Gruppe von Halbleitern mit vergleichbarer Leistungsfähigkeit ausgewählt wurden. Die werkstoffliche Zusammensetzung und das Gesamtgewicht (0,08-6,7 g) wird durch die verschiedenen Gehäusematerialien - hauptsächlich Plastic Packages - determiniert.

Tabelle 5.23. Durchschnittliche werkstoffliche Zusammensetzung von IC's (Philips 1993, S. 24 ff.)

Werkstoffe	Prozentualer Anteil [%]	Bemerkungen
Blei	0,0-1,8	Anteil am Lötzinn
Eisen	0,0-12,3	Metallrahmen besteht teilweise aus Eisen-Nickel-Legierung (FeNi42)
Kupfer	0,0-66,9	Metallrahmen besteht teilweise aus Kupfer- bzw. Kupfer-Zink-Legierung
Zink	0,0-2,9	Metallrahmen besteht teilweise aus Kupfer-Zink-Legierung
sonstige Metalle	0,4-15,2	Weitere Bestandteile der Kupfer-Legierungen
Glas	21,0-56,5	SiO-Anteil im Gehäuse
Epoxidharze	7,3-19,4	Teilweise bromierte Epoxidharze
Sonstige	1,5-10,4	Hauptsächlich Antimontrioxid im Gehäuse

Die Kunststoffe der Gehäuse sind aufgrund der teilweise großen Wärmeentwicklung auf dem Chip mit Flammhemmern ausgestattet. Es können die Gefahrstoffe As_2O_3 (2%), Phenolmonomere (<50 ppm), Formaldehydmonomere (<40 ppm), Triphenylphosphat (0,1%), Brom (0,8%) und Antimonpentoxid (0,9%) enthalten sein (Landeck, Fischer 1995, S. 40).

Transistoren: Transistoren werden für die Verstärkung der Schwingungserzeugung, für Regelungs- und Schaltungszwecke sowie für die Digitaltechnik eingesetzt. Je nach Schaltungsart kann mit dem Transistor eine Spannungs-,

Strom- oder Leistungsänderung erzielt werden. Die funktionale Einheit bildet ein sehr kleines Siliziumkristall (ca. 0,2 Gew.-%).

Die werkstoffliche Zusammensetzung stellt einen Mittelwert von acht verschiedenen Transistortypen dar, die unterschiedlich aufgebaut sind. Die Hauptunterschiede bestehen in den verwendeten Gehäusearten (Kunststoff oder Keramik). Aus diesem Grund sind in der folgenden Tabelle sowohl Keramik als auch 'Sonstige Kunststoffe' aufgeführt. Die Bauelemente wiegen zwischen 0, 01-13,4 g.

Tabelle 5.24. Durchschnittliche werkstoffliche Zusammensetzung von Transistoren (Philips 1993, S. 12-21)

Werkstoffe	Prozentualer Anteil [%]	Bemerkungen
Aluminium	0,0-1,5	Bestandteil an Verbindungsdrähten
Eisen	0,0-42,0	Metallrahmen (Fe-Ni-Legierung)
Kupfer	0,6-80,0	Metallrahmen besteht teilweise aus Kupfer-Legierung, Kupfer-Flansch
Zink	0,0-20,6	Nut besteht teilweise aus Kupfer-Zink-Legierung
sonstige Metalle	2,9-37,7	Weitere Bestandteile der Kupfer-bzw. Eisen-Nickel-Legierungen
Keramik	0,0-20,0	Bestehend aus Al_2O_3 mit Zusätzen von Au, Ni, Cr, Cu
sonstige Kunststoffe	0,0-41,7	PA etc.
Glas	0,0-54,0	SiO_2-Anteil im Kunststoffgehäuse
Sonstige	0,5-53,1	U.a. Wärmeableiter mit Zusätzen von Antimontrioxid (>3%) im Gehäuse

Dioden: Dioden sind wichtige Halbleiterelemente, die in verschiedenen Bereichen der Elektronik (Netzdioden, Leuchtdioden, Kapazitätsdioden etc.) Anwendung finden. Dioden weisen einen pn-Übergang (dotiertes Silizium) auf, der einen Stromfluß nur in eine Richtung ermöglicht. Dioden konventioneller Bauart werden zunehmend von SMD-Dioden substituiert.

Die werkstoffliche Zusammensetzung der konventionellen Dioden (Glasdioden) ist im folgenden aufgeführt. Die Bauelemente wiegen zwischen 0,2-0,7 g.

Tabelle 5.25. Durchschnittliche werkstoffliche Zusammensetzung von konventionellen Dioden (Philips 1993, S. 8-11)

Werkstoffe	Prozentualer Anteil [%]	Bemerkungen
Blei	0,5-1,4	Bestandteil im Lötzinn (SnPb)
Eisen	27,0-68,8	Anschlußdrähte
Kupfer	8,0-27,0	Anschlußdrähte teilweise aus Kupfer-Legierung
sonstige Metalle	8,8-10,8	U.a. weitere Bestandteile im Lötzinn
Glas	12,8-34,0	SiO_2 mit Zusätzen Al, Ba, K, Pb, Sb
Sonstiges	0,1-0,7	Dotiertes Silizium mit Ti und Ag, Epoxid-Copolymer (<0,01%), Farbpigmente (Fe, TiO_2)

Im Vergleich dazu ist das Gewicht der SMD-Dioden (0,01-0,04 g) gering. Ihre Abmessungen entsprechen den oben beschriebenen SMD-Bauteilen. Das Basismaterial bildet entweder Glas oder Keramik. Da es sich um Durchschnittswerte handelt, werden beide Werkstoffe in der folgenden Tabelle aufgeführt.

Tabelle 5.26. Durchschnittliche werkstoffliche Zusammensetzung von SMD-Dioden (Philips 1993, S. 8-11)

Werkstoffe	Prozentualer Anteil [%]	Bemerkungen
Blei	0,7-1,0	Bestandteil am Lötzinnüberzug des Kupfers
Kupfer	5,0-30,1	Kupfer-Flansch
sonstige Metalle	4,0-39,4	Stud besteht aus Molybdän
Keramik	0,0-82,0	Keramik besteht aus Al_2O_3
Glas	0,0-29,8	SiO_2 mit Zusätzen Al, Ba, K, Pb, Sb
Epoxidharze	0,0-8,0	Epoxidharze mit SiO_2 als Zusatzstoff
Sonstiges	ca. 0,1	Dotiertes Silizium

5.5.7 Sonstige Bauteile

Unter sonstigen Bauteilen werden Kabel, Drahtbrücken, Stecker, Halterungen, Sicherungen und Schalter subsumiert. Diese Bauteile dienen hauptsächlich der elektrischen Verbindung der verschiedenen Module. Ihre Anzahl ist in hohem Maße abhängig von dem konstruktiven Aufbau des Gerätes bzw. der Elektronik.

Die mengenmäßig bedeutendste Bauteilegruppe stellen die Kabel dar. Im Referenzfernsehgerät werden rd. 720 g Kabel für geräteinterne Verbindungen verwendet. Hinzu kommen das Netzkabel sowie die sogenannte deGauß-Spule (umhüllter Kupferdraht), die zur Entmagnetisierung der Bildröhre beiträgt. Die Kabel bestehen durchschnittlich zu ca. 76 Gew.-% aus Kupfer und rd. 24 Gew.-% aus einer Kunststoffummantelung. Die Ummantelung setzt sich aus ca. 90 % Polyvinylchlorid und rund 10 % sonstigen Kunststoffen (Polyethylen, Polystyrol, Gummi, Polyurethan) zusammen. Geräteinterne Kabel und Steckerverbindungen sind überwiegend flammhemmerhaltig. Das Netzkabel sowie hochspannungsführende Kabel müssen mit Flammhemmern versehen sein ebenso wie nach außen führende Stecker und Buchsen (Landeck, Fischer 1995, S. 44-45).

Drahtbrücken (max. bis zu 260 Stück) wiegen zwischen 0,05-0,14 g. Sie bestehen hauptsächlich aus verzinntem Kupfer.

Stecker und Halterungen bestehen aus Kunststoffen und Metallen. Ihre Zusammensetzung variiert in Abhängigkeit des Herstellers und der Funktion des Bauteils. Sie werden aufgrund der geringen Menge nicht gesondert spezifiziert.

5.5.8 Herstellung

Über die Herstellung der aktiven und passiven Bauelemente liegen nur wenig Daten vor. Eine Literaturquelle zur Abschätzung des Energieverbrauchs und des Abfallaufkommens ist die Studie der amerikanischen Microelectronics and Computer Technology Corporation MCC (MCC 1993). Die Daten dieser Studie beziehen sich auf Computer-Workstations. Der Energieaufwand und das Abfallaufkommen für vergleichbare Bauteile eines Fernsehgerätes sind unter Berücksichtigung von verschiedenen Randbedingungen angepaßt worden. Die Werte sind dadurch mit einer gewissen Unsicherheit behaftet.

Datenerhebungen direkt bei den Herstellern von elektronischen Bauteilen sind im Rahmen des Forschungsprojektes nicht durchgeführt worden.

5.5.9 Aktive Bauteile

Im folgenden werden zunächst für die Herstellung der ICs Angaben zur Umweltrelevanz der Herstellung gemacht sowie der Energiebedarf und die produktionsbedingten Abfälle abgeschätzt. Darauf aufbauend wird der Primärenergiebedarf für die Herstellung von Transistoren und Dioden abgeleitet.

Die Halbleiterproduktion ist in Relation zur Größe des Endprodukts ein umweltbelastender und energieintensiver Schritt. Bei der Dotierung des Halbleiters, die in der Regel nach der Diffusionstechnik erfolgt, entstehen umweltproblematische Reaktionsgase. Bei diesem Vorgang dringt der Dotierstoff bei hohen Temperaturen aus der Gasphase in die Halbleiterkörper ein. Überschüssige Reaktionsgase (meist toxische Verbindungen wie Phosphor- und Arsenwasserstoff), die nicht in den Halbleiter gelangen, müssen umweltverträglich entsorgt werden. Die Gase werden zum Teil an Absorbermaterial absorbiert, daß als Sondermüll entsorgt wird. Alternativ kann das GRC-Verfahren zur Entsorgung der überschüssigen Reaktionsgase eingesetzt werden. Hierbei reagieren die Gase mit einer Säulenfüllung zu Feststoffen, die dann als Hausmüll entsorgt werden können (Asche 1991, S. 32). Die Dotierung ist nach Angaben der Firma IBM derzeit vermutlich der Fertigungsschritt mit der größten Umweltrelevanz.[8]

Mit Hilfe eines photochemischen Ätzverfahrens werden die Dotierstoffe in fest vorgegebene Stellen eindiffundiert. Dazu wird die Oberfläche zunächst oxidiert und damit für die Dotierstoffe undurchlässig. Die Oxidschicht wird dann an bestimmten Stellen durch Ätzen entfernt. An diesen Stellen können die Dotierstoffe in den Halbleiter eindringen. In der Regel wird zum Ätzen ein lichtempfindlicher Lack aufgetragen und teilweise belichtet. Nach der Entwicklung wird die Oxidschicht an lackfreien Stellen entfernt. Durch Wiederholung der Diffusions- und Oxidationsschritte lassen sich verschiedene Halbleiterelemente auf einem Silizium-Kristall aufbringen (Breer; Dechow; Jochimsen; Röhrer, S. 53). In der folgenden Tabelle werden mögliche Gesundheitsgefahren bei den Prozeßschritten der Chip-Herstellung aufgelistet:

---

[8] Jähnig, IBM Stuttgart: Persönliche Mitteilung

Tabelle 5.27. Gesundheitsgefahren in der Chip-Produktion (Pillmann; Jarschke 1990, S. 686-696)

Prozeßschritt	Eingesetzte Chemikalien	Gefährdungspotential
Entfetten	Methylenchlorid	Dermatitis, Übelkeit, Augenschäden
Säuren	Methylethylketon	Betäubung, Bewußtlosigkeit
	Trichlorethylen	Kopfschmerzen, Betäubung, Nervenschäden, Krebs
Chip-herstellung	Germaniumoxid, Silikonoxid	Silicose
Dotierung	Arsen	Gelbsucht, Leber-, Herzschäden
	Antimon	Ermattung
	Phosphor	Knochenschwund
Chipdiffusion	Phosphin	Erbrechen, Durchfall
Lichtätzen	Hydrofluorsäure	Verbrennungen an Haut und Augen
	Phosphor-, Salz und Nitrirsäure	Verbrennungen
Verkapseln	Flüssige Epoxid-harze	Hautreizungen
	Polyurethan	Haut- und Atemwegsreizungen
	Chloronaphtalen	vermutlich kanzerogen
	PCB	Chlorakne, Hautkrankheiten, Leber- und Nieren-schäden
Galvanisieren	Nickeloxid	Dermatitis, Lungen- und Nebenhöhlenkrebs
	Cyanidsalze	Dermatitis, Augen- und Atemwegsreizungen, Ohnmacht, Erbrechen, Mattigkeit
	Chromsäure	vermutlich kanzerogen
	Cadmium	Wasserstau in der Lunge
Bohren, Abscheren	Faserglas	Dermatitis, Schädigung der Atemwege
Verkleben, Löten	Cadmiumoxid	Schädigung der Atemwege, Leber und Nieren
	Bleioxid	Anämie, Gehirnschädigungen
	Zinkoxid	Schädigung der Atemwege
	Zinkchlorid	Schädigung der Atemwege

Neben den Gesundheitsrisiken der Halbleiterherstellung ist der hohe Energieverbrauch bedeutend. Ursache ist die notwendige Produktionsumgebung in Form von Reinsträumen. Für einen Reinstraum der Klasse 1 ist ein 600facher Wechsel des Gesamtluftvolumens in der Stunde erforderlich um die geforderte Staubfreiheit zu erreichen. Als Berechnungsgrundlage wird eine Reinstraumfläche von 4000 m^2 und ca. 23.000 m^2 Ver- und Entsorgungsfläche angenommen (MCC 1993, S. 126). Für die Luftumwälzung in den Reinsträumen werden ca. 60 % des Stromverbrauchs einer Chipfabrik benötigt. Hinzu kommen noch Aufwendungen für die Herstellung von hochreinem Wasser und speziellen Gasen sowie für bis zu 500 Prozeßschritte in denen die Siliziumscheiben bedruckt, geätzt und gereinigt werden. Anschließend werden die fertigen Chips gehäust.

Für die Herstellung eines 4MB DRAM Chip ohne Gehäuse (Fläche des Silizium-Chips ca. 0,9 cm^2) wird unter der Annahme einer Ausschußquote von ca. 15 % ein Primärenergieeinsatz von ca. 8 MJ/IC notwendig. Für das Packaging (Gehäusematerial) wird nach der MCC-Studie und eigenen Abschätzungen ein Primärenergiebedarf von 2,8 MJ/IC benötigt, so daß der Primärenergiebedarf für den gesamten Chip bei ca. 10,8 MJ/IC liegt.

Im Durchschnitt werden bei den untersuchten Fernsehgeräten 25 Halbleiter (IC) mit einem mittleren Gesamtgewicht von rd. 52 g eingesetzt. Diese werden prinzipiell unter vergleichbaren Bedingungen gefertigt (Reinsträume, Anzahl der Prozeßschritte etc.). Allerdings weisen die im Fernseher eingesetzten ICs erhebliche Unterschiede zu dem in der MCC-Studie beschriebenen 4MB DRAM Chip auf. Die durchschnittliche Fläche eines TV-Halbleiters beträgt ca. 0,36 cm^2.[9] Die Ausschußquote wird aufgrund der geringeren Schaltungskomplexität für die Herstellung mit rd. 10 % angenommen. Hieraus ergibt sich einen Primärenergieeinsatz pro IC von rd. 3,1 MJ. Der Primärenergieverbrauch für das Gehäuse bleibt unverändert, so daß der gesamte Energieverbrauch bei ca. 5,8 MJ/IC liegt. Bezogen auf die 25 verwendeten ICs im Fernsehgerät ergibt sich ein Primärenergieverbrauch von 148 MJ. Diese Berechnung stellt eine Abschätzung dar, die mit Unsicherheiten behaftet ist. Entscheidenden Einfluß auf die Berechnung des Primärenergieverbrauchs haben die durchschnittliche Größe der Chips im Fernsehgerät, die Ausschußquote bei der Herstellung und die Transformation der

---

[9] Nach eigenen Berechnungen

Daten der Computer-Chipproduktion auf die Chipherstellung für Fernsehgeräte. Soweit keine genaueren Daten zur Verfügung stehen, ist es sinnvoll von einem Primärenergieverbrauch zwischen 100 bis 300 MJ für die Herstellung von 25 ICs auszugehen.

Über die Herstellung von Transistoren und Dioden sind keinerlei Daten verfügbar. Auf Grundlage der Daten der Chipherstellung lassen sich die Primärenergieverbräuche auch für diese Bauteile nur grob abschätzen. Beide Bauteiletypen besitzen einen Silizium-Chip, der Träger der Schaltung ist. Dieser Silizium-Chip ist kleiner als der des ICs. Aufgrund von Demontagen verschiedener Transistoren und Dioden erscheint eine Silizium-Chip-Fläche von ca. 25 % bezogen auf die durchschnittliche Fläche von 0,36 cm^2 als realistisch. Deshalb wird für die durchschnittliche Herstellung eines Transistors bzw. einer Diode bei gleichen Annahmen bezüglich der Ausschußquote ein Primärenergieverbrauch von 0,8 MJ/Chip angenommen. Das Gehäuse wird mit ca. 50 % des Primärenergieverbrauchs von IC- Gehäusen angesetzt (rd. 1,4 MJ). Der Gesamtprimärenergieverbrauch liegt somit bei rd. 2,2 MJ pro Bauteil.

Durchschnittlich werden bei den untersuchten Fernsehgeräten 72 Transistoren und 86 Dioden mit einem durchschnittlichen Gesamtgewicht von ca. 26 g bzw. 10 g eingesetzt. Damit kann als Richtwert für die Herstellung von Transistoren und Dioden ein Primärenergieverbrauch von etwa 350 MJ angesetzt werden.

Dies ergibt für die aktiven Bauelemente einen Primärenergieverbrauch von etwa 500 MJ.

Bei der Herstellung der aktiven Bauelemente fallen rund 87,1 kg Abfall an, wovon allerdings nur 10,1 kg reiner Produktionsabfall sind (MCC 1993). Darin enthalten sind die Abfälle der Plastikgehäuse und die des molding press. Der größere Anteil fällt im Zusammenhang mit dem Rohstoffabbau für die Energiegewinnung (75,8 kg Abraum) sowie ca. 1,2 kg Asche und Schlacken in den Kraftwerken an, die beseitigt oder verwertet werden müssen.

5.5.10 Passive Bauteile

Auch für die 800-900 passiven elektronischen Bauteile eines Fernsehers kann der Primärenergiebedarf nur abgeschätzt werden. Da hier weder Reinstraumbedingungen, noch energieintensive Verfahrensschritte, von dem Brennen einiger Keramikgehäuse abgesehen, benötigt werden und sich der Energiebedarf hauptsächlich auf mechanische formgebende Verfahren beschränkt, wird von einer Primärenergiemenge von 50 MJ ausgegangen.

Über produktionsbedingte Abfälle können ebenfalls keine Angaben gemacht werden. Die energiebedingten Abfälle werden mit ca. 10 % des Betrages der Halbleiterproduktion angesetzt. Bei der Energiegewinnung fallen 7,6 kg Abraum und rd. 0,12 kg Asche und Schlacken zur Verwertung und Beseitigung an.

5.5.11 Zusammenfassung

Der Primärenergiebedarf für die Herstellung der aktiven Bauelemente beträgt ca. 500 MJ, bei passiven Bauteilen ca. 50 MJ. Der Hauptanteil der Energieaufwendungen entfällt auf die Herstellung der Siliziumchips insbesondere auf die Schaffung von Reinsträumen

Bei der Produktion aller Bauelemente fallen rd. 11,1 kg produktionsbedingte Abfälle an (10,1 kg bei der Herstellung der aktiven Bauelemente, ca. 1,0 kg bei der Herstellung passiver Bauteile). U.a. fallen bei der Produktion flüssige Chemikalien an. Gehäuseabfälle aus Kunststoff werden aufgrund ihres Schadstoffanteils als besonders überwachungsbedürftiger Abfall eingestuft. Bei der Verwendung von Photoresist werden außerdem während der Herstellung VOC (flüchtige Kohlenwasserstoffe) in die Luft abgegeben (MCC 1993).

In Tabelle 5.28 werden die prozeß- und energiebedingten Abfälle gegenübergestellt. Dabei wird das Abfallaufkommen von den energiebedingten Abfällen quantitativ dominiert (hauptsächlich Abraum). Eine genaue Zuordnung der produktionsbedingten Abfälle in 'Besonders überwachungsbedürftige Abfälle' und 'Gewerbeabfälle' ist auf der Basis der verfügbaren Daten nicht möglich.

Tabelle 5.28. Abfallzusammensetzung bei der Herstellung aktiver und passiver Bauelemente

Abfallgruppe	Gewicht [kg]	Bemerkungen
Produktionsbedingte Abfälle		
Gewerbeabfälle / Besonders überwachungsbedürftige Abfälle und Reststoffe	11,1	U.a. flüssige Chemikalien (NaOH), feste Abfälle (Kunststoffe mit Antimontrioxidanteil etc.)
Summe	11,1	
Energiebedingte Abfälle		
Abraum	83,4	
Aschen und Schlacken zur Beseitigung/ Verwertung	1,3	
Summe	84,7	

Bei der Herstellung der elektronischen Bauteile geht u.a. ein toxisches Potential von dem besonders überwachungsbedürftigen Abfall sowie den in die Luft emittierten flüchtigen Kohlenwasserstoffen aus.

Besonders umweltintensiv ist bei der Produktion von elektronischen Bauteilen die Halbleiterherstellung. Im Rahmen der Herstellung führen hauptsächlich die Reinigung und das Dotieren zu Emissionen. Bei der Dotierung können überschüssige Reaktionsgase freigesetzt werden. Es handelt sich dabei meist um toxische Verbindungen wie Phosphor- und Arsenwasserstoff. Die Absorption der Gase auf Trägermaterialien bei nachfolgenden Reinigungsschritten führt zum Anfall von besonders überwachungsbedürftigen Abfällen. Bei dem GRC-Verfahren werden die überflüssigen Halbleitergase zu Feststoffen umgesetzt. Diese können dann als Hausmüll entsorgt werden (Asche 1991, S. 32). Nach Herstellerangaben (u.a. IBM) liegt in diesem Bereich sowie bei dem Aufbringen der Halbleiter auf die Leiterplatte die größte Umweltrelevanz bzw. das größte Risiko für die Arbeitnehmer (Pillmann; Jaeschke 1990, S. 686-696).

5.6 Zusammenfassung der Bauteile- bzw. Baugruppenherstellung

Die Fertigung der Bauteile bzw. Baugruppen ist im Hinblick auf den Primärenergieaufwand und das entstehende Abfallaufkommen ein bedeutender Abschnitt im Lebenszyklus. In der folgenden Abbildung wird der Primärenergieverbrauch - aufgesplittet nach werkstoff- und fertigungsbedingtem Energieverbrauch - für die Baugruppen Gehäuse, Bildröhre, Elektronik sowie Leiterplatte ebenso wie entstehende Gesamtabfallmenge aufgeführt.

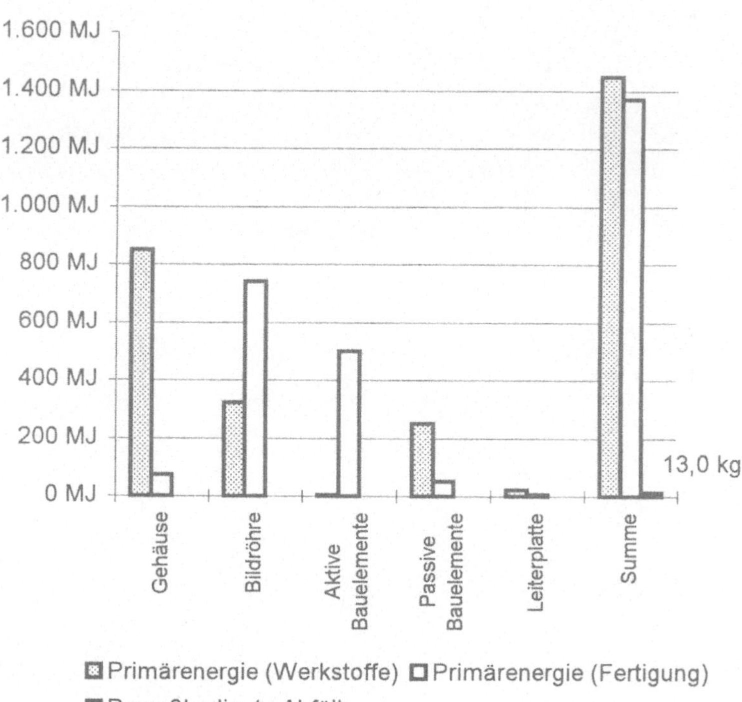

Abb. 5.16. Primärenergieverbrauch (Werkstoffe und Fertigung) für die Bauteile- bzw. Baugruppenherstellung sowie Gesamtabfallmenge des Referenzgerätes

Werkstofflicher und fertigungsbedingter Primärenergieverbrauch liegen in der gleichen Größenordnung (1447 bzw. 1370 MJ). Der werkstoffliche Primärenergieverbrauch wird durch das konventionelle Kunststoffgehäuse dominiert, während der Hauptanteil des fertigungsbedingten Energieverbrauchs auf die Herstellung der Bildröhre und der aktiven Bauelemente zurückzuführen ist. Weiterhin haben die passiven Bauteile einen erheblichen Anteil am werkstofflichen Energieverbrauch. Die Summe der Abfälle beträgt 12,3 kg.

6 Montage

Die Montage des Referenzgerätes umfaßt die Bestückung der Leiterplatte mit elektronischen Bauteilen sowie die Endmontage des kompletten Gerätes. Die Zusammenfassung der beiden Vorgänge ist sinnvoll, da sie in der Regel den betrieblichen Abläufen bei der Fernseherherstellung entsprechen. Die Daten sind bei Herstellern vor Ort erhoben und durch eine Literaturauswertung ergänzt worden.

Systembeschreibung: Es wurden die verschiedenen Leiterplattenbestückungs- und Kontrollvorgänge, das Verlöten der Bauelemente, der Abgleich der Einzelkomponenten, die Endmontage sowie die Endkontrolle des Gerätes (vgl. Abb. 6.1) berücksichtigt.

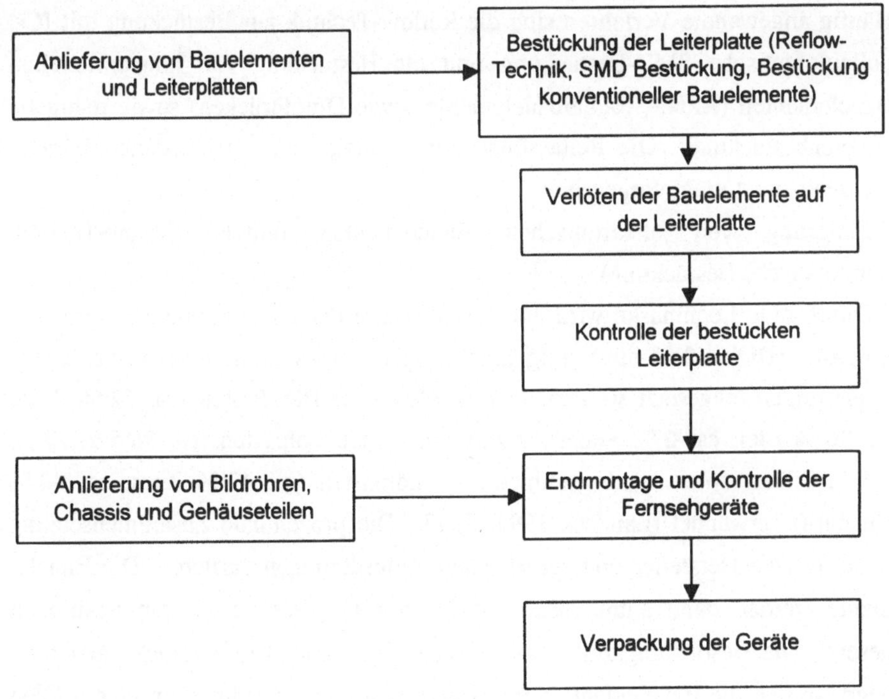

Abb. 6.1. Ablaufschema der Leiterplattenbestückung und der Endmontage des Referenzfernsehgerätes

6.1 Bestückung der Leiterplatten

Auf die Leiterplatte werden die verschiedenartigen Bauelemente (Widerstände, Kondensatoren, ICs etc.) aufgebracht, die in ihrer Gesamtheit die elektronische Schaltung darstellen. In den letzten Jahren sind die Bauelemente permanent weiterentwickelt worden. Konventionelle Bauelemente in axialer und radialer Durchsteckbauform werden zunehmend durch SMD-Bauelemente substituiert. Diese werden direkt auf der Oberfläche der Leiterplatte zunächst durch Ankleben fixiert und dann verlötet. Die SMD-Bauteile sind wesentlich kleiner als konventionelle Bauteile, was somit zu Platz-, Gewichts- und Materialeinsparungen führt. Die Miniaturisierung der Bauteile führt jährlich zu einer Materialeinsparung von ca. 2 % (Stevels 1996). Der Anteil von SMD-Bauteilen betrug 1994 bereits 75 % an der Gesamtproduktion von Bauelementen.

Die Leiterplattenbestückung erfolgt in verschiedenen Schritten. Je nach Bauteileausführung werden bei der Bestückung verschiedene Techniken eingesetzt. Häufig angewandte Verfahren sind die Reflow-Technik zur Bestückung mit ICs, vollautomatische SMD-Bestückung und die Bestückung von konventionellen Bauelementen (Axial-, Radialbauelemente sowie Drahtbrücken) sowie manuelle 'Exotenbestückung'. Die Reihenfolge zur Montage der verschiedenen Bauelementetypen ist nicht vorgegeben.

Fixierung von elektronischen Bauelementen mittels Reflow-Technik (automatische Bestückung):

Durch eine Lochmaske wird auf die Oberseite der eingespannten Leiterplatte Lötpaste (Dicke 0,15 mm) aufgebracht. Als Lötpasten können verschiedene Legierungen eingesetzt werden. U.a. werden Zinn-Blei-Pasten (ca. 62 % Zinn, ca. 36 % Blei, ca. 2 % Silber), hochschmelzende Lötpasten (ca. 96,5 % Zinn, 3,5 % Silber) sowie niedrigschmelzende Lötpasten (ca. 42 % Zinn, ca. 58 % Bismuth) verwendet (Landeck 1994, S. 13). Die prozentuale Zusammensetzung kann je nach Hersteller und spezifischen Anforderungen variieren. Die Bauelemente werden dann automatisch auf die mit Lötpaste versehenen Positionen gesetzt. Die Bestückungszeit liegt zwischen 0,27 und 0,7 sec./Stück. Abschließend werden die Bauelemente durch Erwärmung auf ca. 180 °C in einem Ofen mit der Leiterplatte verlötet. Anschließend erfolgen die Arbeitsschritte:

– Bestückung mit konventionellen Bauelementen: Die Bestückung von Bauelementen mit axialer und radialer Durchsteckbauform sowie von Drahtverbindungen erfolgt größtenteils maschinell.

– Aufbringen der SMD-Bauelemente: Zuerst werden auf die für die Bauelemente vorgesehenen Positionen Klebepunkte gesetzt. Anschließend erfolgt die automatische Bestückung (Bestückungszeit ca. 0,08 s/Stück.). Dabei wird kontrolliert, ob die Bauelemente richtig positioniert sind, um Ausschuß durch fehlerhafte Kontakte (Kurzschluß oder Fehlen von Kontakten) zu vermeiden.

– Handbestückung: Große Bauelemente werden von Hand auf der Leiterplatte positioniert.

Die fertig bestückten Leiterplatten werden dann auf ihre Funktionsfähigkeit geprüft. Bei auftretenden Fehlern (z. B. fehlende Bauteile, Positionierung außerhalb des Toleranzbereichs oder fehlerhafte Kontakte) wird eine manuelle Reparatur durchgeführt. Danach wird die Leiterplattenkontrolle wiederholt.

Bei der Leiterplattenbestückung fallen unbestückte Platinenreste (ca. 3,5 g) als Schnittreste an, die als besonders überwachungsbedürftiger Abfall entsorgt werden müssen. Die Abfallmenge gebrochener und nicht reparabler bestückter Leiterplatten beträgt ca. 0,1 % der gesamten Leiterplatten des Referenzgerätes.

6.2 Lötbad

Anschließend an die Bestückung folgt die Verlötung der Bauteile. Die Leiterplatte für das Hauptchassis (Maße ca. 25 x 35 cm) wird auf einem Förderband durch die Lötbadanlage transportiert. Der Vorgang des Verlötens kann in drei Abschnitte unterteilt werden:

– Auftragen des Flußmittels: Das Flußmittel (mit Verdünner) wird zu Beginn des Lötvorganges von unten auf die Leiterplatte aufgetragen. Um das Auftragen des Flußmittels zu verbessern, wird Verdünner im Verhältnis 3 : 4 zugegeben. Das Flußmittel wird im Kreislauf gefahren.

– Erwärmung der Leiterplatte auf der Heizstrecke: Die Leiterplatten werden auf einer Heizstrecke erwärmt, um den eigentlichen Lötvorgang zu beschleunigen und um Materialbeanspruchungen durch hohe Temperaturdifferenzen zwischen flüssigem Lot und Leiterplatte bzw. Bauteilen zu verringern.

– Verlötung: Die Verlötung erfolgt mittels zwei hintereinander angeordneten Lötwellen. Die erste Lötwelle verlötet die SMD-Bauteile, während die zweite Lötwelle die Verbindungen der übrigen Bauteile zur Leiterplatte herstellt. Die Temperatur des Lötbades beträgt ca. 250 °C.

Durchschnittlich werden für das Referenzgerät ca. 0,13 m^2 Leiterplattenfläche (dies entspricht 1,5 Leiterplatten der Größe 25 x 35 cm) benötigt.

Dabei werden ca. 37,5 g Lötzinn 63/37 (Hauptbestandteile sind Zinn und Blei), 0,006 Liter Flußmittel und 0,008 Liter Verdünner für diesen Vorgang verbraucht. Pro Leiterplatte fallen ca. 22 g Krätze (verschlacktes Lötzinn) als besonders überwachungsbedürftiger Abfall an (Sony 1996).

Die Emissionen der Lötbäder in die Luft werden abgesogen und mittels Aktivkohlefilter gereinigt. Ein Filterwechsel findet ca. alle 3 Monate statt. Der Filter wird ebenfalls als besonders überwachungsbedürftiger Abfall entsorgt. Der gesamten Elektronik des Referenzgerätes können ca. 22 mg Filtermaterial zugerechnet werden.

Bei dem Lötvorgang treten Emissionen in die Luft u.a. von organischen Kohlenstoffverbindungen, Blei und Zinn auf. Es liegen Daten über gemessene Maximalkonzentrationen pro m^3 Luft in Lötwellenanlagen vor. Für die Berechnung der Emissionen pro Leiterplatte in die Luft werden die halben Maximalkonzentrationen organischer Kohlenwasserstoffe (305 mg/m^3), Blei (4,9 µg/m^3) und Zinn (4,9 µg/m^3) zugrundegelegt. Der Leiterplatte des Referenzgerätes kann bei einem Luftvolumenstrom von 1.460 m^3/h unter Berücksichtigung der Verweilzeit in der Lötkabine ein Luftvolumen von 73 m^3 zugeordnet werden. Somit ergeben sich emissionsseitig 22,3 g organische Kohlenstoffverbindungen sowie jeweils 0,4 mg Blei und Zinn für die Referenzelektronik.

6.3 Endmontage und Kontrolle

In der sogenannten 'Chassislinie' werden die Bildröhre und die Elektronik mit Chassis in die Frontblende eingesetzt. Das Gerät wird in der 'Endmontagelinie' angeschlossen und die elektrischen Verbindungen werden geprüft. Es folgt eine automatische Prüfung des Testbildes. Dazu wird das Bild von einer Kamera aufgenommen und die Daten werden ausgewertet. Entspricht das Testbild nicht den Anforderungen, so erfolgt eine automatische Justierung der entsprechenden Bauelemente. Der Primärenergieverbrauch (0,2 MJ) ist im Vergleich zu den energieintensiveren Abschnitten vernachlässigbar.

Die Fernsehgeräte werden dann einem Dauertest von 30 min. bei 40 °C in einer beheizten Kabine unterzogen. Diese Konditionen führen zu einer 'künstlichen Alterung' des Gerätes und ermöglichen so die Identifikation von funktionseingeschränkten Geräten. Der Primärenergieverbrauch für die Erwärmung der Fernsehgeräte beträgt unter Berücksichtigung der Materialzusammensetzung und der spezifischen Wärmekapazitäten rd. 0,5 MJ.

6.4 Zusammenfassung

Die Berechnung des Primärenergieverbrauchs für die Montage pro Referenzgerät basiert auf dem täglichen elektrischen Energieverbrauch der Montagehalle und der Anzahl bestückter Leiterplatten bzw. endmontierter Geräte. In der betrachteten Montagehalle werden ausschließlich die Bestückung und Endmontage durchgeführt. Der elektrische Energieverbrauch beläuft sich auf 4,5 kWh$_{el}$ (52,4 MJ$_{Pr}$). Unter Berücksichtigung des thermischen Energieverbrauchs für die Endkontrolle (0,5 MJ) beträgt der Primärenergieverbrauch ca. 52,9 MJ$_{Pr}$.

Der prozeßbedingte Abfall (146,5 g) je Gerät setzt sich aus unterschiedlichen Fraktionen zusammen:

– Der gewerbliche Abfall pro Fernsehgerät (Papier/Pappe, Kunststoffe, Metalle etc.) beträgt in Summe ca. 120 g.
– Ca. 22 g Krätze (verschlacktes Lötzinn) aus der Lötkabine.
– Pro Fernsehgerät fällt ca. 3,5 g unbestücktes Leiterplattenmaterial an.
– Die Ausschußquote bei der bestückten Leiterplatte liegt im Bereich von 0,05-0,1 %. Bezogen auf das Gesamtgewicht der Referenzelektronik ohne Kabel und Kühlbleche (ca. 1,28 kg) ergibt sich eine Abfallmenge von durchschnittlich 1 g.
– Das Abfallaufkommen, welches durch die Entsorgung der Aktivkohlefilter der Lötbadanlage entsteht, beträgt für die gesamte Elektronik rd. 22 mg.

Im Rahmen der Endmontage liegt die Ausschußquote bei den Bildröhren bei etwa 0,5 %. Fehlerhafte Bildröhren werden zum Hersteller zurücktransportiert und dort recycelt. Sie werden deshalb nicht dem Abfallaufkommen hinzugerechnet.

In Tabelle 6.1 sind die prozeß- und energiebedingten Abfälle gegenübergestellt.

Tabelle 6.1. Abfallzusammensetzung der Leiterplattenbestückung und Endkontrolle

Abfallgruppe	Gewicht [kg]	Bemerkungen
Produktionsbedingte Abfälle		
Gewerbeabfälle	0,12	Papier/Pappe, Kunststoffe, Metalle etc.
Besonders überwachungsbedürftige Abfälle und Reststoffe	0,03	4,5 g (un)bestückte Leiterplatte, 22 g Krätze
Summe	0,15	
Energiebedingte Abfälle		
Abraum	8,0	
Aschen und Schlacken zur Beseitigung/ Verwertung	0,13	
Summe	8,13	

7 Distribution

Die Distribution umfaßt die Verteilung der Fernsehgeräte vom Hersteller über den Handel zum Konsumenten. Die angenommene durchschnittliche Transportentfernung für in Deutschland produzierte und zum Händler transportierte Fernseher beträgt 300 km. Für diese Entfernung wird ein Modalsplit von 95 % LKW und 5 % Bahn zugrunde gelegt.

Der Transport vom Händler zum Endabnehmer wird in der Regel mit dem privaten PKW durchgeführt. Die dafür abgeschätzte Entfernung beträgt ca. 20 km.

Bei dem Transport per LKW werden Hin- und Rückfahrt berücksichtigt. Dabei wird nach Fritsche, Hassel und dem Deutschen Institut für Wirtschaftsforschung (Fritsche 1995; Hassel 1994; DIW 1994) von einem durchschnittlichen Auslastungsgrad von rd. 30 % ausgegangen. Der PKW wird nur vom Konsumenten genutzt. Als Energieträger bei LKWs und PKWs dient Erdöl.

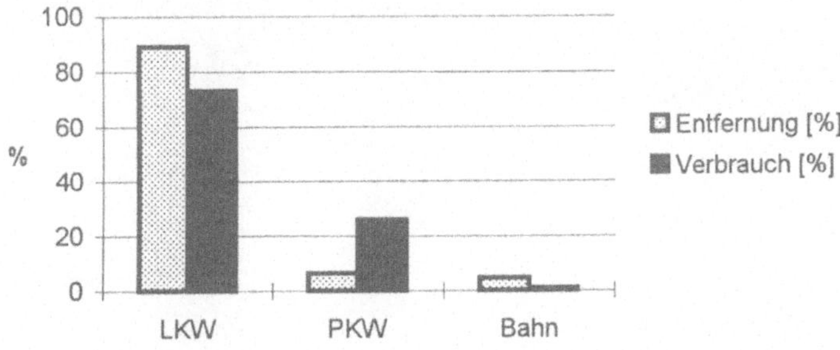

Abb. 7.1. Prozentuale Anteile der Verkehrsmittel LKW, PKW und Bahn an der Transportentfernung und dem Energieverbrauch

Es ergibt sich für den gesamten Transport ein Primärenergieverbrauch von 95,6 MJ pro Fernsehgerät. Der Energieverbrauch splittet sich auf in rd. 73 % LKW-, 26 % PKW- und nur knapp 1 % Bahntransport.

8 Gebrauchsphase

8.1 Energieverbrauch

Die Leistungsaufnahme des Referenzfernsehgerätes beträgt 105 W. Davon entfallen ca. 60 W auf die Bildröhre (ca. 35 W für die Helligkeit, 15 W für die horizontale Ablenkung und 10 W für die vertikale Ablenkung), 15 W auf den Ton, 20 W auf Schaltungsverluste (Verluste bei spannungstransformierenden Bauteilen wie Netzteil, Hochspannungszeilentrafo etc.) und 10 W auf das Signal-empfangsteil.[1]

Bei einer durchschnittlichen Nutzungsdauer von 3 Stunden pro Tag ergibt sich über die Lebensdauer von 12 Jahren ein Stromverbrauch von 1380 kWh bzw. 4970 Mj$_{el}$. Hinzu kommt der Verbrauch des Stand-By-Betriebes mit etwa 7 W. Nach Abzug der drei Stunden Nutzungsdauer pro Tag summiert sich der Stromverbrauch auf 645 kWh (2.320 Mj$_{el}$) in 12 Jahren. Belastungen durch Reparaturen oder durch die Herstellung von Ersatzteilen sind nicht berücksichtigt. Unter Berücksichtigung der durchschnittlichen Wirkungsgrade bei der Stromerzeugung ergibt sich ein Primärenergieverbrauch für den Normalbetrieb von 16.010 MJ und 7.480 MJ für den Stand-By-Betrieb.

---

[1] Landeck, H.: Loewe Opta GmbH, Herstellerangaben, 19.02.1996

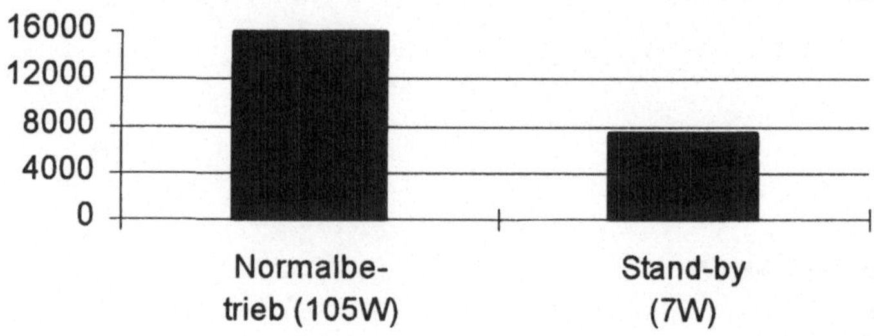

Abb. 8.1. Primärenergiebedarf [MJ] in der Gebrauchsphase des Referenzfernsehgerätes.

Der Betrieb eines Fernsehgerätes erzeugt nur indirekt durch die mit der Bereitstellung von elektrischer Energie verbundenen Aufwendungen Abfall. Diese Mengen summieren sich allerdings über die gesamte Lebensdauer zu erheblicher Größe. Sie setzen sich folgendermaßen zusammen:

Der Abbau der notwendigen Primärenergieträger wie Steinkohle und Braunkohle verursacht eine Abraummenge von ca. 3,6 t. In den Kraftwerken fallen noch einmal etwa 55,6 kg Aschen und Schlacken an, von denen die Hälfte verwertet werden kann. Zusätzlich entstehen durch die Rauchgasentschwefelung noch 19,7 kg Gips, die vollständig weiterverarbeitet werden können. Es fällt außerdem rd. 0,05 kg besonders überwachungsbedürftiger Abfall an.

Die Gesamtabfallmenge beläuft sich damit insgesamt auf 3166 kg (ohne Gips).

8.2 Bildschirmstrahlung

Grundsätzlich treten bei Fernsehgeräten mit Kathodenstrahlröhre vier Strahlungstypen auf:

- Elektronenstrahlung
- Röntgenstrahlung,
- niederfrequente elektromagnetische Strahlung und
- elektrostatische Felder.

Elektronenstrahlen stellen keine gesundheitliche Belastung dar. Röntgenstrahlen werden durch Bleioxide im Konus- und Bariumoxide im Schirmglas abgeschirmt.

Elektromagnetische Strahlung kann bei Dauerbelastung zu gesundheitlichen Beeinträchtigungen führen. Im Bereich von Computerarbeitsplätzen ist bekannt, daß elektromagnetische Strahlungen u. a. Schlafstörungen, Kopfschmerzen, vegetative Störungen und Veränderungen des Blutbildes hervorrufen können. Computerarbeitsplätze gelten insbesondere deshalb in den ersten Schwangerschaftswochen als risikoreich. Bei der Nutzung von Fernsehgeräten dürften elektromagnetische Strahlungen allerdings aufgrund der größeren Distanz zwischen Nutzer und Gerät weitaus weniger oder überhaupt keine gesundheitlichen Risiken aufweisen.

Die Wirkung von elektrostatischen Feldern ist derzeit noch weitgehend ungeklärt. Sie stehen im Verdacht, Veränderungen der Haut auszulösen (Breer 1993).

8.3 Emission von Flammschutzmitteln

Aus Brandschutzgründen werden Rückwände von Fernsehgeräten, Gehäuseteile mit wärmeabführenden Lüftungsschlitzen sowie Leiterplattenmaterialien mit chemischen Flammschutzmitteln ausgestattet[2]. Bis Ende der 80er Jahre wurden weltweit bromierte Flammschutzmittel eingesetzt, darunter vor allem polybromierte Diphenylether. Einige Stoffe dieser Gruppe, wie z. B. Decabromdiphenylether, erwiesen sich in Tierversuchen als krebserregend. Im Falle eines Brandes können Dioxine und Furane entstehen.

Diese Einschätzung wird durch zahlreiche Untersuchungen, wie von der US Environmental Protection Agency (EPA 1980, 1985, 1987), dem Umweltbundesamt (UBA 1989), aber auch von Herstellern (BASF 1989), erhärtet. Das Bundesministerium für Umwelt, Naturschutz und Reaktorsicherheit (BMU) bewertet die Entstehung toxischer und kanzerogen wirkender polybromierter Dibenzodioxine und -furane im Brandfall als sehr kritisch, so daß bestimmte Schutzmaßnahmen bei der Brandbekämpfung und nach Bränden erforderlich sind.

---

[2] Nach IEC 65 / EN 60065 müssen Rückwände von Fernsehempfängern sowie deren Gehäuseteile mit Lüftungsöffnungen ausschließlich zur Wärmeabführung aus langsam brennenden Material oder einem besser flammhemmenden Material bestehen. Leiterplattenmaterialien müssen nach einer vorgegebenen Zeit wieder verlöschen.

Studien des Hamburger Amtes für Umweltuntersuchungen ergaben, daß unter Betriebsbedingungen unterschiedliche Polybromierte Dibenzofurane aus dem Gerät diffundieren, darunter 2,3,7,8-Tetrabromdibenzofuran, das mit der Toxizität des Seveso-Dioxins vergleichbar ist. Die gemessenen Konzentrationen lagen bei 11×10^{-12} g/m^3 Luft an der Rückwand und $2,7 \times 10^{-12}$ g/m^3 Luft in 2,2 m Abstand vom Fernsehgerät. Vergleichbare Resultate erzielte die Berliner Umweltverwaltung in einer Untersuchung zu Computern (Breer; Dechow; Jochimsen; Röhrer 1992, S. 62). Dies ist vermutlich darauf zurückzuführen, daß halogenierte Flammschutzmittel produktionstechnisch bedingt mit polybromierten Dibenzofuranen (PBDF) und -dioxinen (PBDD) verunreinigt sein können.

Das Bundesumweltministerium (BMU) schätzt die Zusatzbelastung durch ausdiffundierende PBDF und PBDD auf 0,35 % der durchschnittlichen täglichen Aufnahme der Bevölkerung an chlorierten Dioxinen und Furanen (vgl. Breer, UMK Arbeitsgruppe 1989).

Aus diesen Gründen wird in neueren Geräten auf polybromierte Biphenylether verzichtet. In Leiterplatten für Fernsehgeräte (FR-2) werden derzeit Bromverbindungen wie Tetrabrombisphenol in Kombination mit Antimontrioxid verwendet. Antimontrioxid als Synergist steht im Verdacht Krebs zu erzeugen und wird in Gruppe III A2 der MAK-Liste geführt. Es gibt darüber hinaus Hinweise, daß das Vorhandensein von Antimontrioxid in bromhaltigen Kunststoffen als Schwermetallverbindung die Bildung von Dioxinen und Furanen im Brandfall forciert (ZVEI 1992, S. 41).

Bei Gehäuseteilen und Rückwänden werden in den untersuchten Fernsehgeräten keine halogenierten Flammhemmer mehr eingesetzt. Der Brandschutz wird durch die Verwendung organischer Phosphorverbindungen realisiert. Untersuchungen über das Brennverhalten von Kunststoffen mit phosphorhaltigen organischen Flammhemmern zeigen, daß sie den Brand im Material ersticken, ohne daß gesundheitsschädliche Phosphorverbindungen freigesetzt werden.[3]

---

[3] Landeck, H.: Entsorgungsfreundliches Farbfernsehgerät, in: Brinkmann et al: Umwelt- und recyclinggerechte Produktentwicklung, Stuttgart 1995, Teil 10/7.1.1 S. 2-3; ZVEI: Leitfaden - Vermeidung flammhemmender Zusätze in Kunststoffen, Frankfurt/M. Dezember 1992, S. 29

9 Recycling und Entsorgung

Im folgenden werden Verfahren bei der Elektronikschrottverwertung einschließlich der Demontage, der maschinellen Aufbereitung und der Sekundärrohstoffgewinnung beschrieben. Im Detail wird auf spezielle Recyclingverfahren wie das Schleswag- und Reichart-Dassler-Verfahren zum Elektronikschrottrecycling sowie das Bildröhrenrecycling (Trocken- und Naßverfahren) eingegangen, die den Stand der Technik widerspiegeln.

Abschließend erfolgt eine Zusammenfassung hinsichtlich des Energieverbrauchs bei dem Elektronikschrottrecycling, der Deponierung und Müllverbrennung. Außerdem wird auf die energetischen und werkstofflichen Gutschriften im Rahmen des Elektronikschrottrecyclings eingegangen.

9.1 Allgemeine Verfahrensbeschreibung

Die allgemeine Vorgehensweise bei der Verwertung von Elektronikschrott umfaßt bei den derzeit üblichen Verfahren folgende Schritte:

- Demontage (manuell),
- Maschinelle Aufbereitung,
- Sekundärrohstoffgewinnung,
- Entsorgung der nicht verwertbaren Fraktionen.

Hierbei kommen mechanische, thermische und chemische Verfahren zur Anwendung. Eine klare Systematisierung läßt sich jedoch nicht immer treffen, da je nach Verfahren der einzelnen Entsorgungsunternehmen die Wahl und die Kombination der einzelnen Grundoperationen variieren. Dementsprechend unterschiedlich sind die Ergebnisse in Bezug auf Zerlegungstiefe und Recyclingquoten.

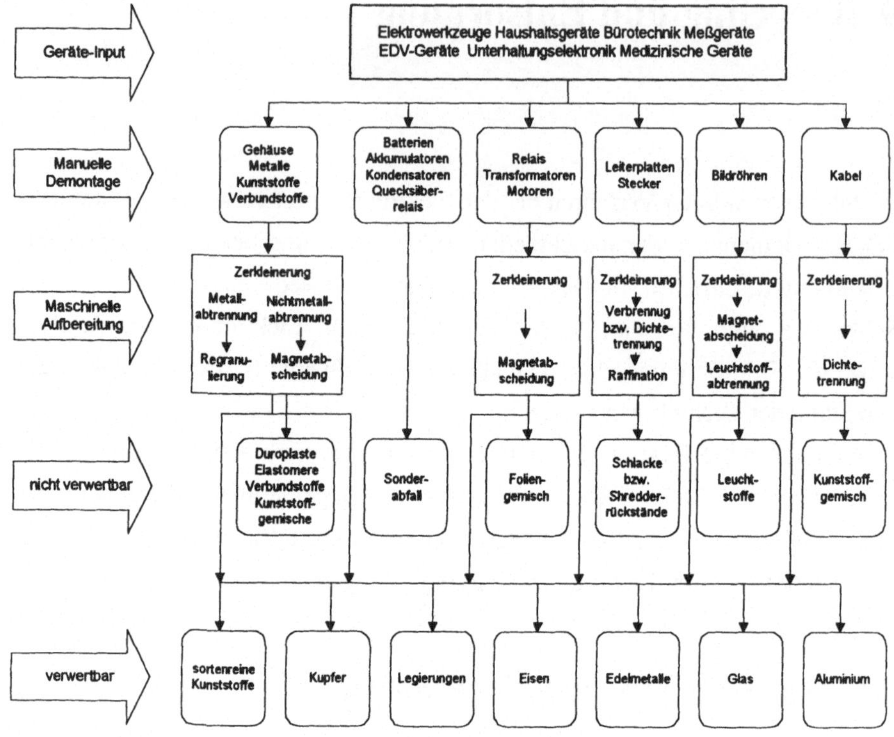

Abb. 9.1. Allgemeine Vorgehensweise bei der Elektronikschrottverwertung

9.1.1 Demontage

Voraussetzung für ein effektives Recycling ist eine sorgfältige Fraktionierung. Dabei ist zwischen der Geräte- und der Bauteilefraktionierung zu unterscheiden. Die Zerlegung der Geräte dient der Ausgliederung von wiederverwendbaren Komponenten, der Entfernung von schadstoffhaltigen Bauteilen (PCB-haltige Kondensatoren etc.) und der Sortierung in Grobfraktionen (Leiterplatten, Gehäuse, Bildröhren, Metallteile).

Die Gerätezerlegung erfolgt aufgrund der Vielfalt und des komplexen Aufbaus der anfallenden Geräte in fast allen Fällen manuell. Zum Einsatz kommen dabei nur einfache Werkzeuge wie Zange, Schraubendreher, Hammer, Meißel und elektrisch oder druckluftbetriebene Schrauber. Daher hat die Demontage einen geringen Energiebedarf, aufgrund ihrer Personalintensitität ist sie aber gleichzeitig der teuerste Schritt der Elektronikschrottverwertung. Doch gerade die

Schadstoffentfrachtung bei der manuellen Demontage ist aus ökologischer Sicht besonders wichtig, da sonst schadstoffhaltige Substanzen in die sich anschließenden Verfahren und damit in den Materialkreislauf der wiederverwertbaren Materialien eingetragen werden. Automatisierte Zerlegeeinrichtungen, die eine kostengünstigere Demontage ermöglichen, sind im großtechnischen Maßstab bisher nicht im Einsatz.

In der Regel wird in folgende Grobfraktionen zerlegt:

- eisenhaltige Metalle,
- Nichteisen-Metalle,
- sortenreine Kunststoffe,
- Kunststoffgemische,
- Verbundmaterialien wie Platinen und Kabel,
- Problemkomponenten (u.a. Bildröhren) und
- schadstoffentfrachtete Gerätereste.

Die aus der Demontage gewonnenen Grobfraktionen werden anschließend einer direkten Verwertung oder einem weiteren maschinellen Aufbereitungsverfahren zugeführt.

Die Grobfraktionen, speziell die Leiterplatten und elektronischen Bauteile, bestehen aus einem Vielstoffgemisch. Materialvielfalt und fester Verbund zwischen den Materialien erschweren die Aufarbeitung von Elektronikschrott.

9.1.2 Maschinelle Aufbereitung

Bei der maschinellen Aufbereitung werden durch Aufschluß der Grobfraktionen mit anschließendem Sortieren und Klassieren Fraktionen mit möglichst hoher Sortenreinheit abgetrennt. Hier kommen trockene, naß-mechanische, elektrostatische sowie magnetische Trennverfahren zur Anwendung, die seit langem bei der Aufbereitung primärer Rohstoffe angewendet werden.

Die dann meist in Granulatform vorliegenden sortierten Fraktionen können anschließend der Sekundärrohstoffgewinnung zugeführt werden. Abb. 9.2 gibt ein Beispiel der Zerlegewege und der enthaltenen Fraktionen.

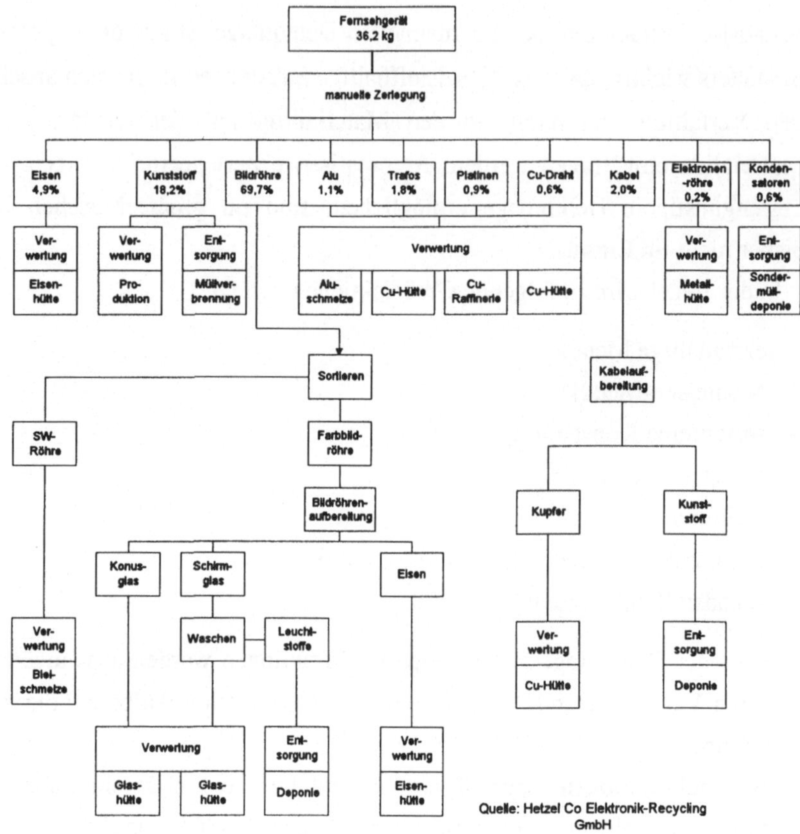

Abb. 9.2. Mögliche Stoffströme bei der Zerlegung des Referenzfernsehgerätes

9.1.3 Sekundärrohstoffgewinnung

Für die Rückgewinnung der Metalle stehen die bekannten Verfahren in Metallhütten und Metallscheideanstalten zur Verfügung. Um eine mögliche Dioxin-
und Furanbildung im Verhüttungsprozeß zu vermeiden, ist es aber dringend
notwendig, den Metallschrott von allen organischen Halogenverbindungen zu
befreien.

Ein Recycling der technischen Kunststoffe aus gebrauchten Elektro- und Elektronikgeräten[1] findet zur Zeit nur in sehr begrenztem Umfang statt. Der größte Teil der anfallenden Reststoffe und Abfälle wird deponiert oder der Müllverbrennung zugeführt. Gründe hierfür sind:

- Es besteht eine große Vielfalt der in der Elektro- und Elektronikindustrie eingesetzten Kunststoffe[2].

- Die eingesetzten Kunststoffe sind in der Regel im Recyclingprozeß nicht miteinander verträglich.

- Viele der in der Vergangenheit eingesetzten Additive (z. B. bromhaltige Flammhemmer) machen ein Recycling durch die Gefahr der Dissipation von Schadstoffen unmöglich.

- Eingesetzte Füllstoffe verändern den Dichtebereich der Kunststoffe, so daß bei einem auf Dichteunterschieden basierenden Trennverfahren (z. B. Schwimm-Sinkverfahren) aufgrund von Überlappungen keine zufriedenstellende Trennschärfe erreicht werden kann.

- Großflächige Lackierungen erschweren das Recycling bzw. verschlechtern die Qualität der Sekundärrohstoffe.

- Methoden zur sicheren Identifizierung (inkl. Additive, Füll- und Verstärkungsstoffe) und sortenreinen Trennung der Kunststoffe sind derzeit großtechnisch noch nicht realisiert.

- Kunststoff-Metallverbunde (z. B. Metallbuchsen) erschweren die Aufarbeitung.

Für sortenrein getrennte Kunststoffe stehen die herkömmlichen werkstofflichen Verfahren, wie Regranulation mit anschließender Extrusion, zur Verfügung. Da sich wegen der oben angeführten Gründe die technischen Kunststoffe teilweise für ein werkstoffliches Recycling nicht mehr eignen (starke Verschmutzung, Alterung der Kunststoffe etc.), werden verstärkt Wege des chemischen Recyclings (Rohstoffrecycling) untersucht. Hier sind zu nennen:

---

[1] Der Verbrauch an Kunststoffen der (west-) deutschen Elektroindustrie betrug 1990 ca. 500.000 t.

[2] Eine beherrschende Fraktion mit einem Anteil von über 50%, wie sie die Polyolefine in den Kunststoffen des Hausmülls darstellen, ist nicht zu finden.

– Hydrolyse,

– Pyrolyse,

– Vergasung und

– Hydrierung.

Für all diese Verfahren sind die Entwicklungsarbeiten noch nicht abgeschlossen bzw. es existieren nur Anlagen im Technikumsmaßstab[3] Großtechnische Ausführungen mit ausreichenden Kapazitäten für die Verwertung der Kunststofffraktionen aus dem Elektronikschrott sind daher in den nächsten Jahren kaum zu erwarten.

Großtechnisch in Betrieb sind u.a. das Schleswag- und Reichert-Dassler-Verfahren.

9.2 Das Verfahren der Schleswag Recycling GmbH

Das Verfahren der Schleswag Recycling GmbH gliedert sich in die drei Stufen

– Manuelle Schadstoffentfrachtung (sogenannter S-Betrieb),

– Physikalische Trennung (T-Betrieb) und

– Elektrochemische Metallrückgewinnung (MR-Betrieb).

Die in Brunsbüttel errichtete Anlage kann das gesamte Spektrum an Elektro- und Elektronikschrott, mit Ausnahme von Entladungslampen, aufarbeiten und hat einen Durchsatz von ca. 25.000 Mg pro Jahr.[4]

Die zur Verwertung angelieferten Altgeräte werden zunächst manuell in die folgenden Fraktionen zerlegt:

---

[3] Die einzige bisher großtechnisch realisierte Pilot-Hydrierungsanlage Bottrop wird hauptsächlich für die Kunststoffabfälle des DSD genutzt. Versuche mit Elektronikschrott wurden bisher nicht gefahren.

[4] Stubmann, C.: Vorstellung des Schleswag-Recyclings von Elektronikschrott. Vortrag auf dem Elektronikschrott-Seminar III im Rahmen der UTECH Berlin am 23.2.1994.

- Metallgehäuse,
- Kunststoffgehäuse,
- Leiterplatten,
- Kabel,
- Bildröhren und
- schadstoffhaltige Bauteile.

Bildröhren werden getrennt in einer mobilen Verwertungsanlage verwertet. Die schadstoffhaltigen Bauteile werden entsorgt. Geräte, die keine schadstoffhaltigen Bauteile enthalten, werden direkt, ohne Demontage, der physikalischen Trennung zugeführt. Der physikalische Trennbetrieb besteht aus vier stationären Zerkleinerungs- und Trennlinien für

- Leiterplatten (Durchsatz: 2t/h),
- Metall (Gehäuse) (Durchsatz: 5t/h),
- Kabel (Durchsatz: 1t/h) und
- Kunststoffe (Gehäuse) (Durchsatz: 1t/h).

Dadurch entfällt das zeitaufwendige Umstellen des Shredders auf das jeweilige Aufgabegut, das zum Erreichen eines hohen Trenngrads notwendig wäre.

Die Eingangstufe besteht aus einem für die entsprechenden Grobfraktionen und Geräte zugeschnittenen spezifischen Shredder. Die zerkleinerte Shredderfraktion jeder Linie wird über einen Magnetabscheider und einem Wirbelstromabscheider zur Abtrennung der Eisenmetalle und Nichteisenmetalle geführt. Anschließend wird in einer zweiten Zerkleinerungsstufe die Korngröße der Fraktion nochmals auf 0,5-1 mm vermindert und einer Lufttrennanlage zugeführt. Hier wird in Fein- und Schwergut getrennt. Das Feingut wird mittels eines elektrostatischen Separators in eine Metall- und Kunststofffraktion getrennt. Das Schwergut durchläuft erst eine Siebung, wird dann über einen Schwerkraftabscheider geführt und gelangt schließlich in einen der elektrostatischen Separatoren.

Die Linien sind untereinander vernetzt und können je nach Bedarf und Anforderung in entsprechender Reihenfolge der Zerkleinerungs- und Separiertechniken geschaltet werden.

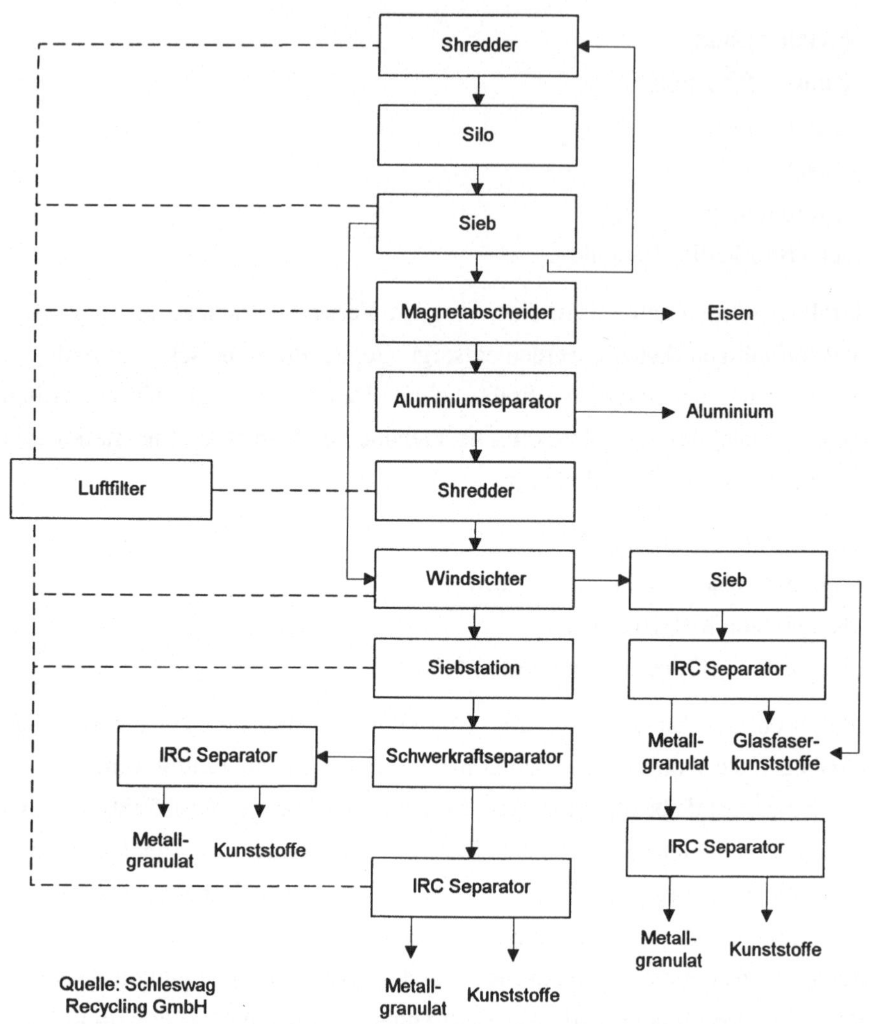

Abb. 9.3. Verfahrensschritte der physikalischen Zerkleinerung und Separierung des Schleswag-Verfahrens

Die aus dieser Stufe gewonnenen Sekundärrohstoffe sind Eisenmetalle, Aluminium, Mischmetallgranulat, sortenreine Kunststoffe sowie Kunststoffgemische (aus PVC, PE, PC, ABS, Epoxyd- und Phenolharzen und Papier). Die Metalle, bis auf das Mischmetallgranulat, gehen in die entsprechenden Hütten. Die sortenreinen Kunststoffe werden an Spezialbetriebe zur Weiterverarbeitung gegeben. Flammhemmerhaltige Kunststoffe werden laut Schleswag einem chemischen Recycling (Hydrierung) zugeführt.

Das Mischmetallgranulat wird in einer dritten Stufe - der elektrochemischen Metallrückgewinnung - weiter separiert. Dabei können Kupfer, Nickel und das Zinn-Blei-Gemisch elektrolytisch zurückgewonnen werden. Eine weitere Aufbereitung des verbleibenden Edelmetallgranulats ist in dieser Anlage oder in Scheideanstalten möglich.

Die gesamte Anlage ist gehäust und mit einem Abluftreinigungssystem ausgerüstet. Der entstehende Staub wird in Gewebefiltern zurückgehalten, organische Emissionen, wie z. B. ausgasende Phenole, werden über einen nachgeschalteten Aktivkohlefilter absorbiert. Das im Metallrückgewinnungsbetrieb benötigte Wasser wird mit einer Ionentauscheranlage, einer Membranelektrolyse und im Vakuumverdampfer behandelt. Das Prozeßwasser wird im Kreislauf gefahren.

Die Verwertungsrate soll nach Aussagen der Schleswag bis zu 95 % betragen, wobei hier keine Angaben über die Qualität der gewonnenen Sekundärmaterialien gemacht werden.

9.3 Das Verfahren der Reichart-Dassler Elektronic Recycling GmbH

Im Gegensatz zu dem oben beschriebenen Verfahren wird bei dem Konzept der Firma Reichart der Shreddereinsatz auf ein Mindestmaß begrenzt und auf eine konsequente manuelle Zerlegung gesetzt. Damit soll einer Schadstoffverschleppung durch Downcycling vorgebeugt werden. Auch hier steht am Anfang wieder eine Zerlegung der Geräte in Grobfraktionen:

- Eisen- und Metallschrott,
- Technische Kunststoffe,
- Leiterplatten,
- Stecker und Steckverbindungen,
- Kabel,
- Batterien und
- Glas (Bildröhren).

Diese Grobfraktionen werden nach unterschiedlichen Kriterien wie Stoffart, Recyclingmöglichkeit oder Schadstoffgehalt noch weiter in bis zu 70 Fraktionen separiert. Dabei erfolgt die Beseitigung von störenden Fremdstoffanteilen wie z. B. eingegossene Fremdmaterialien; bei den technischen Kunststoffen werden sogar anhaftende Aufkleber und Typenschilder entfernt. Die verwertbaren Fraktionen werden an die entsprechenden Weiterverarbeitungsbetriebe (Metallhütten, kunststoffverarbeitende Industrie) abgegeben.

Die Leiterplatten werden von allen Kondensatoren, Batterien und quecksilberhaltigen Bauteilen befreit. Die schadstoffentfrachteten Leiterplatten gehen nach einer Bemusterung und Qualitätskontrolle durch externe Probennehmer in die metallurgische Verhüttung zwecks Rückgewinnung der enthaltenen Buntmetalle. Die schadstoffhaltigen Bauteile werden mangels Aufarbeitungsmöglichkeiten unter Tage deponiert; Flüssigkristallanzeigen (LCD-Displays) werden in einer Sondermüllverbrennungsanlage verbrannt.

Die trotz hoher Demontagetiefe anfallenden Kunststoffgemische und flammhemmerhaltigen Kunststoffteile werden nach Zerkleinerung und Metallabscheidung thermisch verwertet.

Zusammen mit Kooperationspartnern, deren Qualitätsstandards vom TÜV zertifiziert werden, liegt der Jahresdurchsatz in den 7 Zerlegebetrieben und einem Verwertungszentrum bundesweit bei ca. 8.500 t.

Die beschriebenen Verfahren zeigen Wege des Elektronikschrottrecyclings. Auf der einen Seite ein hoher mechanischer Aufwand mit entsprechendem Investitionsumfang, auf der anderen Seite eine sorgfältige manuelle Zerlegung mit hoher Demontagetiefe, die einen sehr kosten- weil personalintensiven Schritt darstellt. Welche der beiden Vorgehensweisen sich letztendlich auf dem Markt etablieren wird, läßt sich zur Zeit nicht abschätzen.

9.4 Bildröhrenrecycling

Derzeit sind verschiedene verfahrenstechnische Konzeptionen in der Entwicklung, die teilweise in Pilotanlagen realisiert und erprobt werden. Der allgemeine Verfahrensablauf läßt sich in zwei Schritte untergliedern:

1. Trennung bzw. Zerkleinerung der Bildröhre,
2. Reinigung des Glases von Schadstoffen (Leuchtschicht).

Die Trennung von Schirm- und Konusglas kann zu Beginn des Recyclingprozesses oder in einer Trennstufe nach einer vorgeschalteten Zerkleinerung der Bildröhre erfolgen. Unabhängig von der Art der Trennung der Bildröhren wird eine der folgenden Reinigungstechniken zur Schadstoffentfrachtung, vor allem des Schirmglases, angewendet:

- Mechanische Trockenverfahren mit Bürsten, Strahlmitteln oder trockenen Mahlverfahren mit anschließender Schadstoffrückhaltung durch Abluftreinigung;
- Naßmechanische Verfahren ohne Waschchemikalienzusätze mit anschließender Schadstoffrückhaltung durch Prozeßwasseraufbereitung;
- Chemische Naßverfahren, teilweise mit Ultraschallunterstützung. Hier können die Schadstoffe durch die Wiederaufbereitung der eingesetzten Chemikalien entfernt werden.

Die einzelnen Verfahren der beiden Schritte können beliebig kombiniert werden. Die Vor- und Nachteile der unterschiedlichen Anlagenkonzeptionen sind in Tabelle 9.1 aufgeführt.

Tabelle 9.1. Vorteile und Nachteile von Anlagenkonzepten zum Bildröhrenrecycling (Maier 1994)

Verfahren	Vorteile	Nachteile
vorherige Trennung	bessere Verwertbarkeit der getrennten Gläser; anschließend schnellerer Prozeßablauf, da Metalle bereits separiert sind	Automatisierung schwierig; Personalkosten hoch; Arbeitsschutz problematisch
keine oder nachträgliche Trennung	Vollautomatischer Ablauf möglich, daher sehr kostengünstig	Sortenreinheit der Fraktionen eingeschränkt, Verwertbarkeit schwieriger
Trocken-mechanische Trennung	kein Abwasser	Aufwendige Kapselung und Abluftreinigung erforderlich; Arbeitsschutz bei manuellen Verfahren problematisch
Naßmechanische Trennung	Sehr gute, kontrollierbare Reinigungsleistung; Wasser kann im Kreislauf gefahren werden	Prozeßwasseraufbereitung erforderlich
Naßchemische Trennung	geringer mechanischer Verschleiß	Regelmäßiger Wechsel der Chemikalien erforderlich; Umwelt- und Kostenproblem; nicht für alle Schirm- und Konusbeschichtungen geeignet

Nachfolgend werden die beiden grundlegenden Arten von Bildröhren-Recyclingverfahren am Beispiel des mechanischen Trockenverfahrens der Firma VICOR GmbH und des Naßverfahrens der Firma Züblin dargestellt.

9.4.1 Verfahrensbeschreibung Trockenverfahren

In einer Demontageeinrichtung, die die Größe der Bildröhren automatisch erkennt und sich entsprechend anpaßt, werden die Röhren fixiert. Zunächst wird der Implosionsschutz und der Systemhals entfernt. Mit Hilfe eines elektrisch erhitzten Wolframdrahtes werden Konus- und Schirmglas getrennt. Durch das unterschiedliche Ausdehnungsverhalten unter Wärmeeinwirkungen entstehen mechanische Spannungen in der Bildröhre. Die Röhre reißt an der Verbindungsstelle der beiden Gläser. Dadurch lassen sich Konusglas, Lochmaske und Schirmglas trennen.

Die Leuchtstoffe des Schirmglases werden mit Bürsten und daran angeschlossenen Industriestaubsaugern entfernt und verbleiben in einem geschlossenen Behälter des Filtersystems.

Die Gläser werden nach einer Zerkleinerung der Verwertung (z. B. Verhüttung[5]) zugeführt. Eine Entfernung der Eisenoxid-, Graphit- oder Polymerbeschichtung des Konusglases ist nicht vorgesehen.

Die Kapazität der Anlage beträgt je nach Typ zwischen 40.000 bis 200.000 Bildröhren pro Jahr.[6]

9.4.2 Verfahrensbeschreibung Naßverfahren

Die demontierten und mittels eines Laserstrahls belüfteten Bildröhren werden über ein Förderband der ersten Stufe zugeführt. In dieser Zerkleinerungsstufe, die zur Vermeidung von Lärm- und Staubemissionen gekapselt ist, werden die Bildröhren auf eine Korngröße kleiner 120 mm zerkleinert.

Nach Abscheidung der Eisenmetalle erfolgt in der zweiten Stufe die Zuführung der Scherben zu einem Wäscher, in dem unter Einhaltung geregelter Waschzeiten und Zugabe von im Kreislauf geführten Wasser eine Entfernung der Leuchtschicht von den Scherben erfolgt. Nach Angaben des Herstellers werden bei diesem Verfahren auch die Beschichtungen des Konusglases entfernt, so daß klare Glasscherben entstehen. Es handelt sich hierbei um einen rein mechanischen Prozeß, ohne den Zusatz von Waschchemikalien. Die im Prozeßwasser enthaltenen Feinschlämme werden in einer nachgeschalteten Prozeßwasseraufbereitung abgetrennt und als Sonderabfall entsorgt.

---

[5] Mit bis zu 21 Gew.-% besitzt das Konusglas einen höheren Bleigehalt als in der Natur vorkommendes Bleiglanz (PbS) und stellt somit einen wertvollen Einsatzstoff für Bleihütten dar.

[6] VICOR GmbH: Firmeninformation 1996

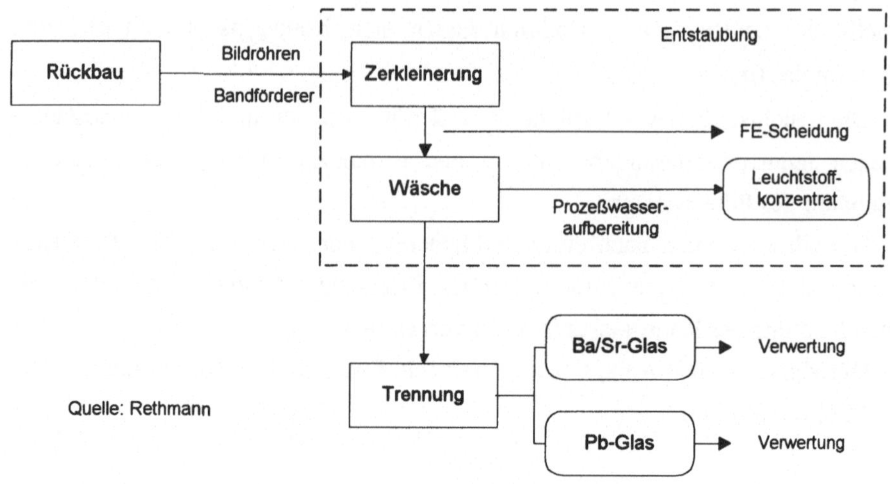

Abb. 9.4. Verfahrensschema des Züblin Bildröhren-Recyclings

In einer dritten Stufe der Bildröhren-Aufbereitung können die beiden Glasfraktionen der Bildröhren, Schirm- und Konusglas, optional mittels geeigneter Sortierverfahren getrennt werden. Dies hängt von dem weiteren Verwendungszweck der Gläser ab. Dabei entsteht eine Fraktion mit ca. 90 % Schirmglas-Anteil (bleiarm) und eine Fraktion Mischglas. Auch eine vorgeschaltete Trennung von Schirm- und Konusglas ist möglich, erfordert aber einen chargenweisen Betrieb der Anlage. Das gewonnene Sekundärmaterial entspricht den an Baustoffe gestellten Prüfkriterien RCL 1 und RCL 2. Die Kapazitäten schwanken je nach Auslegung der Anlage zwischen 150.000 bis 300.000 Bildröhren pro Jahr.

Aufgrund der oben beschriebenen unterschiedlichen Zusammensetzungen und Rezepturen der Gläser wird der Wiedereinsatz des schadstoffentfrachteten Glases als Ausgangsmaterial für neue Bildröhren bislang nicht durchgeführt. Hier ist eine Vereinheitlichung der chemischen Zusammensetzung der Gläser dringend geboten. Ansätze einer standardisierten Konusglasrezeptur werden von der Industrie bereits verfolgt (vgl. Kapitel 10 „Optionen zur ökologischen Optimierung von TV-Geräten"). Bei Schirmgläsern verhindern Modetrends, wie z. B. die schwarze Einfärbung des Glases, vereinheitlichte Glaszusammensetzungen. Daher wird das wiedergewonnene Glas heute als Verfüllungsmaterial für Untertagestollen oder als Zuschlagstoff in der Keramik- und Glasindustrie sowie in der Bleiverhüttung eingesetzt. Der Einsatz als Baustoff ist aber umstritten, da über die Eluierbarkeit der im Glas enthaltenen Schwermetalle unterschiedliche Aussagen bestehen. So kommen Analysen des Eluates zu dem Ergebnis, daß eine Ablagerung der Gläser auf Hausmülldeponien nicht zulässig ist (Behrendt 1996, S. 51).

9.5 Vergleich der Entsorgungswege

Für die Bilanzierung des Referenzgerätes wurde von einem werkstofflichen Recycling ausgegangen. Zur Übersicht über die verschiedenen Entsorgungswege werden im folgenden mögliche Entsorgungswege - Elektronikschrottrecycling, Deponierung und Müllverbrennung - betrachtet.

9.5.1 Elektronikschrottrecycling

Die energetischen Aufwendungen für den Betrieb einer Elektronikschrottrecyclinganlage liegen je nach dem Grad des Einsatzes von mechanischen Aufbereitungsverfahren zwischen 20 kWh/t[7] bis 110 kWh/t[8]. Das entspricht einem Primärenergieverbrauch von 7,6 bis 40,7 MJ für einen Fernseher. Für das Referenzgerät wurde mit einem Mittelwert von 25 MJ gerechnet. Für die weitere Aufbereitung von Kunststoffen kommt zusätzlich ein Betrag von 7 MJ/kg für die Anwendung eines kombinierten Hydrozyklon/Schwimm-Sink-Verfahrens für eine sortenreine Trennung hinzu.

Für die Anlage wird von einem Gesamtmaterialverlust von 6 Gew.% ausgegangen. Metalle, mit Ausnahme von Blei, können als sortenreine Granulate den entsprechenden Verarbeitungsprozessen (Stahlschmelze, galvanische Aufbereitung usw.) zugeführt werden. Dadurch entfallen die entsprechenden energetischen Aufwendungen beim Rohstoffabbau. Weiterhin ist mit dem Einsatz von Metallschrott teilweise ein erhebliches Einsparungspotential bei der weiteren Verarbeitung verbunden. So benötigt man zur Produktion von Aluminium aus Sekundäraluminium nur 5 % der sonst üblichen Energiemenge.

---

[7] Schöps, D.: ELPRO Elektronik-Produkt Recycling GmbH, Braunschweig. Persönliche Mitteilung vom 8. August 1994

[8] Fröhlich, G.: Noell Abfall- und Energietechnik GmbH, Niederlassung Gosslar. Persönliche Mitteilung vom 14. Dezember 1994

Für die vollständig zurückgewonnenen Metalle (390 g Aluminium, 1,75 kg Eisen/Stahl und 1 kg Kupfer) summieren sich die Gutschriften zu 221,9 MJ.

Bei den eingesetzten Gehäusekunststoffen sind aufgrund der in Kapitel 9.1.3 dargestellten Probleme (Trennbarkeit, Lackierungen, Werkstoffdegradation) nur rund 25% für den gleichen Einsatzzweck recyclebar. Für diese ca. 1,75 kg, die nach der Aufbereitung als einsetzbares, mit Neuware vergleichbares Granulat vorliegen, kann der gesamte Rohstoffgewinnungs- und Verarbeitungsprozeß substituiert werden. Damit ergibt sich eine Energiegutschrift von 221,0 MJ.

Die energetischen Aufwendungen für Elektronikschrott- und Kunststoffrecycling betragen in Summe ca. 47,6 MJ. Somit läßt sich ein Betrag von 395,3 MJ Primärenergie einsparen.

Die zu entsorgende Abfallmenge beträgt 30,0 kg. Außerdem entfällt durch die Gewinnung von Sekundärmaterialien die mit dem Abbau verbundene Abfall- und Abraummenge, weshalb eine Abfall- bzw. Abraumgutschrift von 291,8 kg erfolgt.

9.5.2 Deponie

Mit der Ablagerung eines Fernsehers auf einer Hausmülldeponie sind energetische Aufwendungen für Transport, Verdichtung des Deponiekörpers sowie Sickerwasseraufbereitung über einen langen Zeitraum verbunden. Es ist von einem Energiebedarf von etwa 1,8 MJ Primärenergie auszugehen. Die Abfallmenge entspricht dem Gesamtgewicht des Fernsehers von 36,2 kg.

9.5.3 Müllverbrennung

Bei der Behandlung eines Fernsehers in einer Müllverbrennungsanlage läßt sich eine Energiegutschrift durch den Heizwert der brennbaren Materialien erzielen. Da dieser Anteil bei einem Fernseher durch den Einsatz von flammhemmenden Zusätzen und der großen Menge an Glas und Metall naturgemäß relativ gering ist, kann maximal von einer Gutschrift von 122,8 MJ Primärenergie ausgegangen werden. Dies entspricht dem Heizwert des nicht mit Flammhemmern ausgerüsteten Polystyrols (3,1 kg mit einem Heizwert von 40 MJ/kg).

Durch die thermische Behandlung reduziert sich die Abfallmenge auf etwa 32 kg.

Die folgenden Abbildung zeigt den jeweiligen Primärenergiebedarf bzw. Energiegutschriften sowie die anfallenden Abfallmengen der drei betrachteten Verwertungs- und Entsorgungsverfahren des Referenzgerätes.

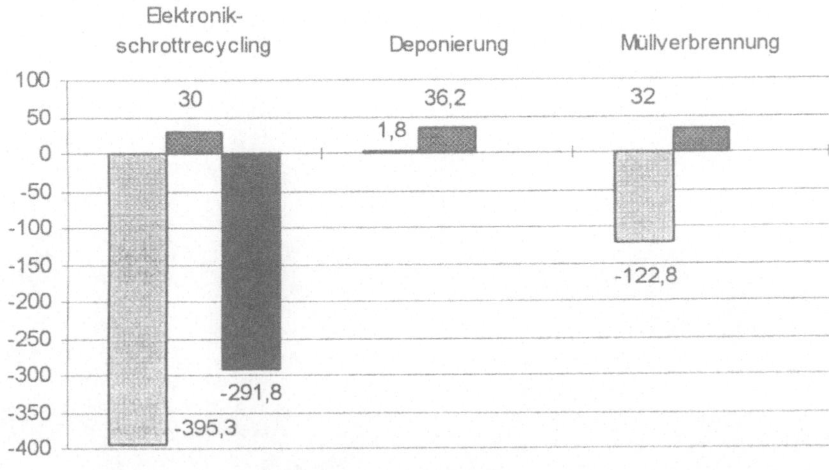

Abb. 9.5. Primärenergiebedarf bzw. -gutschrift, entstehende und vermiedene Abfall-/Abraummengen bei der Verwertung und Entsorgung.

10 Zusammenfassung der Sachbilanzergebnisse für das Referenzgerät

10.1 Vorbemerkungen

Das vorliegende Datenmaterial erlaubt die Aufstellung einer orientierenden Sachbilanz entlang des Lebenszyklus, wobei die Energieverbräuche und Abfallmengen durchgängig berechnet oder zumindest begründet geschätzt werden.

10.2 Herstellung der Baugruppen

Der werkstoffliche Primärenergieverbrauch des Referenzgerätes (1.447 MJ) wird mit 59 % durch das Kunststoffgehäuse dominiert, 22 % entfallen auf die Bildröhre und 17 % auf die passiven Bauelemente. Der Hauptanteil des fertigungsbedingten Energieverbrauchs (1.370 MJ) liegt bei der Herstellung der Bildröhre und der aktiven Bauelemente. Die Summe der Abfälle beträgt 13 kg.

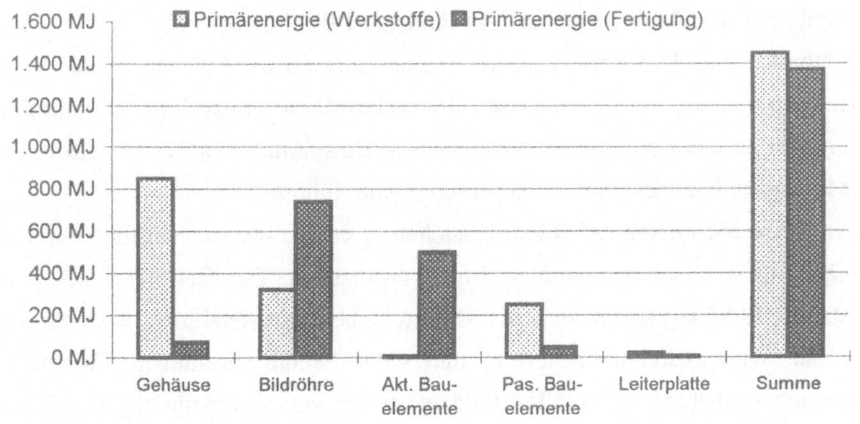

Abb. 10.1. Primärenergieverbrauch für die Bauteile bzw. Baugruppenherstellung

10.2.1 Gehäuse

Für das Gehäuse beträgt der kumulierte Primärenergieaufwand 923 MJ. Dies entspricht einem Anteil von 30 % der Energieaufwendungen für die Herstellung eines Gesamtgerätes. Von den rund 850 MJ, die auf die Bereitstellung der Werkstoffe entfallen, gehen ca. 63 % als 'feedstock' (Energiegehalt des Werkstoffs) in den Energieverbrauch ein. Der Energieaufwand für das Spritzgießen des Gehäuses beträgt 73 MJ. Damit benötigt die Fertigung des Gehäuses weniger als 10 % des werkstofflichen Primärenergieverbrauchs im Lebenszyklus. Dementsprechend hoch ist das Einsparungspotential, wenn die Gehäusewerkstoffe recycelt werden.

Die produktionsbedingten Abfälle belaufen sich auf 0,12 kg, wovon 0,07 kg Kunststoffabfälle - teilweise mit Flammhemmern - sind. Bei der Konfektionierung der Frontblende fallen rd. 0,05 kg Lackschlamm an, der als besonders überwachungsbedürftiger Abfall zu deponieren bzw. thermisch zu behandeln ist. Außerdem werden pro Gehäuse ca. 50 g organische Lösungsmittel in die Luft freigesetzt.

10.2.2 Bildröhre

Der gesamte Primärenergieverbrauch der Bildröhrenproduktion beträgt 1060 MJ. Davon entfallen 320 MJ auf die werkstoffliche Bereitstellung der Bildröhrengläser und 740 MJ auf die Fertigung mit den Prozeßschritten Verpressen und Abschleifen der Gläser, Montage mit Auftragen der Leuchtstoffe, Einsetzen der Lochmaske und Elektronenkanone, Evakuierung sowie Anlegen einer Hochspannung und abschließendem Test. Ein werkstoffliches Recycling der Bildröhre kann also zu einer maximalen energetischen Einsparung von 320 MJ abzüglich des Energieaufwandes für den Recyclingvorgang führen.

An prozeßbedingten Abfällen entstehen 1,46 kg, wobei hausmüllähnliche Abfälle mit 0,56 kg den größten Anteil ausmachen. Die Gewerbeabfälle und Reststoffe (0,85 kg) setzen sich aus Abfallscherben mit Metallpins, Rückständen aus der Wasser-Entkarbonisierung und Gewerbemüll zusammen. Besonders überwachungsbebürftige Abfälle (0,05 kg) setzen sich aus bleihaltigem Schleifabrieb, bleioxidhaltigem Kammerkondensat, Öl-Wassergemisch, Ölen, ölverunreinigten Betriebsmitteln, anorganischen Stoffen mit Schwermetallen sowie

Leuchtstoffen zusammen. Die energiebedingten Aschen und Schlacken betragen rund 1,67 kg.

10.2.3 Aktive und Passive Bauelemente

Der Primärenergieeinsatz für die Herstellung der aktiven und passiven elektronischen Bauelemente erfordert 805 MJ Primärenergie. Der Energieanteil liegt bei 28 % des Gesamtenergieverbrauchs zur Herstellung des TV-Referenzgeräts.

Im einzelnen ergibt sich für die aktiven und passiven Bauteile ein heterogenes Bild. Während die Bereitstellung der Werkstoffe für die aktiven Bauelemente (Gewicht: 87 g) nur rund 5 MJ Primärenergie erfordert, beträgt der werkstoffbedingte Primärenergieverbrauch bei den passiven Bauelementen 250 MJ bei einem Gesamtgewicht von 2.090 g.

Im Gegensatz dazu kehren sich die Primärenergieverbräuche bei der Fertigung der Bauteile um: Für die aktiven Bauteile werden ca. 500 MJ und für die passiven Bauelemente rd. 50 MJ benötigt. Der Energieverbrauch bei den aktiven Bauelementen ist hauptsächlich auf die energieintensive Siliziumchipherstellung (u.a. Schaffung von Reinsträumen) zurückzuführen. Hierbei fallen auch die größten Abfallmengen (10,1 kg) an. Die Abfälle bei der Fertigung von passiven Bauteilen machen nur rd. 10 % der Abfallmenge der aktiven Bauteile aus. Der Abfall setzt sich u.a. zusammen aus flüssigen Chemikalien und Gehäuseabfällen aus Kunststoffen mit Zusätzen von Antimontrioxid (besonders überwachungsbedürftiger Abfall). Die energiebedingten Abfälle sind entsprechend dem Primärenergieaufwand hoch (1,3 kg Aschen und Schlacken zur Beseitigung/Verwertung).

Die Produktion von elektronischen Bauteilen ist insgesamt umweltintensiv. Hierbei sind das Reinigen und Dotieren mit den damit verbundenen Emissionen (toxische Reaktionsgase) hervorzuheben. Ein gesundheitliches Risiko besteht für Arbeitnehmer im Aufbringen der Halbleiter auf die Leiterplatte.

Ein werkstoffliches Recycling ist lediglich für die passiven Bauteile interessant. Hierbei können bei vollständiger Verwertung rd. 250 MJ abzüglich der energetischen Aufwendungen für das Recycling und den entstehenden Materialverlusten gutgeschrieben werden. Kabel sowie Abschirm- bzw. Kühlbleche lassen sich werkstofflich einfach recyceln, da sie nur aus einem Metall und ggf. aus einem Kunststoff bestehen. Bei Verbund-Bauelementen ist ein vollständiges werkstoffliches Recycling kaum zu realisieren. Bei diesen Bauelementen werden in der Regel nur die wertvolleren Metalle (u.a. Gold, Silber, Kupfer) zurückgewonnen.

Sinnvoller als ein Werkstoffrecycling wäre jedoch eine Wiederverwendung von einzelnen Bauteilen - dies trifft insbesondere auf die aktiven Bauelemente zu, deren Energierelevanz fast ausschließlich in der Herstellung liegt.

10.2.4 Leiterplattenfertigung

Der Energieverbrauch für die Herstellung der Leiterplatte ($0{,}13\ \text{m}^2$) ist im Vergleich zu den anderen Baugruppen mit insgesamt 29 MJ gering. Davon entfallen rd. 22 MJ auf die Basismaterialbereitstellung und ca. 7 MJ auf die eigentliche Fertigung der Leiterplatte. Dies ist rd. 1 % des Gesamtenergiebedarfs der Herstellung.

Von ökologischer Bedeutung sind die entstehenden Abfälle und Abwässer. Sie sind charakterisiert durch einen hohen Gehalt an Kupfer und Komplexbildnern. Darüber hinaus können bei der Leiterplattenherstellung halogenierte Lösemittel und flüchtige Kohlenwasserstoffe freigesetzt werden. Die gesamten Abfälle der Leiterplattenherstellung betragen 0,05 kg feste Abfälle und 0,25 kg flüssige Abfälle ($CuCl_2$), die in der Regel verwertet werden. Je nach Stand der Abwasserreinigung fallen Schlämme an, die als besonders überwachungsbedürftiger Abfall deponiert oder ggf. verwertet werden.

10.3 Montage

Die Montage umfaßt die Leiterplattenbestückung, die Endmontage des Fernsehgeräts sowie die Endkontrolle. Für das Referenzgehäuse aus PS und PPE-PS (Blend aus Polyphenylether-Polystyrol, Noryl) wurde ein Primärenergiebedarf von 53 MJ ermittelt.

10.4 Distribution

Die Distribution eines Fernsehgerätes verursacht bei einer angenommenen Transportstrecke von 300 km einen Primärenergieverbrauch in der Größenordnung von 95 MJ. Davon entfallen 70 MJ auf den Transport vom Produzenten zum Händler. Es wird von einem Modalsplit von 95 % per LKW und 5 % per Bahn zugrundegelegt. 25 MJ entfallen auf den Transport vom Händler zum Kunden. Da dieser in der Regel per PKW erfolgt, liegt der Primärenergieverbrauch anteilsmäßig bei 26 %, obgleich die Transportstrecke im Durchschnitt nur 20 km beträgt.

10.5 Nutzungsphase

Bei einer Leistungsaufnahme von 105 W und einer durchschnittlichen Nutzungsdauer von 3 Stunden pro Tag ergibt sich über die Lebensdauer von ca. 12 Jahren pro Fernsehgerät ein Stromverbrauch von 1380 kWh (= 4970 MJ_{el}).

Hinzu kommt noch der Energieverbrauch für den Stand-By-Betrieb. Hier liegt die Leistungsaufnahme bei durchschnittlich 7 W. Dies führt zu einem Stromverbrauch von 645 kWh in 12 Jahren.

Bei einem durchschnittlichen Wirkungsgrad bei der Stromerzeugung von $\eta = 0{,}36$ ergibt sich ein Primärenergieverbrauch für den Normalbetrieb von 16.010 MJ und 7.480 MJ für den Stand-By-Betrieb.

Der Betrieb eines Fernsehgerätes erzeugt nur indirekt durch die Bereitstellung von elektrischer Energie Abfall. Die Mengen summieren sich allerdings über die gesamte Lebensdauer zu erheblicher Größe. Die mit dem Stromverbrauch verbundenen Abfallmengen setzen sich folgendermaßen zusammen:

Der Abbau der Primarenergieträger wie Steinkohle und Braunkohle verursacht eine Abraummenge von 3,6 Mg. In den Kraftwerken fallen noch einmal etwa 55,6 kg Aschen und Schlacken an, von denen die Hälfte weiterverarbeitet werden kann. Zusätzlich entstehen durch die Rauchgasentschwefelung noch 19,7 kg Gips, die aber vollständig weiterverarbeitet werden können.

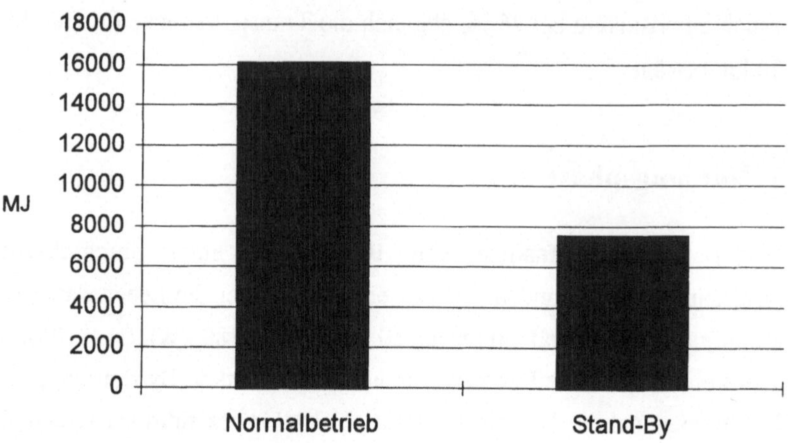

Abb. 10.2. Primärenergiebedarf in der Gebrauchsphase eines Fernsehers.

10.6 Nachnutzungsphase

Fernsehgeräte werden heute hauptsächlich über den Sperrmüll und dem Handel dem Elektronikschrottrecycling zugeführt. Nach Aussagen kommunaler Entsorger wird ein geringer Teil deponiert oder in Müllverbrennungsanlagen entsorgt.

10.6.1 Recycling

Grundsätzlich reicht die Spannbreite der Recyclingverfahren von Shreddern bis zur manuellen Zerlegung in sortenreine Fraktionen mit anschließender Verwertung der Fraktionen. Bei der Sachbilanz wurde von einer Zerlegung in die Hauptfraktionen Bildröhre, Gehäuseteile, Kabelbaum und Chassis, ausgegangen.

Für die weitere Behandlung der einzelnen Fraktionen sind derzeit folgende Verfahren üblich:

Gehäuse: Von den eingesetzten Kunststoffen sind nur rund 25% nach einer sortenreinen Trennung hochwertig verwertbar. Für das Recycling stehen die werkstofflichen Verfahren wie Regranulation mit anschließender Extrusion zur Verfügung. Da die Altkunststoffe nach der Aufbereitung als einsetzbares, mit Neuware vergleichbares Granulat vorliegen, kann der gesamte Rohstoffgewinnungs- und Verarbeitungsprozeß substituiert werden. Nach Abzug des Massenverlustes verbleibt eine Energiegutschrift von 221 MJ.

Elektronik: Die Aufbereitungsverfahren für Elektronikschrott zielen vorrangig auf die Rückgewinnung des Eisens, des Kupfers und der Edelmetalle ab. Die technischen Kunststoffe (bis zu 40 verschiedene Sorten) der elektronischen Bauteile lassen sich aufgrund von Verunreinigungen und der ungenügenden Trennbarkeit nicht werkstofflich verwerten. Zusätzlich sind diese Kunststoffe stark belastet. Sie enthalten halogenhaltige Flammhemmer, meist in Kombination mit dem krebsverdächtigen Antimontrioxid. Bei der mechanischen Behandlung, z. B. Shreddern der Platinen, können diese Stoffe von den Bruchkanten aus in die Umwelt gelangen. Bei thermischen Behandlungsverfahren besteht darüber hinaus die Gefahr der Dioxinbildung, die ebenfalls von einigen halogenierten Flammhemmern ausgeht.

Kabel: Kabel werden in speziellen Kabelzerlegungsbetrieben mechanisch in Metall- und Kunststoffanteile, derzeit fast ausschließlich PVC, getrennt. Das Kupfer wird recycelt. Die PVC-Anteile gelangen auf die Deponie.

Bildröhre: Zur Zeit sind verschiedene verfahrenstechnische Konzeptionen in der Entwicklung, die teilweise in Pilotanlagen erprobt werden. Nach dem Stand der Technik können die Gläser aufgrund herstellerspezifischer Glaszusammensetzungen nicht zu neuen Bildröhren recycelt werden. Die Gläser lassen sich derzeit hauptsächlich als inertes Füllmaterial etwa im Straßen- und Tunnelbau, zur Passivierung radioaktiver Abfälle oder als Zuschlagstoff für die Flugaschenverschmelzung einsetzen. Die Leuchtschicht muß als Sondermüll entsorgt werden.

Berücksichtigt man die vorgenannten Recyclingbedingungen, lassen sich lediglich 6 kg recyceln, 30 kg müssen als Abfall entsorgt werden. Allerdings entfällt durch die Gewinnung von Sekundärmaterialien die mit dem Rohstoffabbau verbundene Abfall- und Abraummenge. Daher läßt sich eine Gutschrift von 292 kg anrechnen. Auch in Bezug auf den Energieverbrauch wird Primärenergie eingespart. Durch Elektronikschrottrecycling läßt sich nach Abzug der zum Betrieb der Anlage benötigten energetischen Aufwendungen ein Betrag von 395,3 MJ Primärenergie einsparen. Dies entspricht 28 % der Energieaufwendungen zur Werkstoffbereitstellung.

10.6.2 Deponierung

Mit der Ablagerung eines Fernsehers auf einer Hausmülldeponie sind energetische Aufwendungen für den Transport, die Verdichtung des Deponiekörpers sowie die Sickerwasseraufbereitung über einen langen Zeitraum verbunden. Die Deponierung des Elektronikschrotts führt zur Freisetzung von flüchtigen organischen Verbindungen, während sich im Sickerwasser Schwermetall-, Buntmetall- und organische Verbindungen wiederfinden. Es ist von einem Energiebedarf von etwa 1,8 MJ Primärenergie auszugehen. Die Abfallmenge entspricht dem Gesamtgewicht des Fernsehers von 36,2 kg.

10.6.3 Müllverbrennung

Bei der Behandlung eines Fernsehers in einer Müllverbrennungsanlage läßt sich eine Energiegutschrift durch den Heizwert der brennbaren Materialien erzielen. Da dieser Anteil bei einem Fernseher durch den Einsatz von flammhemmenden Zusätzen und der großen Menge an Glas und Metall mit 4,2 kg an brennbaren Materialien gering ist, kann maximal von einer Gutschrift von 122,8 MJ Primärenergie ausgegangen werden, was dem Heizwert des nicht mit Flammhemmern ausgerüsteten Frontteils aus Polystyrol entspricht (3,1 kg mit einem Heizwert von 40 MJ/kg).

Durch die thermische Behandlung läßt sich die Abfallmenge auf etwa 32 kg reduzieren.

Es muß jedoch auch berücksichtigt werden, daß bei der Verbrennung eines Fernsehgerätes etwa 1 kg Sonderabfall (RGR-Salze, Stäube) entstehen und leichtflüchtige Schwermetalldämpfe, Stäube und organische Verbindungen von der Anlage emittiert werden. Bei der Verbrennung von Kunststoffen, die halogenierte Flammschutzmittel enthalten, besteht die Gefahr der Bildung von Dioxinen und Furanen. Eine thermische Behandlung von PVC aus der Kabelummantelung führt zur Entstehung von Salzsäure, kann aber auch zur Bildung von Dioxinen beitragen (vgl. Kapitel 15.5).

10.7 Lebenszyklus des Referenzgeräts

In Abb. 10.3 sind die Ergebnisse über den gesamten Lebenszyklus zusammengefaßt. Dargestellt sind die Primärenergieaufwendungen und Abfallmengen:

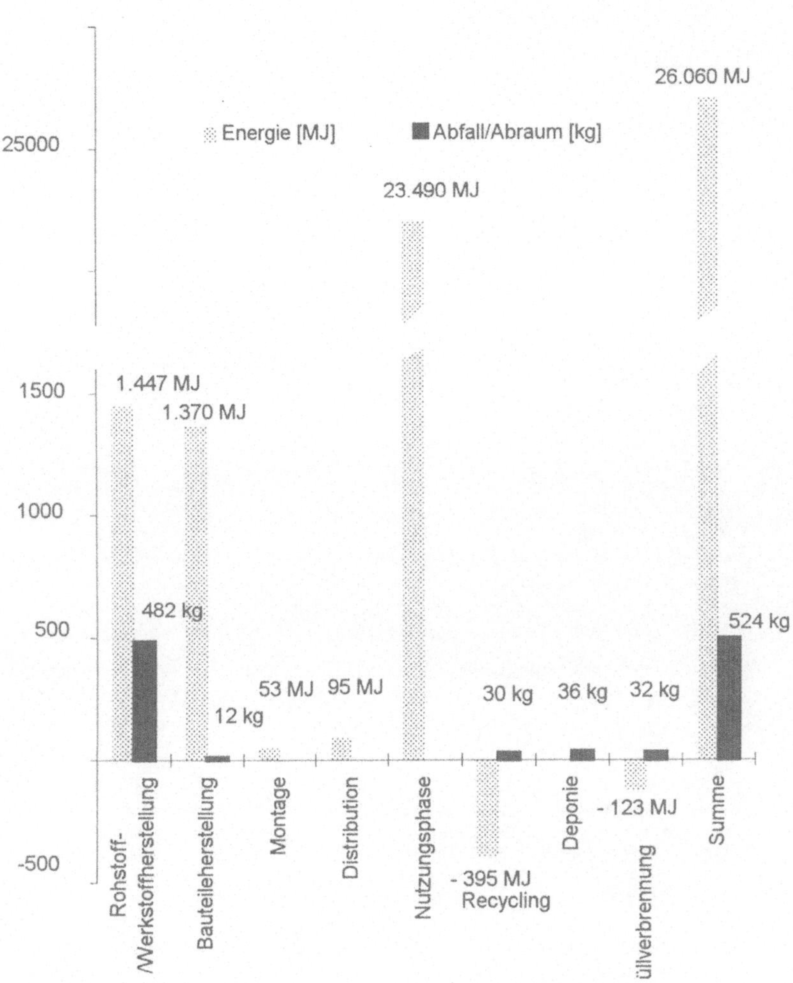

Abb. 10.3. Primärenergiebedarf [MJ] und Abfall-/Abraummengen [kg] in den einzelnen Lebensphasen des Referenzgerätes.

11 Optionen zur ökologischen Optimierung von Fernsehgeräten

Heute beschäftigen sich alle Hersteller von Fernsehgeräten mit einer umweltgerechten Produktgestaltung. Neben dem Ansatz, möglichst recyclingfreundliche und gekennzeichnete Werkstoffe einzusetzen, wird vor allem eine Reduktion der Materialvielfalt angestrebt. Besonders Kunststoffe spielen dabei eine Rolle. So wurde die Anzahl der Kunststoffe im Gehäuse in einigen Fällen von 14 auf 4 reduziert. Bestimmte Verbundwerkstoffe im Gehäusebereich wie PVC-beschichtete Spanplatten wurden eliminiert. Ein weiterer Schwerpunkt liegt in der Konstruktion leicht zerlegbarer Geräte. Weiterhin wurde das Augenmerk auf bestimmte kritische Schadstoffe gelenkt. So wird seit über 10 Jahren auf den Einsatz von polychlorierten Biphenylen (PCB) in Kondensatoren verzichtet. Bestimmte bromhaltige flammhemmende Substanzen wie z. B. Decabromdiphenylether werden heute nicht mehr eingesetzt. Bezüglich der Rückwand wurden bromierte Flammhemmer durch halogenfreie Verbindungen substituiert, in der Regel durch schwach toxische organische Phosphatverbindungen. Von europäischen Herstellern wird seit 1992 in Bildröhren kein Cadmiumsulfid mehr verwendet.

Trotz erkennbarer Verbesserungen bestehen weitere Optimierungspotentiale zur Verringerung der Umweltbelastungen entlang des Lebenszyklusses von Fernsehern. So ist z. B. mit den üblichen Ansätzen zur entsorgungsfreundlichen Gestaltung komplexer Produkte (z. B. Verringerung der Materialvielfalt, Werkstoffkennzeichnung) die Problematik von Elektronikschrott nicht zu lösen. Vielmehr bedarf es weitergehender Optimierungskonzepte, die sich auf die Reduzierung des Energieverbrauchs, die Verringerung des Materialeinsatzes, die schadstoffarme Gestaltung der Bauteile und die Verlängerung der Lebensdauer sowie die Wiederverwendung von Bauteilen und Baugruppen beziehen. Optimierungspotentiale bestehen insbesondere auch beim Einsatz von Recyclaten bei der Neuproduktion von Fernsehgeräten. So fehlt es bisher weitgehend an einer sortenreinen Trennung von Kunststoffen. Sie ist Voraussetzung für ein hochwertiges Recycling, wohingegen Massenstromverfahren wie z. B. Shreddern unterschiedlich aufgebauter Geräte zwangsläufig zu Qualitätsverlusten der Werkstoffe führen, so daß das Recyclingmaterial praktisch keiner originären Verwertung zugeführt werden kann.

Obgleich gerade die Erhöhung der Lebensdauer in hohem Maße zur Reduktion von Stoff-, Energie- und Schadstoffströmen beitragen könnte, besteht hier derzeit keine Möglichkeit diese Strategien bei Fernsehgeräten umzusetzen. So liegt die durchschnittliche Lebensdauer von Fernsehgeräten bereits bei 10-15 Jahren. Bestimmt wird die Lebensdauer im wesentlichen von der Bildröhre. Prinzipiell wird davon ausgegangen, daß heute hergestellte Bildröhren länger funktionsfähig bleiben als vorangegangene Bildröhrengenerationen. Langzeiterfahrungen fehlen bislang. Die Elektronik ist so ausgelegt, daß diese Lebensspanne normalerweise erreicht wird. Sie läßt sich durch eine Senkung der Betriebstemperaturen beispielsweise durch eine verbesserte Wärmeableitung durchaus erhöhen. Betriebstemperaturen, die um 10° C niedriger liegen, können nach groben Schätzungen zu einer Verdopplung der technischen Lebensdauer der Elektronik führen.

Hinsichtlich der Wiederverwendung von Bauteilen oder Baugruppen aus alten Fernsehgeräten ist festzustellen, daß diese praktisch nicht stattfindet. Das Wiederverwenden von Bauteilen ist nur bei Produkten möglich, die entweder eine relativ kurze Nutzungszeit haben oder deren technische Entwicklung einen Sättigungsgrad erreicht hat. Beides ist bei Fernsehgeräten nicht der Fall. Vor allem die fortschreitende Miniaturisierung und damit Spezialisierung von Schaltkreisen steht einer Wiederverwendung entgegen. Daher beschränkt sich der Einsatz aufgearbeiteter Baugruppen aus Altgeräten auf den Geräteservice. Es handelt sich hierbei um die Wiederverwendung elektronischer Bauelemente vor allem beim Reparatur- und Ersatzteilgeschäft.

Ein weiteres Hemmnis hinsichtlich der ökologischen Optimierung von Fernsehgeräten ist in der Bildröhre zu sehen. Die Bildröhre ist hinsichtlich ihres Gewichts, der verwendeten Materialien und des Energieverbrauchs neben der Schadstoffproblematik der Elektronik ein Hauptproblem der umweltgerechten Gestaltung von Fernsehgeräten. Bisher sind keine umweltfreundlichen und wirtschaftlichen Alternativen zu Kathodenstrahlröhren in naher Zukunft absehbar. Ein wichtiger Ansatz besteht jedoch darin, die bisher von Gerät zu Gerät unterschiedliche Zusammensetzung der Bildröhren zu standardisieren. Dadurch könnten bis zu 50 % des Konusglases wiederverwertet, d.h. zur Herstellung neuer

Bildröhren genutzt werden. Entsprechende Bemühungen werden seit 1994 im Rahmen eines Arbeitskreises „Bildröhrenrecycling im ZVEI" von verschiedenen TV-Herstellern bzw. Bildröhren-Produzenten verfolgt (AK Bildröhrenrecycling im ZVEI, 1996).

Bisher ist offen, ob alternative Technologien zu Bildschirmen signifikante Umweltentlastungen bewirken. Hervorzuheben sind in diesem Zusammenhang in Entwicklung befindliche Technologien wie z. B. Laser-Fernsehgeräte, LCD-Bildschirme und Plasmabildschirme.

Bei Laser-TV-Geräten wird das Bild auf einen Schirm projeziert. Für die horizontale Bildherstellung sorgt eine Trommel mit 32 Spiegeln, die sich mit 10.000 Umdrehungen pro Minute waagrecht dreht. Auf sie werden synchronisiert Laserstrahlen geworfen. Die Spiegel lenken bei ihrer Drehung die Strahlen auf die entsprechende Stelle der jeweiligen Zeile des Bildes. Die vertikale Ablenkung wird ebenfalls durch einen Spiegel erzielt, der auf einem Galvanometer installiert ist. Um Farben darzustellen werden drei verschiedenfarbige Laser mit roten, blauen und grünem Licht eingesetzt. Ein Vorteil bei dieser Technologie besteht darin, daß auf eine Vielzahl von Schadstoffen der Kathodenbildröhre insbesondere der aus toxischen Substanzen bestehenden Leuchtschicht verzichtet werden kann. Hinsichtlich des Energieverbrauchs sind derzeit keine Angaben verfügbar, so daß nicht gesagt werden kann, ob die Projektionstechnologie in diesem Bereich umweltentlastend ist oder nicht.

Flüssigkristallbildschirme (LCD) finden eine breite Anwendung bei Computern (Notebooks). Eine Übertragung dieser Technologie scheint prinzipiell nur bei relativ kleinen Bildschirmen wirtschaftlich zu sein, da die Produktion mittlerer oder größerer TV-Geräte zur Zeit aufgrund hoher Ausschußraten bei der Produktion von LCDs unwirtschaftlich ist. Darüber hinaus ist bekannt, daß LCDs eine Reihe von Schadstoffen aufweisen. Darunter befinden sich aromatische Verbindungen, die im Verdacht stehen, krebserregend zu sein. Die Flüssigkristallsubstanzen sind vergleichbar der Leuchtschicht von Kathodenstrahlröhren als Sondermüll zu behandeln.

Plasmabildschirme wurden als Prototyp von Sony unter der Bezeichnung 'Plasmatron' auf der Internationalen Funkausstellung 1995 präsentiert. Bisher liegt allerdings der Energieverbrauch um den Faktor zwei höher als bei vergleichbaren konventionellen Kathodenstrahlbildröhren.

Vor diesem Hintergrund wurden mehrere Konzepte zur ökologischen Optimierung eines Fernsehgerätes untersucht. Die Auswahl der Konzepte orientierte sich an aktuellen Entwicklungen in den am Projekt beteiligten Firmen. Folgende Ansätze wurden im Hinblick auf ihre Umweltwirkungen und Umweltentlastungspotentiale analysiert:

- **Gehäuse**: Für das Gehäuse wurden Konzepte betrachtet, die ohne Flammhemmer auskommen. Dazu gehören flammhemmerfreie Kunststoffe, Stahl, Aluminium und Holz als Gehäusematerialien. Darüber hinaus wurde das Airmould-Verfahren zum Spritzgießen von Kunststoffen untersucht, da es zu Materialeinsparungen führt.

- **Elektronik**: Im Bereich Elektronik wurden Optimierungskonzepte zur Schadstoffminimierung untersucht, die sich durch einen neuen Aufbau elektronischer Schaltungen in Dickschichttechnologie auszeichnen. Hierzu gehört der Einsatz von Keramik als Basissubstrat und Stahl oder Aluminium als Trägerelement anstelle flammgeschützter Leiterplattenmaterialien. Darüber hinaus wurde eine Folienvariante als kostengünstige Alternative zur Dickschichttechnologie analysiert. Sie beruht auf der Verwendung einer Leiterplattenfolie aus flammhemmerfreiem Isoliermaterial und Kupferfolie als Leitermaterial, die ebenfalls auf einen metallischen Träger aufgebracht wird.

- **Energieverbrauch**: Beim Energieverbrauch wurden Optimierungspotentiale in der Leistungsaufnahme des Audioteils und der Bildröhre sowie beim Stand-By-Betrieb untersucht.

12 Gehäuseoptionen

Im folgenden werden neben dem Referenzgehäuse drei weitere Gehäusevarianten vorgestellt, ihre Umweltauswirkungen (Energiebedarf- und Abfallaufkommen sowie Emissionsprofil) untersucht und hinsichtlich ihrer ökologischen Relevanz miteinander verglichen. Dieser Vergleich umfaßt die Schritte der Werkstoffbereitstellung, den Fertigungsprozeß ohne Konfektionierung und das Recycling.

Es handelt sich bei den Varianten um das Referenzgehäuse aus HIPS und ein Kunststoffgehäuse, das nach dem Airmould-Verfahren gefertigt wird. Außerdem wird ein Stahlgehäuse sowie ein Gehäuse aus den Werkstoffen Holz, Stahl und Aluminium untersucht.

12.1 Fertigung nach dem Airmould-Verfahren

In den letzten zehn Jahren hat sich die Gasinnendrucktechnik als Sonderverfahren des Spritzgießverfahrens zu einem Großserienverfahren für Kunststoff-Hohlteile sowie für Formteile mit partiellen Hohlräumen entwickelt. Der Einsatz dieses Verfahrens ist im Bereich der Gehäuseherstellung problemlos möglich.

12.1.1 Verfahrensbeschreibung

Die Anwendung des Airmould-Verfahrens ermöglicht die Herstellung von qualitativ hochwertigen, dünnwandigen Bauteilen. Bei diesem Verfahren wird ein Gas (Stickstoff) direkt in das Innere der Schmelze (in vorgefertigte Gaskanäle) gespritzt, mit dem Ziel, durch den Gasdruck im Inneren des Formteils der Schwindung des Kunststoffes beim Abkühlen entgegenzuwirken. Gerade diese Volumenkontraktion der Kunststoffschmelze führt sonst leicht zu Einfallstellen und eingefrorenen Spannungen und somit zu optischen Beeinträchtigungen. Eine zusätzliche Oberflächenbehandlung ist bei dem Airmould-Verfahren nicht mehr notwendig.

Im Vergleich zu der bisher angewendeten Zweikomponententechnologie, bei der die Kunststoffteile aus einer Innen- und einer Außenkomponente (Gesamtwandstärke 4-6 mm) bestehen, können mit dem Airmould-Verfahren

Wandstärken von 3-4 mm realisiert werden. Somit kann das Gesamtgewicht gegenüber der zwei Komponententechnologie um bis zu 20 % reduziert werden. Aufgrund des verringerten Materialeinsatzes und der damit verbundenen geringeren Wandstärke verkürzt sich auch die Zykluszeit bei der Herstellung.

Aufgrund der verfügbaren Werkstoffdaten wird für die Bilanzierung wie bei dem Referenzgehäuse von einem Einstoffgehäuse aus High Impact Polystyrol (HIPS) ausgegangen.

Werkstoffbereitstellung: Ein nach dem Airmould-Verfahren gefertigtes Kunststoffgehäuse wiegt rd. 5,64 kg (Langhorst 1995). Im Vergleich zum Referenzgehäuse ist das Gesamtgewicht um 14 % reduziert. Legt man den Datensatz der HIPS-Herstellung zugrunde, so beträgt der Primärenergieeinsatz 729,9 MJ. Ca. 267,8 MJ werden für Einzelprozesse benötigt, während 462,1 MJ in den Kunststoff (nicht-energetischer Energieverbrauch) eingehen.

Systembeschreibung: Das System beinhaltet die Anlieferung aller notwendigen Haupteinsatz- und Zusatzstoffe von den Vorlieferanten, deren Lagerung und Behandlung sowie das Mischen und Aufschmelzen des Kunststoffes und den Prozeßschritt des Spritzgießens. Die Verpackung des fertigen Gehäuses und die Distribution zum Abnehmer sind nicht berücksichtigt.

Fertigungsprozeß: Zunächst werden die Haupteinsatzstoffe (u.a. Granulat) sowie die Zusatzstoffe (Stickstoff etc.) von den Vorlieferanten zum Hersteller per LKW transportiert. Vor dem eigentlichen Prozeß des Spritzgießens wird das Granulat durch eine Luftheizung getrocknet und dann per Pipeline zu der Spritzgußmaschine gefördert. Dort wird die genaue Kunststoffzusammensetzung maschinell abgemischt. Im Extruder wird der Kunststoff bei etwa 225-250 °C kontinuierlich aufgeschmolzen und vermischt. Der Energiebedarf für die Trocknung und den Transport per Pipeline ist im Vergleich zum eigentlichen Fertigungsvorgang vernachlässigbar.

Spritzgießen: Der Fertigungsablauf ist für die Frontblende und die Rückwand gleich. Bei dem Airmould-Verfahren wird zunächst der flüssige Kunststoff in die Werkzeugform gepreßt. Gegen Ende des Einspritzvorganges wird unter hohem Druck (ca. 700 bar) stehender Stickstoff in vorgefertigte Gaskanäle eingespritzt, der den plastischen Kern der Schmelze verdrängt. In der Gasfüllphase entsteht ein gasgefüllter Hohlraum, unter dessen Einfluß sich die Kavität vollständig füllt und der in der Gasnachdruckphase die Schwindung des Kunststoffes ausgleicht. Der Schließdruck liegt unter 800 t.

Der verwendete Stickstoff wird nach dem Spritzgießen teilweise aus dem Bauteil abgesogen, gefiltert und wiederverwendet. Bei der Filterung des wiederzuverwendenden Stickstoffes werden Additive, innere und äußere Schmiermittel sowie Monomere abgeschieden. Pro Bauteil werden unter Berücksichtigung der Gasrückgewinnung 51 Normliter Stickstoff verbraucht. Der Energiebedarf für die Verflüssigung des Stickstoffs beträgt rd. 0,18 Wh (0,6 MJ).

Das fertige Bauteil wird automatisch aus dem Werkzeug entnommen, mit ionisierter Luft behandelt und manuell entgratet. Die Zykluszeit für den gesamten Vorgang beträgt pro Stück ca. 80 s.

Der Energiebedarf für den Spritzgußvorgang nach dem Airmould-Verfahren ist für den gesamten Vorgang (Schmelzen des Kunststoffes, Einspritzen in das Werkzeug sowie die Entnahme) erfaßt worden. Der elektrische Energiebedarf beträgt für das gesamte Gehäuse ca. 3,8 kWh (entspricht 13,6 MJ_{el} bzw. 43,8 MJ_{Pr}). Im Vergleich dazu liegt der Primärenergieverbrauch bei dem Kompaktspritzverfahren bei 73,2 MJ_{Pr}.

Das Angußteil (Gewicht ca. 150 g), das beim Spritzgießen entsteht, wird vom Bauteil abgetrennt, gemahlen und in Kunststoffteilen, die keinen hohen optischen Anforderungen entsprechen müssen, weiterverwendet. Die gesamten Produktionsabfälle betragen in Summe 1 % der Einsatzmenge.

12.1.2 Abschätzung der Umweltrelevanz

Bei der Fertigung nach dem Airmould-Verfahren ist der Primärenergieverbrauch für die Werkstoffbereitstellung (729,9 MJ) im Vergleich zum Referenzgehäuse (850,5 MJ bei konventionellem Spritzgußverfahren) wegen des reduzierten Materialeinsatzes deutlich geringer. Der eigentliche Fertigungprozeß liegt mit einem Primärenergieverbrauch von 43,8 MJ um rund 40 % unter dem konventionellen Spritzguß-Gehäuse.

Bei der Herstellung nach dem Airmould-Verfahren fallen rd. 0,06 kg Kunststoffabfälle (Anguß, Ausschuß etc.) an, während bei dem konventionellen Spritzgußverfahren unter gleichen Annahmen (rd. 1 % Ausschußquote) 0,07 kg entstehen.

An energiebedingten Abfällen entstehen 6,6 kg Abraum sowie 0,1 kg Aschen und Schlacken zur Beseitigung/Verwertung.

Bei der Rückgewinnung des eingesetzten Stickstoffs werden Additive, innere und äußere Schmiermittel sowie Monomere bei der Filterung abgeschieden. Die

Filter müssen abschließend durch Deponierung oder Verbrennung entsorgt werden. Eine quantitative Abschätzung der anfallenden Filtermaterialien war nicht möglich.

12.2 Flammhemmerfreie Kunststoffgehäuse

12.2.1 Konzept

Bis Ende der achtziger Jahre wurden hauptsächlich bromierte und halogenierte Flammhemmer (polybromierte Diphenylether) ohne Restriktionen in Rückwänden von Fernsehgeräten eingesetzt. Bei Verbrennung besteht bei diesen Flammhemmern jedoch die Gefahr der Dioxin- und Furanbildung. Aus diesem Grund wurden diese Flammhemmer durch gesundheitlich weniger bedenkliche halogenfreie Flammschutzmittel (u.a. auf Phosphorbasis) substituiert.[1]

Weitergehende Ansätze verzichten vollständig auf die Verwendung von Flammhemmern

Nach IEC65/DIN VDE 0860/5.89 können die Bestimmungen zur Brandsicherheit durch folgende konstruktive Veränderungen eingehalten werden:

- Mindestwanddicke von 3 mm;
- Einhaltung von Mindestabständen zwischen Bauteilen und Gehäuserückwand. Der Abstand zwischen Hochspannungseinheiten und der Kunststoffgehäusewand muß ca. 30 mm betragen;
- Vergrößerung der internen Abstände kritischer Bauteile bzw. deren Einkapselung. So muß der Abstand zwischen einem hochspannungführendem Bauteil und einem Kunststoffteil mindestens 20 mm betragen oder ein abschirmendes Element (z. B. Metallblech) muß eingebaut werden.
- Einsatz neuer Löttechnik zur Vermeidung von Korrosion an kritischen Stellen.

Die Umstellung auf flammhemmerfreie Gehäuserückwände bedingt bei geeigneter Konstruktion keinen erhöhten Materialeinsatz. Im Falle der Einkapselung

---

[1] Schulz, P.: Flammschutzmittel im Bereich der Unterhaltungselektronik, Vortrag im Rahmen der Fachtagung: Branchenverhalten von Kunststoffen - Status und Perspektiven, Fellbach 1995

von Bauteilen kann es zu einem geringen Mehreinsatz von Kapselungsmaterial (z. B. Stahlblech oder Aluminium) kommen.[2]

12.2.2 Abschätzung der Umweltrelevanz

Vorteilhaft wirkt sich der Verzicht auf Flammhemmer bei der werkstofflichen Wiederverwertung aus. Bei den heutigen Recyclingtechnologien sind flammgehemmte Kunststoffe problematisch, da Zusammensetzung und Anteile stark schwanken. Allerdings ist bei sortenreinem Vorliegen des Altmaterials mittlerweile auch das Recycling von auf Phosphorbasis flammgehemmten Gehäuseteilen möglich[3].

Im Falle einer Entsorgung ist eine flammhemmerfreie Gehäuserückwand als Gewerbemüll zu entsorgen. Inwiefern flammhemmerhaltige Kunststoffe als besonders überwachungsbedürftiger Abfall zu entsorgen sind, ist derzeit noch strittig.

12.3 Stahl als Gehäusewerkstoff

12.3.1 Konzept

Eine Alternative zu den herkömmlichen Kunststoffgehäusen stellt der Werkstoff Stahl dar. Er besitzt im Vergleich zu Kunststoffen einige Vorteile, die sich nicht nur positiv bei der Werkstoffbereitstellung, sondern auch auf die Lebensdauer des Gerätes und die anschließende Verwertung auswirken.

Bei diesem Konzept, wie es im Gerät CS 1 von Loewe Opta realisiert wurde, bestehen alle Gehäuseteile aus Stahlblech. Da Formgebungsprozesse in der Regel einen sehr hohen maschinellen und energetischen Aufwand nach sich ziehen, wird das Design des Gehäuses möglichst 'schlicht' gehalten; dies führt zu 'einfachen' Gehäuseteilen. Die Einzelteile werden abschließend miteinander verschweißt bzw. verschraubt.

Mit dem Stahlkonzept sind folgende Vorteile verbunden:

---

[2] Sondern: Philips Eindhoven, NL; Firmeninformation vom 18.04.1996
[3] Schulz, P: Sony Fellbach, mdl. Auskunft 06.08.1996

– Möglichkeiten der Lackierung durch Pulverbeschichtungen (Einbrennlackierung) ohne Lösemittel und Schwermetalle;
– Optimale Abschirmung von elektromagnetischer Strahlung;
– Erhöhung der Haltbarkeit der Elektronik durch optimale Wärmeableitung;
– Staubfreiheit der Elektronik durch den Verzicht von Kühlschlitzen;
– Verzicht auf Flammhemmer (Material nicht brennbar);
– Funktionierender Recyclingmarkt für Stahlschrott;
– Herstellung neuer Gehäuse aus Altgehäusen ohne Qualitätseinbußen;
– Separation durch Magnetabscheidung während des Recyclings möglich;
– Bei unkontrollierter Entsorgung neutrales Verhalten auf der Deponie und in der Müllverbrennung.

12.3.2 Abschätzung der Umweltrelevanz

Als Basis für die Bilanzierung dient ein Stahlgehäuse, das ein Gesamtgewicht von 18,4 kg hat. Die Werkstoffbereitstellung (Roheisenerzeugung und Stahlherstellung nach dem Konverterverfahren) erfolgt wie beschrieben. In Summe werden für die Werkstoffherstellung 608,6 MJ Primärenergie verbraucht.

Für die Formgebung in der Warm- und Kaltwalzstraße beläuft sich der Primärenergieverbrauch auf insgesamt 108,9 MJ. Er splittet sich nach Seidemann (Seidemann 1990, S. 74) und nach dem International Iron and Steel Institute (IISI 1983) zu 41 % in elektrische und zu 59 % in thermische Energieerzeugung auf. Weitere Schritte der Gehäuseherstellung sind das Zuschneiden und das Verbinden der Einzelteile. Diese sind hinsichtlich des Energieverbrauchs nicht berücksichtigt.

Die Abfälle betragen für das gesamte Stahlgehäuse 0,04 kg, die sich zu 57 % aus Walzschlamm und zu 43 % aus Schlacke zusammensetzen. Ferner fällt Schrott (0,92 kg) bei der Herstellung an, der vollständig in den Prozeß rückgeführt werden kann.

12.4 Holz als Gehäusewerkstoff

12.4.1 Konzept

Der Werkstoff Holz ist prinzipiell ein ökologisch interessantes Gehäusematerial, weil es sich um einen nachwachsenden, biologisch abbaubaren Rohstoff handelt. Allerdings ist hochwertiges Holz als Gehäusewerkstoff vergleichsweise teuer, so daß meistens Spanplatten als Gehäusematerial sowie einzelne Dekorteile aus Vollholz verwendet werden. Außerdem werden in der Regel aufgrund der technischen Anforderungen und Brandschutzbestimmungen Spanplatten verwendet.

Zur Herstellung von Spanplatten wird zunächst das Holz zu Schnitzeln zerkleinert und gesiebt. Mit Dampf, heißem Wasser oder schwachen Laugen wird das Holz aufgeschlossen und zerfasert. Durch Zugabe von Bindemitteln (z. B. Kunstharz) und Waschemulsion werden die Faserplatten auf Siebmaschinen gebildet, entwässert, gepreßt und getrocknet (Meyers Universallexikon 1981, S. 550). Abschließend werden die Spanplatten zurechtgeschnitten.

12.4.2 Abschätzung der Umweltrelevanz

Spanplatten sind hinsichtlich ihrer Zusammensetzung nicht unproblematisch. Bei einem Fernsehergehäuse muß mit einer Erwärmung während des Betriebs auf rd. 50 °C gerechnet werden. Bei dieser Temperatur erfüllt derzeitig keine mit Formaldehyd-Harzen verleimte Spanplatte die Grenzwerte der Kategorie E1 (< 0,1 ppm Formaldehyd). Formaldehydhaltige Spanplatten sind deshalb nicht als Gehäusewerkstoff geeignet. Alternativ einsetzbare, formaldehydfreie Leime sind z. B. isocyanathaltige Harze. Isocyanate sind jedoch toxisch und zählen zu den stärksten Allergenen. Wenngleich unter Betriebsbedingungen keine Emissionen von krebsverdächtigen Monomeren und Spaltprodukten nachweisbar sind, so können dennoch Allergiefälle am Arbeitsplatz der Spanplatten-Herstellung und im Fall eines Gehäusebrandes Isocyanat-Emissionen nicht ausgeschlossen werden. Spanplatten werden aus den genannten ökologischen Argumenten und den geringen Gestaltungsmöglichkeiten als Gehäusewerkstoff nur in geringem Umfang eingesetzt (Behrendt 1996, S. 70-71).

Für die Bereitstellung von 1,0 kg Vollholz wird eine Primärenergiemenge von rd. 0,1 MJ benötigt. Der untere Heizwert liegt bei ca. 13,3 MJ/kg (Gieck 1989). Es fallen bei der Herstellung von Vollholz rd. 23 Gew.- % als Verschnitt an, der beispielsweise zu Spanplatten weiterverarbeitet werden kann. Der Holzverschnitt wird deshalb nicht dem entstehenden Abfallaufkommen zugerechnet. Die entstehenden Emissionen werden durch Forstwirtschaftsmaschinen verursacht.

12.5 Mischgehäuse

Eine Alternative zu den Einstoff-Gehäusen aus Kunststoff und Stahl stellt ein Mischgehäuse dar. Es besteht im vorliegenden Fall aus den Werkstoffen Stahl, Holz und Aluminium. Holz wird als Boden- und Oberblende und Aluminium als Seitenblende verwendet, Stahl wird in Form von Blechen als rückwärtige Abdeckung eingesetzt.

Die verwendete Materialmenge liegt etwa bei 3,1 kg Holz, 0,8 kg Aluminium und 7,8 kg Stahl. Für die werkstoffliche Bereitstellung wird eine Primärenergiemenge von 481,8 MJ benötigt, die sich zu 41,5 MJ auf Holz (inkl. des unteren Heizwertes von Holz Hu = 13,3 MJ/kg), zu 181,8 MJ auf Aluminium und 258,5 MJ auf Stahl bezieht. Die Formgebung der verschiedenen Werkstoffe benötigt in Summe 49,2 MJ$_{Pr}$ (elektrisch 20,8 MJ, thermisch 28,4 MJ). Für die Formgebung von Aluminium werden hierbei die gleichen Annahmen getroffen wie bei der Bearbeitung von Stahl. Hauptanteil der Formgebung bildet aufgrund des hohen Gewichtsanteiles die Bearbeitung von Stahl (89 %) und Aluminium (9 %), während die Bearbeitung von Holz (Zuschneiden) nur ca. 2 % des Primärenergiebedarfes benötigt.

12.6 Vergleich der Gehäuseoptionen

Die vorher beschriebenen Gehäusevarianten (Referenzgehäuse, flammhemmerfreies Airmould-Gehäuse, Stahl- und Mischgehäuse) werden im folgenden miteinander verglichen. Für das Referenzgehäuse orientiert sich die Berechnung an einer leichten Verbesserung der derzeitigen Recyclingpraxis. Es wird davon ausgegangen, daß im Mittel rund 25% der Gehäusekunststoffe werkstofflich, rund 20% thermisch verwertet werden und der Rest deponiert wird. Die anderen Gehäusevarianten werden unter der Voraussetzung einer weitgehender optimierten Recyclingpraxis beurteilt.

Der Vergleich der vier Gehäusevarianten umfaßt einen vollständigen Lebens-zyklus von der Werkstoffbereitstellung und Formgebung bis hin zum Recycling (werkstoffliche Verwertung). Die Konfektionierung der verschiedenen Gehäuse wird aufgrund der unterschiedlichen Verfahren nicht in die Betrachtung einbezo-gen. Bei dem Recycling erfolgt eine einmalige energetische und werkstoffliche Gutschrift. Hierfür werden die verschiedenen Recyclingverfahren für Kunststoffe, Stahl und Aluminium betrachtet.

12.6.1 Recycling der Gehäusewerkstoffe

Der Energieeinsatz für die Aufbereitung und die entstehenden Abfallmengen werden bei dem Recyclingvorgang berücksichtigt. Im folgenden wird das Recycling von Kunststoffen, Stahl und Aluminium behandelt. Der Werkstoff Holz wird nicht stofflich recycelt; er erhält jedoch eine energetische Gutschrift entsprechend seinem Heizwert.

Kunststoffrecycling: Laut Herstellerangaben (Langhorst 1995) ist eine Recyclingquote von 30 % problemlos möglich. Es wurden teilweise Versuche mit mehr als 60 % Recyclingmaterial anstelle von Neumaterial durchgeführt. Deshalb wird für die werkstoffliche Verwertung von Kunststoffen im folgenden von einer Recyclingquote von 60 Gew.- % ausgegangen. Die verbleibenden 40 % werden einer thermischen Verwertung zugeführt (Heizwert H_u 40 MJ/kg) und energetisch gutgeschrieben. Letzteres ist der wesentliche Unterschied zu den Annahmen in Kapitel 9.5. Bei dem Recyclingvorgang wird von einem durch-schnittlichen Materialverlust von 6 % ausgegangen.

Für das Referenzgehäuse ergibt sich unter den oben genannten Annahmen eine energetische Gutschrift für die Bereitstellung des Kunststoffgranulates nach Abzug des Materialverlustes von 221,0 MJ_{Pr}. Der Primärenergieverbrauch für den Vorgang des Granulierens (ca. 7 MJ/kg) beläuft sich auf 14 MJ, der von der energetischen Gutschrift des Kunststoffgranulates subtrahiert werden muß. Für die 20 Gew.- %, die einer thermischen Verwertung zugeführt werden, ergibt sich eine energetische Gutschrift entsprechend dem unteren Heizwert von 49 MJ. Somit beläuft sich die Gesamtgutschrift für das Referenzgehäuse auf 256 MJ.

Die energetische Gutschrift für das nach dem Airmould-Verfahren gefertigte Gehäuse ist aufgrund der stofflichen Verwertung von rund 60% der Kunststoffe entsprechend höher. Sie liegt für die werkstoffliche Bereitstellung unter Berück-sichtigung des Materialverlustes von 6 Gew.- % bei 411,5 MJ_{Pr}, wovon für den

Recyclingvorgang ein Primärenergieverbrauch von 24,6 MJ abgezogen werden muß. Durch die thermische Verwertung der 40 Gew.-% des Gehäuses (2,3 kg) ergibt sich eine energetische Gutschrift von 92 MJ. Die Gesamtgutschrift beträgt damit 479 MJ.

Stahlrecycling: Das Recycling des Stahlgehäuses (Feinblech) erfolgt nach dem Blasstahlverfahren. Nach der Wirtschaftsvereinigung Stahl ist eine Zugabe von maximal 28 Gew.-% Stahlschrott möglich. Höhere Schrottanteile führen zu Qualitätseinbußen. Ein Recycling von Stahl nach dem Elektrostahlverfahren wird nicht betrachtet, da das produzierte Sekundärmaterial nicht unter vertretbaren ökonomischen Rahmenbedingungen zu tiefziehfähigem Feinblech verarbeitet werden kann.

Somit werden 28 Gew.-% des Stahlgehäuses unter Zugabe von 72 Gew.-% Primärmaterial wieder zu Gehäusematerialien verarbeitet. Die verbleibenden Gewichtsanteile des Gehäuses werden zu Stahl minderer Qualität weiterverarbeitet. Somit kann eine energetische Gutschrift für die Roheisenerzeugung in Höhe von 32,4 MJ erfolgen. Materialverluste werden bei diesem Prozeß nicht berücksichtigt.

Die energetische Gutschrift für das Stahlgehäuse beträgt 166,9 MJ (Recyclingmenge 5,2 kg). Für das Mischgehäuse mit 7,8 kg Stahl (Recyclingmenge 2,2 kg) ergibt sich eine Gutschrift von 70,8 MJ.

Aluminiumrecycling: Bei dem Recycling von Aluminium kann der Primärenergieaufwand und der Einsatz von Rohstoffen abzüglich des Energieaufwandes für die Aufarbeitung und der Materialverluste von 18 Gew.-% gutgeschrieben werden. Die Primärenergiegutschrift beläuft sich auf 178,2 MJ pro kg Aluminium. Die Materialverluste fallen als feste Abfälle an (Hofstetter 1994). Aluminium wird als Gehäusewerkstoff bei dem Mischgehäuse (0,8 kg) verwendet. Unter Berücksichtigung der Verluste erfolgt eine Gutschrift von 142,5 MJ.

12.6.2 Energetischer Vergleich

Im folgenden werden die gerundeten Primärenergieverbräuche hinsichtlich der Werkstoffbereitstellung, der Fertigung und des Recyclings gegenübergestellt.

Tabelle 12.1. Vergleich verschiedener Gehäusetypen unter dem Aspekt des Primärenergieverbrauchs [MJ]

	Referenzgehäuse (HIPS)	Kunststoffgehäuse (Airmould-Verfahren)	Stahlgehäuse	Mischgehäuse
Werkstoffbereitstellung	850	730	610	480
Fertigung	75	45	110	50
Recycling[4]	-256	-479	- 167	-255
Summe	669	296	553	275

Der Vergleich des Primärenergieverbrauchs der verschiedenen Gehäusearten zeigt, daß aus energetischer Sicht das Airmould-Kunststoffgehäuse und das Mischgehäuse gegenüber dem Stahl- und dem Referenz-Kunststoffgehäuse zu präferieren sind.

Das Mischgehäuse schneidet aus energetischer Sicht mit 275 MJ sehr gut ab, da erstens der Primärenergieaufwand für die Werkstoffe Holz und Stahl vergleichsweise gering sind und nur ein geringer Anteil an Aluminium (0,8 kg) verwendet wird, zweitens die Formgebung vom Energieaufwand mit dem Airmould-Verfahren vergleichbar ist und drittens Aluminium nach Abzug des Materialverlustes recycelt sowie Holz energetisch verwertet werden kann.

Das Airmould-Kunststoffgehäuse schneidet aus energetischer Sicht ebenfalls sehr günstig ab, da das komplette Gehäuse zu 60 % werkstofflich recycelt und zu 40 % thermisch verwertet werden kann. Der Primärenergieeinsatz der Werkstoffbereitstellung ist im Vergleich zum Referenzgehäuse aufgrund der Materialeinsparung um 14 % gesenkt worden. Der Primärenergieverbrauch bei der Fertigung liegt mit rd. 45 MJ in der Höhe des Mischgehäuses.

Das Stahlgehäuse schneidet hinsichtlich des Primärbedarfs deutlich schlechter ab als das AirMould- und das Mischgehäuse. Dies liegt vor allem an dem hohen Materialeinsatz von 18,4 kg und an der geringen Recyclinggutschrift. Der

---

[4] stoffliche Verwertung und energetische Nutzung

Energieverbrauch der Fertigung ist mit 110 MJ im Vergleich zu den anderen Gehäusen hoch.

Der Primärenergiebedarf für das Referenzgehäuse ist von allen Gehäusen am größten. Dies liegt an dem hohen Materialeinsatz von 6,6 kg - dies entspricht ca. 850 MJ - und der geringen werkstofflichen Gutschrift aus dem Recycling.

12.6.3 Emissionsprofil

Für die Gehäusevarianten wurde als Grundlage für die Wirkungsabschätzung in Kapitel 15 exemplarisch ein detailliertes Emissionsprofil erstellt. In diesem Profil sind die Emissionen aus der werkstofflichen Bereitstellung, die energiebedingten Emissionen sowie die jeweiligen Abfallmengen enthalten. Die Auflistung erfolgt nach den Bereichen Abfälle (vgl. Tabelle 12.2), Emissionen in Luft (vgl. Tabelle 12.4) und Wasser (vgl. Tabelle 12.5) sowie Abwasser (vgl. Tabelle 12.3). Es ergibt sich ein sehr heterogenes Emissionsbild. Eine Vorauswahl der in die Bewertung einfließenden Substanzen wurde nicht durchgeführt.

Tabelle 12.2. Gehäusetypenvergleich hinsichtlich des Abfallaufkommens[5]

Abfälle [kg]	Referenz-gehäuse	Kunststoffgehäuse (Airmould-Verf.)	Stahlgehäuse	Misch-gehäuse
Abfälle, haus-müllähnlich (AzB)	19,8E-3	16,9E-3	000,0E+0	3,0E-3
Abfälle unsp.	263,4E-3	225,6E-3	000,0E+0	40,1E-3
Abraum aus Werk-stoffbereitstellung	111,9E-3	95,9E-3	26,9E+0	33,4E+0
Aschen und Schlak-ken (Beseitigung)	32,9E-3	28,2E-3	6,1E+0	2,8E+0
Aschen und Schlak-ken (Verwertung)	000,0E+0	000,0E+0	211,1E-3	261,7E-3
Sondermüll	3,6E+0	50,0E-3	378,2E-6	535,4E-6
Holzverschnitt	000,0E+0	000,0E+0	000,0E+0	624,0E-3
Kunststoffabfall	256,0E-3	411,0E-3	000,0E+0	000,0E+0
Schrott	000,0E+0	000,0E+0	918,3E-3	389,0E-3
Summe Abfälle	4,2E+0	827,6E-3	34,2E+0	37,5E+0

Bei dem Referenzgehäuse entstehen hausmüllähnliche und unspezifizierte Abfälle sowie Abraum, Aschen und Schlacken bei der Werkstoffbereitstellung. Die besonders überwachungsbedürftigen Abfälle stammen aus Fertigungsprozessen (0,05 kg) und Abfällen der Gehäuserückwand (3,5 kg). Ferner fallen Kunststoffabfälle bei der Fertigung (0,07 kg) und bei dem Recycling (0,18 kg) an.

Bei der Werkstoffherstellung nach dem Airmould-Verfahren fallen - wie bei dem Referenzgehäuse - hausmüllähnliche und unspezifizierte Abfälle sowie Abraum, Aschen und Schlacken an. Die besonders überwachungsbedürftigen Abfälle aus der Fertigung betragen 0,05 kg. Dieser Wert ist aufgrund der flammhemmerfreien Rückwand deutlich geringer als bei dem Referenzgehäuse. Die

---

[5] Die Abfallprofile der Software UMBERTO sind durch eigene Erhebungen ergänzt worden.

Kunststoffabfälle bei der Fertigung (0,06 kg) und dem Recycling (0,35 kg) belaufen sich insgesamt auf 0,41 kg.

Die Herstellung des Stahlgehäuses verursacht eine Abfallmenge von 33,3 kg, die sich aus Abraum, Aschen und Schlacken zur Beseitigung und Verwertung zusammensetzt. Bei den Fertigungsprozessen fallen 0,9 kg Schrott an.

Der überwiegende Teil der Abfälle bei dem Mischgehäuse stammt hauptsächlich aus der Werkstoffbereitstellung von Aluminium und Stahl. Bei der Fertigung entstehen lediglich 0,02 kg Aschen und Schlacken sowie 0,39 kg Schrott.

Die folgenden Tabellen zeigen die Abwassermengen und die Emissionen.

Tabelle 12.3. Vergleich verschiedener Gehäusetypen -Abwasseraufkommen [kg]

Abwasser	Referenz-gehäuse	Kunststoff-gehäuse	Stahl-gehäuse	Misch-gehäuse
Abwasser (Kühlwasser)	124,8E+0	74,8E+0	537,9E+0	504,6E+0
Abwasser, unspez.	107,1E+0	89,6E+0	40,3E+0	50,7E+0
Wasserdampf	6,2E+0	3,7E+0	26,6E+0	25,0E+0
Summe Abwasser	**238,1E+0**	**168,1E+0**	**604,8E+0**	**580,3E+0**

Tabelle 12.4. Vergleich verschiedener Gehäusetypen -Emissionen in die Luft [kg]

Luftschadstoffe	Referenz-gehäuse	Kunststoff-gehäuse	Stahlgehäuse	Misch-gehäuse
Ammoniak	18,5E-6	11,1E-6	79,9E-6	82,9E-6
Arsen	000,0E+0	000,0E+0	3,1E-6	1,3E-6
Blei	000,0E+0	000,0E+0	113,7E-6	48,0E-6
Cadmium	000,0E+0	000,0E+0	1,5E-6	626,6E-9
Chlorwasserstoff	448,7E-6	353,6E-6	2,6E-3	1,5E-3
Chrom	000,0E+0	000,0E+0	14,7E-6	6,2E-6
Distickstoffmonoxid	40,4E-6	24,2E-6	862,5E-6	494,5E-6
Fluorwasserstoff	19,2E-6	14,9E-6	79,4E-6	449,3E-6
Hexafluorethan	000,0E+0	000,0E+0	000,0E+0	160,0E-6
Kobalt	000,0E+0	000,0E+0	2,7E-6	1,1E-6
Kohlendioxid, fossil	15,7E+0	12,5E+0	59,6E+0	39,4E+0
Kohlenmonoxid	11,3E-3	9,3E-3	30,5E-3	30,5E-3
Kupfer	000,0E+0	000,0E+0	26,5E-6	11,2E-6
Mangan	000,0E+0	000,0E+0	138,5E-6	58,5E-6
Metalle, unspez.	65,9E-6	56,4E-6	000,0E+0	10,0E-6
Methan	9,8E-3	5,9E-3	85,3E-3	60,3E-3
Nickel	000,0E+0	000,0E+0	9,9E-6	4,2E-6
NMVOC, unspez.	303,2E-6	181,8E-6	9,4E-3	4,1E-3
Nox	169,6E-3	144,0E-3	53,7E-3	81,2E-3
Quecksilber	000,0E+0	000,0E+0	553,7E-9	234,0E-9
Schwefeldioxid	247,6E-3	211,1E-3	180,9E-3	154,2E-3
Schwefelwasserstoff	13,2E-6	11,3E-6	000,0E+0	2,0E-6
Selen	000,0E+0	000,0E+0	932,6E-9	394,1E-9
Staub	24,4E-3	20,2E-3	50,5E-3	52,9E-3
Tetrafluormethan	000,0E+0	000,0E+0	000,0E+0	1,3E-3
VOC (Kohlenwasserstoffe)	184,4E-3	157,9E-3	000,0E+0	28,0E-3
Zink	000,0E+0	000,0E+0	234,5E-6	99,1E-6
Summe Luft	**16,4E+0**	**13,0E+0**	**60,0E+0**	**39,9E+0**

Tabelle 12.5. Vergleich verschiedener Gehäusetypen - Wasseremissionen [kg]

Wasserschadstoffe	Referenz-gehäuse	Kunststoff-gehäuse	Stahl-gehäuse	Misch-gehäuse
Aluminium	000,0E+0	000,0E+0	000,0E+0	3,4E-6
Ammonium	724,4E-6	620,4E-6	386,3E-6	273,3E-6
Antimon	000,0E+0	000,0E+0	1,8E-6	777,4E-9
Arsen	000,0E+0	000,0E+0	1,0E-6	427,6E-9
Benzo(a)pyren	000,0E+0	000,0E+0	11,0E-9	4,7E-9
Blei	000,0E+0	000,0E+0	533,5E-6	225,4E-6
BSB-5	724,4E-6	620,4E-6	000,0E+0	743,6E-6
Cadmium	000,0E+0	000,0E+0	1,9E-6	791,4E-9
Chlorid	4,6E-3	3,9E-3	000,0E+0	860,0E-6
Chlorwasserstoff	329,3E-6	282,0E-6	297,0E-6	000,0E+0
Chrom	000,0E+0	000,0E+0	77,6E-6	32,8E-6
CSB	9,2E-3	7,9E-3	000,0E+0	1,4E-3
Cyanid	000,0E+0	000,0E+0	119,6E-6	50,5E-6
Feststoffe, gelöst	3,3E-3	2,8E-3	000,0E+0	2,7E-3
Feststoffe, suspensiert	4,6E-3	3,9E-3	000,0E+0	700,0E-6
Feststoffe, ungelöst	000,0E+0	000,0E+0	6,4E-3	2,7E-3
Fluorid	000,0E+0	000,0E+0	1,9E-3	808,5E-6
Kupfer	000,0E+0	000,0E+0	13,4E-6	5,7E-6
KW, unspez.	5,2E-3	4,5E-3	146,8E-6	852,0E-6
Metalle, unspez.	7,2E-3	6,2E-3	000,0E+0	1,1E-3
Nickel	000,0E+0	000,0E+0	36,3E-6	15,3E-6
Phenole	000,0E+0	000,0E+0	206,0E-6	87,1E-6
Säuren als H(+)	1,4E-3	1,2E-3	000,0E+0	220,0E-6
Selen	000,0E+0	000,0E+0	791,0E-9	334,3E-9
Stickstoffverb., unspez.	131,7E-6	112,8E-6	000,0E+0	20,0E-6
Stoffe, org., gelöst	395,1E-6	338,4E-6	000,0E+0	60,0E-6
Stoffe, org., halog.,unspez.	000,0E+0	000,0E+0	3,2E-6	1,4E-6
Zink	000,0E+0	000,0E+0	284,9E-6	120,4E-6
Summe Wasser	**37,9E-3**	**32,5E-3**	**10,4E-3**	**13,0E-3**

13 Optionen beim Aufbau der Elektronik

13.1 Keramiksubstrat als Basismaterial

13.1.1 Grundkonzept

Eine untersuchte und beim Stahlkonzept realisierte Variante zur Optimierung der Elektronik ist die Dickschichthybridtechnik. Dabei wird an Stelle der duroplastischen Leiterplatte ein Keramiksubstrat, das auf einer Stahl- oder Aluminiumträgerplatte aufliegt, verwendet. Eine Hybridschaltung vereinigt auf dem Keramiksubstrat sowohl direkt aufgebrachte Komponenten in Form von elektrisch leitenden Schichten (Leiterbahnen und Widerstände) als auch Bauelemente herkömmlicher Bauweise (IC's, Transistoren, Kondensatoren). Als Keramikmaterial kommt Aluminiumoxid (Rubalit) zum Einsatz. Da dieses nicht brennbar ist, kann auf Flammschutz beim Basismaterial verzichtet werden. Für die Dickschichttechnologie sind auf das Keramiksubstrat aufgetragene Schichten mit einer Dicke von >1-2 µm kennzeichnend, wobei die typischen Werte in der Baugruppentechnologie für Leitschichten 10-15 µm und für Isolationsschichten >30 µm betragen.

In dem optimierten Elektronikkonzept wird einerseits durch den Druck von Bauteilen, andererseits durch eine weitgehende Substitution von herkömmlichen Bauteilen durch SMD-Bauelemente eine Materialeinsparung erzielt. Durch einen optimierten Schaltungsaufbau kann weiterhin eine Reihe von Bauteilen komplett eingespart werden.

Im einzelnen können von den etwa 480 Widerständen 80 % durch Widerstandsdruck dargestellt werden, die restlichen ca. 100 Stück mit SMD-Chipwiderständen. Dies führt zu einer Masseneinsparung von 41 g gegenüber der Referenzelektronik. Keramikkondensatoren werden ebenfalls als Chipbauteile ausgeführt, was zu einer Masseneinsparung gegenüber der herkömmlichen Elektronik von 14 g führt. Durch den Schaltungsaufbau können weiterhin 50 Keramikkondensatoren eingespart werden. Bei den Elektrolytkondensatoren können

30 Stück aufbaubedingt eingespart werden, was zu einer Einsparung von 15 g führt. Die verbleibenden Elektrolytkondensatoren werden ohne Umhüllung aus PVC-Folie eingesetzt.

Für die aktiven Bauelemente wird in der Option davon ausgegangen, daß mittelfristig die Nacktchiptechnologie so ausgereift ist, daß entsprechende Bauteile für die Unterhaltungselektronik am Markt angeboten werden. Diese Bauteile benötigen einen wesentlich geringeren Materialeinsatz, da auf das herkömmliche Gehäuse verzichtet wird und lediglich zur Passivierung der Oberflächen geringe Mengen an Silikonmasse oder Epoxidharz benötigt werden. Eine Materialreduktion um etwa 90 % im Vergleich zu herkömmlichen ICs erscheint dabei machbar. Bezogen auf das Referenzgerät ergibt sich eine Materialeinsparung von knapp 50 g.

Insgesamt kann mit diesem Konzept das Gewicht der elektronischen Bauteile durch Miniaturisierung und Einsparung um etwa 120 g reduziert werden. Die Substitution der duroplastischen Leiterplatte (bisher 300 g) führt zu einer Gewichtszunahme von 35 g durch die Keramikplatine (335 g). Zum Gewicht der Elektronik kommt allerdings die Trägerplatte für die Keramik hinzu, die aus Stahl mit einem Gewicht von 1862 g besteht. Gegenüber dem Referenzgerät können dadurch die Kühlbleche aus Aluminium (315 g) eingespart werden.

13.1.2 Herstellung

Die Herstellung ist zu unterteilen in die Herstellung des keramischen Basismaterials, des Trägerelementes aus Stahl oder Aluminium, die Schaltungserstellung und Bestückung. Da die Werkstoffherstellung für Stahl und Aluminium bereits im Kapitel 3 beschrieben worden ist, wird hier lediglich auf die Keramikherstellung eingegangen.

Keramikherstellung: Unter den Begriff Keramik fallen keramische Oxidwerkstoffe, die entweder auf dem Oxid eines einzigen Elements (z. B. Al_2O_3, MgO) basieren oder in ihrem Kristallgitter neben Sauerstoffionen Kationen verschiedener Elemente (z. B. $BaTiO_3$, $ZnFe_2O_4$) beinhalten. Im folgenden wird Keramik mit 96 Gew.- % Al_2O_3 betrachtet.

Die Produktion von Keramik kann grob in den Herstellungsprozeß (nach dem Bayer-Verfahren) und das anschließende Sintern unterteilt werden. Der Herstellungsprozeß umfaßt dabei die Teilprozesse Rohstoffgewinnung, -aufbereitung, Calcinierung und Mahlung.

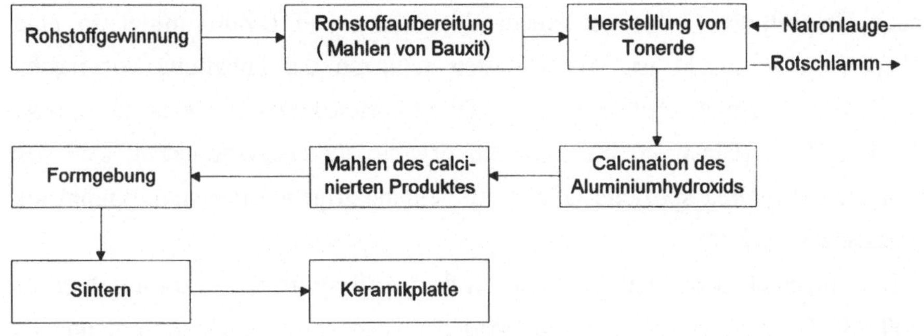

Abb. 13.1. Ablaufschema der Keramikherstellung

Das Ausgangsmaterial Bauxit wird auf eine Korngröße von < 1 mm gemahlen (Anteil von Al_2O_3 55-60 Gew.-%) und anschließend bei ca. 250 °C (ca. 40 bar) mit Natronlauge behandelt. In diesem Prozeß der Tonerdegewinnung bleiben Eisenhydroxide, Kieselsäure und Titandioxid ungelöst und werden als sogenannter Rotschlamm abgetrennt. Die Natriumaluminatlauge wird dann in großen Rührbehältern nach dem Verdünnen mit Wasser mit feinverteiltem Aluminiumhydroxid $Al(OH)_3$ (Kristallisationskeime) versetzt. Das $Al(OH)_3$ wird in Form von Hydrargillit aus der Aluminatlauge abgeschieden und abgefiltert. Daran anschließend erfolgt die Calcination des Aluminumhydroxids bei 1200 bis 1300 °C in Drehrohr- oder Wirbelschichtöfen, wobei α-Al_2O_3 entsteht. Das calcinierte Produkt wird dann einem Mahlvorgang unterworfen. Nach dem Mahlvorgang können Produkte geformt (z. B. Platten) und diese in einem Sinterprozeß zum Fertigprodukt verarbeitet werden.

Der Schaltungsaufbau geschieht folgendermaßen:

Das Auftragen elektrisch leitender und isolierender Schichten erfolgt im Siebdruckverfahren. Leiterbahnen und Widerstände entstehen in definierter Form, indem Pasten durch entsprechende, für jeden Druckvorgang speziell angefertigte Siebe hindurchgedrückt werden (Behrendt 1996, S. 74). Für die Leit-, Isolations- und Widerstandspasten werden in erster Linie Cermet- oder Polymerpasten verwendet. Cermetpasten enthalten Metalle (auch als Legierungen), Metalloxide sowie Gläser und Keramiken in unterschiedlichen Mischungsverhältnissen, die in feiner Pulverform in einer Dispersion enthalten sind. Träger der Dispersion sind Polymere und Lösungsmittel, die ein Aufdrucken auf das Trägersubstrat ermöglichen. Polymerpasten enthalten ebenfalls Metall- bzw. Metalloxidpulver oder Graphitpulver, das mit einem Epoxidharz und Lösungsmittel zu einer Dispersion vermischt ist. Abdeckpasten schützen die Schaltung vor mechanischen und klimatischen Einflüssen. Diese Pasten können sowohl auf anorganischer Basis (Glasuren) als auch auf organischer Basis aufgebaut sein. Die Glasuren enthalten spezielle Gläser mit sehr niedrigem Erweichungspunkt und niedriger Viskosität.

Die einzelnen Schichten werden nach dem Auftrag im Siebdruckverfahren bei 500-850 Grad °C gesintert. Dabei wird der Dispersionsträger entfernt und die Feststoffteilchen bilden sowohl eine homogene Sinterschicht als auch einen stabilen mechanischen und chemischen Haftungsmechanismus mit dem Substrat.

Anschließend werden die freiliegenden Widerstandsbahnen durch Lasertrimmen auf den Sollwert abgeglichen.

Energiebedarf und Abfallmengen: Der Energiebedarf für die Herstellung des Keramikträgers läßt sich in Ermangelung genauer Daten nur abschätzen. Für die Herstellung des keramischen Basismaterials gibt Landeck (Landeck 1995, S. 5) einen Energiebedarf von ca. 40 MJ/kg, d.h. 13,4 MJ für 335 g Basismaterial an. In Anlehnung an die Aluminiumherstellung, die ebenfalls aus Bauxit erfolgt, lassen sich für die Abfälle eine Abraummenge von ca. 700 g sowie 35 g Aschen und Schlacken bezogen auf 335 g keramisches Basismaterial ermitteln.

Der Energieaufwand zur Leiterbilderstellung dürfte in der gleichen Größenordnung wie bei der duroplastischen Leiterplatte liegen.

Bei den elektronischen Bauteilen erfolgt im Vergleich zum herkömmlichen Elektronikkonzept eine Einsparung von 50 g bei aktiven Bauteilen (IC-Gehäuse) und 70 g bei passiven Bauteilen, die eine Energieeinsparung von ca. 58 MJ ergeben.[1] Insbesondere bei den Berechnungen zu den aktiven Bauteilen muß auf den großen Schwankungsbereich der Daten hingewiesen werden. Daher sind diese Angaben nur wenig belastbar. Weiterhin sind Entlastungen zu erwarten durch eine reduzierte Anzahl von Lötstellen, so daß der Verbrauch an Zinn/Blei-Loten gegenüber dem Referenzgerät sinkt.

---

[1] Berechnung: Gehäusefertigung je IC 2,8 MJ, angenommene Reduktion bei Nacktchips: 2 MJ. Bei 27 ICs sind dies 54 MJ. Einsparung passive Bauteile: ca. 70 g von insgesamt 900 g passiven Bauteilen = 7,7 %. Bei 50 MJ für alle Bauteile sind dies ca. 3.8 MJ

Der Träger für das Basismaterial mit einem Gewicht von 1860 g erfordert zu seiner Herstellung 61,5[2] MJ Primärenergie. Abraum entsteht werkstoffbedingt 2,52 kg. In der gleichen Größenordnung liegt die Einsparung durch den Wegfall der Aluminium-Kühlbleche. Diese Einsparung beträgt bei 315 g Aluminium rund 71 MJ.

13.1.3 Recycling und Entsorgung

Das Recycling eines Gerätes mit einer Elektronik, die auf dem Keramikkonzept basiert, wird wesentlich vereinfacht, indem es auf einen Verwertungs- bzw. Entsorgungspfad hin optimiert wird. Das Konzept von Loewe Opta sieht vor, das gesamte Chassis nach einer manuellen Trennung von Chassis und metallischem Träger in der Kupferschmelze zu entsorgen (Landeck 1995, 7.1.6, S. 10). Die Aluminiumoxidkeramik stellt allerdings in der Kupferschmelze einen unerwünschten Problemstoff dar. Unedlere Metalle verschlacken in der Schmelze und gehen damit einer Wiedergewinnung zum Teil verloren bzw. können nur mit einem erhöhten Energieaufwand zurückgewonnen werden. Der Stahlträger soll dem Stahlrecycling zugeführt werden.

13.1.4 Bewertung des Konzeptes

In der Summe ergibt sich aus energetischer Sicht für die Keramikleiterplatte gegenüber der duroplastischen Leiterplatte und des herkömmlichen Chassisträgers aus Kunststoff ein Mehrverbrauch von ca. 38 MJ, der in erster Linie durch das Trägerelement bedingt ist. Die Einsparung der Kühlbleche kompensiert diesen Mehrverbrauch. Durch Bauteileeinsparung und Nacktchiptechnologie könnten 58 MJ Primärenergie eingespart werden, so daß in der Summe eine Einsparung von 37 MJ erfolgen könnte. Eine Aufschlüsselung der Daten zeigt Tabelle 13.1:

---

[2] Energiebedarf Blasstahlherstellung 33 MJ/kg

Tabelle 13.1. Reduktionspotentiale des Energieverbrauchs beim Keramikkonzept

Keramikkonzept	Energiebedarf (MJ)	Referenzgerät	Energiebedarf (MJ)
Basismaterial Keramik	13,4	duroplastische Leiterplatte	21,7
Stahlträger	61,5	Chassisträger Polystyrol (150g)	14,8[3]
Einsparung aktive Bauelemente	-54	Alu-Kühlbleche	71
Einsparung passive Bauelemente	-4		

Eine echte Wiederverwendung des Trägerelements statt eines werkstofflichen Recyclings könnte die Energiebilanz noch verbessern.

Ebenfalls positiv stellt sich die Bewertung der Schadstoffseite dar. Dabei werden mit dem Keramikkonzept insbesondere halogenierte Flammhemmer überflüssig und kritische Schwermetalleinträge (Antimontrioxid) in Entsorgungsprozesse reduziert. Dieser qualitativ bedeutende Aspekt einer Schadstoffentfrachtung von Abfallströmen schafft Voraussetzungen für ein umweltverträgliches Recycling und vermindert die Sonderabfallmengen beim Elektronikschrottrecycling.

Um einen Vergleich der Verfahren bei der Leiterbilderstellung bei der keramischen und duroplastischen Leiterplatte durchzuführen, liegen keine ausreichenden Daten vor.

---

[3] Bei Polystyrol 99 MJ/kg Energiebedarf Primärenergie inkl. feedstock

13.2 Kupferfolienleiterplatte

13.2.1 Grundkonzept

Bei dem Folienleiterplattenkonzept wird die herkömmliche duroplatische Leiterplatte, die in der Regel 1,5 mm dick ist, durch eine kupferkaschierte Folie substitutiert. Diese Folie kann aus duroplastischem, thermoplastischem oder auch keramischem Material bestehen. Bei FR4-Material kann bei Aufbringen auf einen Stahlträger auf Flammschutz verzichtet werden. Folien z. B. aus Polyetherimid (PEI), Polyimid (PI) oder Polyphenyloxid (PPO) sind hochwärmebeständig, so daß sie flammhemmerfrei hergestellt werden können. Diese Kunststoffe haben sich aus Kostengründen in der Unterhaltungselektronik bisher nicht durchsetzen können.

Die flexible Form der Folie ermöglicht dreidimensionale Schaltungsaufbauten. Verbindungskabel, wie sie normalerweise zwischen einzelnen Platinen im Fernsehgerät vorhanden sind, können aus dem Folienmaterial gestanzt werden, so daß andere Kabelverbindungen überflüssig sind. Das Folienchassis wird, ähnlich wie beim Keramikkonzept auf einen Träger, z. B. eine Stahl- oder Aluminiumplatte aufgeklemmt oder aufgeklebt. Die Leiterbilderzeugung und anschließende Bestückung erfolgt wie bei der herkömmlichen Leiterplatte.

Eine weitergehende Variante, die bisher technisch noch nicht realisiert wurde, sieht den Druck einer zweiten Leiterebene sowie den Druck von Bauelementen mit Hilfe von Polymerleitpasten vor. Dabei erfolgt der Fertigungsprozeß ähnlich, wie er bei dem Keramikkonzept beschrieben worden ist. Da das Folienmaterial nicht temperaturbeständig bis 500° C ist, müssen Polymerleitpasten zum Einsatz kommen, die bei Temperaturen von max. 200 ° C aushärten.

13.2.2 Herstellung

Es werden die Daten für herkömmliche Basismaterialien auf Epoxidharzbasis, wie beispielsweise FR4-Material als Vergleichsgrundlage genommen. Zur Herstellung z. B. von Polyetherimidfolien liegen keine aussagekräftigen Daten vor.

Die Folien werden wie die duroplastischen Leiterplatten mit einer Kupferkaschierung versehen. Das Vorgehen bei der Leiterbilderstellung erfolgt analog der herkömmlichen Leiterplatte. Somit lassen sich Einsparungen im Energieverbrauch durch die reduzierte Masse der Folie im Vergleich zur 1,5 mm starken Duroplastplatte erzielen. Bezogen auf die für ein Fernsehgerät erforderliche Leiterplattenfläche ergibt sich bei einer Foliendicke von 0,2 mm eine Gewichtsersparnis von 295 g. Hinzu kommt auch in diesem Fall, wie bei dem Keramikkonzept, die ca. 1880 g schwere Trägerplatte (Stahl), auf die die Folienplatine aufgeklemmt würde. Eingespart werden wiederum die herkömmlichen Kühlbleche aus Aluminium.

13.2.3   Recycling und Entsorgung

Das Recycling eines Gerätes mit einem Chassis auf einer Folienplatine wird vereinfacht. Nach einer manuellen Trennung von Chassis und metallischem Träger sieht das Konzept von Loewe Opta vor, das gesamte Chassis in der Kupferschmelze zu entsorgen. Dies setzt ebenfalls voraus, daß die Bauteile nahezu vollständig halogenfrei sind. Der Stahlträger wird dem Stahlrecycling zugeführt. Ein Teil des Energieaufwandes des Elektronikschrottrecyclings kann so eingespart werden.

13.2.4   Abschätzung der Umweltentlastung

Die Umweltentlastungen in bezug auf den Energieverbrauch zur Herstellung der Elektronik zeigt Tabelle 13.2:

Tabelle 13.2. Reduktionspoteniale des Energieverbrauchs beim Folienkonzept

Folienkonzept	Energiebedarf (MJ)	Referenzgerät	Energiebedarf (MJ)
Basismaterial (85g)	$5{,}7^4$	duroplastische Leiterplatte (380g)	21,7
Stahlträger	61,5	Chassisträger Polystyrol (150g)	$14{,}8^5$
Einsparung aktive Bauelemente	-54	Alu-Kühlbleche	71
Einsparung passive Bauelemente	-4		

Eine signifikante Umweltentlastung könnte beim Chassis voraussichtlich erzielt werden, wenn ein flammhemmerfreies Basismaterial verwendet würde, auf das das komplette Leiterbild aufgedruckt wird. Damit würden die umweltbelastenden und energieaufwendigen Fertigungsschritte bei der herkömmlichen Leiterbilderstellung vermieden. Um genaue Aussagen treffen zu können, ist allerdings eine detaillierte Bilanzierung der Folienherstellung und der Leiterbilderzeugung im Siebdruckverfahren erforderlich.

13.3 Vergleich der Optionen

Die beiden vorgestellten Optionen zur Optimierung der Elektronik gleichen sich in ihren Ansätzen zur Miniaturisierung und Einsparung von Bauteilen durch einen geänderten Schaltungsaufbau. Sie unterscheiden sich bezüglich der gewählten Basismaterialien. Aus der Einsparung an Masse der Elektronikbauteile resultieren in energetischer Hinsicht die wichtigsten Umweltentlastungen. Der für das Basismaterial erforderliche Trägerkörper führt durch sein hohes Gewicht zu einer Überkompensation der Energieeinsparungen durch das Basismaterial,

---

[4] 3,2 MJ für Kupferfolie, 2,5 MJ für Prepregs (unbeschichtetes Basismaterial)
[5] Bei Polystyrol 99 MJ/kg Energiebedarf Primärenergie inkl. feedstock

die allerdings durch den Wegfall der herkömmlichen Kühlkörper wiederum aufgefangen wird. Eine Nutzung des Gehäuses als Trägerelement wäre im Prinzip wünschenswert, um eine Erhöhung des Gewichts zu vermeiden.

Beide Optionen führen zu Fortschritten durch die Wahl eines flammhemmerfreien Basismaterials in bezug auf Recyclingfähigkeit und Schadstoffentfrachtung. Das Folienkonzept dürfte bei einer großtechnischen Umsetzung aus Kostengründen Vorteile gegenüber dem Keramikkonzept aufweisen.

Weitere Elektronikkonzepte, die auf Additivverfahren zur Leiterbilderstellung und einer dreidimensionalen Struktur der Schaltungen beruhen, wie die MID-Technik (Moulded interconnected devices), werden gegenwärtig im Rahmen von Forschungsvorhaben untersucht (Projekt „Grüner Fernseher"). Die Entlastungspotentiale in schadstofflicher und energetischer Sicht lassen sich aber zum gegenwärtigen Zeitpunkt nicht quantifizieren.

14 Optionen zur Senkung des gebrauchsbedingten Energiebedarfs

Ein wichtiges Handlungsfeld für die Optimierung ist die Gebrauchsphase eines Fernsehers. Neben dem durch den Hersteller nicht oder nur gering zu beeinflussenden Nutzungsverhalten durch den Konsumenten liegt vor allem in der Senkung der Leistungsaufnahme, sowohl während des Normalbetriebs als auch im Stand-By-Betrieb, ein enormes Minderungspotential. Damit bekommen Konzepte zur Senkung des Energieverbrauchs und intelligente Stand-By Schaltungen einen hohen Stellenwert.

14.1 Reduzierte Leistungsaufnahme während der Nutzung

Ein Ansatzpunkt die Leistungsaufnahme zu reduzieren, besteht in der Verringerung der Ausgangsleistung des Audioteils. Handelsübliche Farbfernsehgeräte werden mit einem leistungsstarken Audioteil ausgestattet. Sie liegt im Falle des Referenzgeräts bei maximal 40 Watt je Lautsprecher. Diese Leistung wird vom Nutzer in der Regel nicht in Anspruch genommen. Durch Auslegung des Audioteils auf Zimmerlautstärke (wie z. B. im „Ökovision"-Gerät der Schneider Elektronik und Rundfunkwerke GmbH und einer Optimierung der Schaltung kann die durchschnittliche Leistungsaufnahme des Audioteils von 15 Watt auf 10 Watt gesenkt werden (Landeck 1996). Weitere potentielle Reduktionspotentiale liegen in der Optimierung der Schaltungselektronik und in der Steigerung des Wirkungsgrades von Audio-Netzteil und Verstärker.

Eine weitere Optimierungsmöglichkeit bietet die Bildröhre. Bei einer auf 60 Watt ausgelegten Bildröhre entfallen 35 Watt auf den Kontrast (Helligkeit) und 25 W auf die horizontale und vertikale Ablenkung der Strahlen. Einsparpotentiale ergeben sich hauptsächlich durch eine optimale Einstellung der Spitzenleuchtdichte (Kontrast). Die vom Hersteller vorgegebene Helligkeit des Farbbildes ist aus Verkaufsgründen oftmals stark überhöht eingestellt. Dies hängt mit der Adaptionsfähigkeit des menschlichen Auges zusammen. Beim Kauf eines Fernsehgerätes werden die Farbbilder der verschiedenen Geräte direkt miteinander verglichen. Es erscheint dem Betrachter jeweils das Bild am kontrastreichsten, welches die größte Helligkeit besitzt. Ein 'optimal' eingestelltes Farbbild (für die Nutzung beim Konsumenten) hat eine deutlich geringere Helligkeit. Das Reduktionspotential liegt bei max. 20 W. Hieraus ergibt sich eine optimale Leistungsaufnahme für den Kontrast von ca. 15 W. Die Gesamtleistungsaufnahme der Bildröhre beläuft sich dann auf 40 W (Landeck 1996). Diese Einsparung könnte technisch durch eine automatische Kontrastregelung mittels eines photosensitiven Bauteiles realisiert werden, ist aber bislang noch nicht umsetzungsreif.

Ein weiterer Ansatz für Energieeinsparungen während der Betriebsphase ist eine breitbandig entspiegelte Bildröhre, die Reflexionen auf dem Schirmglas minimiert (Versuche werden derzeit u.a. von Philips durchgeführt).

In der Schaltungselektronik (durchschnittliche Leistungsaufnahme ca. 20 W) und im Signalteil (ca. 10 W) sind nur geringe Energieeinsparungen möglich.

14.2 Reduzierte Leistungsaufnahme während des Stand-By-Modus

Eine Optimierungpotential besteht bei der Leistungsaufnahme im Stand-By-Modus. Mit einer optimierten Schaltung kann der Stand-By-Modus von derzeit durchschnittlich 7 Watt auf 1 Watt verringert werden. Eine weitere Reduktion auf 0,1 Watt ist prinzipiell möglich. Dies wird durch den Einsatz eines Kondensators anstelle eines Transformators möglich.

14.3 Vergleich der Optionen mit dem Referenzgerät

Ein energieoptimiertes Farbfernsehgerät verbraucht während des Betriebs somit rd. 80 W und im Stand-By-Betrieb ca. 1 W. Im Vergleich dazu beträgt die Leistungsaufnahme des Referenzgerätes rd. 105 W und die des Stand-By-Betriebes ca. 7 W.

Diese Werte bilden die Grundlage für den Vergleich des Energieverbrauchs des Referenzgerätes gegenüber dem energieoptimierten Gerät über die gesamte Lebensdauer von 12 Jahren. Dabei wird von einer täglichen Betriebsdauer des Geräts von drei Stunden ausgegangen. Die übrige Zeit verbleibt das Gerät im

Stand-By-Modus. Werden diese Randbedingungen variiert, z. B. weil ein geändertes Nutzerverhalten angenommen wird (längere Nutzungsdauer oder Abschalten des Stand-By-Betriebs), so verändern sich selbstverständlich auch die Ergebnisse.

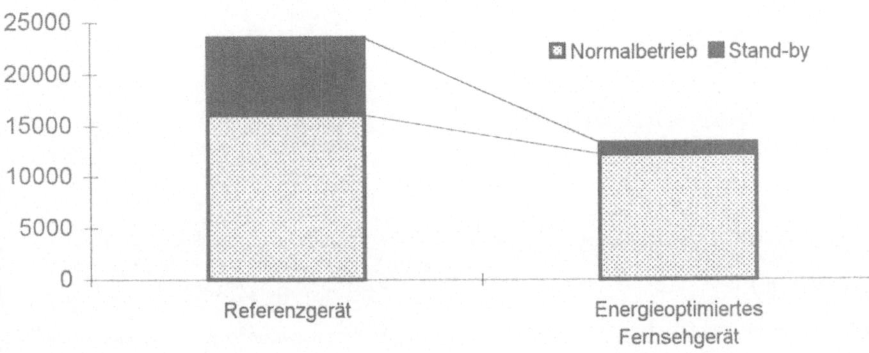

Abb. 14.1. Vergleich des Energieverbrauchs [MJ]

Der gesamte Primärenergieverbrauch beträgt bei dem Referenzgerät während der Gebrauchsphase 16.010 MJ und 7.480 MJ im Stand-By-Modus. Im Vergleich dazu wird der Primärenergieverbrauch in der Gebrauchsphase bei dem energieoptimierten Gerät auf 12.210 MJ und im Stand-By-Modus auf 1.070 MJ reduziert. Die energetische Optimierung des Referenzgerätes führt somit zu einer Verringerung des Primärenergieverbrauches um über 40 %. Entsprechend reduzieren sich die energiebedingten Emissionen und Abfälle.

15 Wirkungsabschätzung

15.1 Methodische Vorbemerkungen

Die Aufgabe der Wirkungsabschätzung ist die Überführung der komplexen Einzeldaten der Sachbilanz in wenige Größen, die ökologische Auswirkungen beschreiben. Dies setzt grundsätzlich eine Abschätzung der möglichen Umweltwirkungen aller ein- bzw. freigesetzten Stoffe und zudem eine Aggregation der Daten voraus.

Die Datenlage zum Lebenszyklus von Fernsehgeräten erlaubt keine umfassende Wirkungsbilanzierung. Weder sind alle relevanten Stoffflüsse entlang des Lebenszyklus hinreichend erfaßt, noch sind ausreichende Kenntnisse über die Umweltwirkungen der einzelnen Stoffe vorhanden. In aller Regel liegt kein direkter räumlicher und zeitlicher Bezug und auch kein direkter Mengenbezug der in der Sachbilanz erhobenen Daten vor. Hinzu kommt, daß zur Darstellung real auftretender Umweltwirkungen die Expositionsbedingungen (Konzentration eines Stoffes, räumliche Ausbreitung, Dauer der Exposition, Aufnahmepfade etc.), die Wechselwirkungen einer Substanz mit anderen Stoffen und die konzentrationsgebundenen Wirkungsweisen auf Lebewesen und Ökosysteme im einzelnen nicht bekannt sind.

Dies trifft in besonderem Maße auf die Wirkungsabschätzung des Eintrags human- und ökotoxischer Stoffe in die Umwelt zu. Hinsichtlich der Humantoxizität von Stoffen ist ein Problem die Übertragbarkeit von Ergebnissen aus Tierversuchen auf den Menschen. Eine weitere Schwierigkeit ist die Heranziehung von Grenz- und Schwellenwerten für Stoffe. Bei der Ökotoxizität von Stoffen bestehen erhebliche Kenntnislücken in der Bestimmung der Wirkungen einzelner Stoffe auf ökosystemare Strukturen und Funktionen.

Aus diesen Gründen und aufgrund der Datenlage ist keine Wirkungsabschätzung für ein gesamtes TV-Gerät durchführbar. Dies würde zu Asymmetrien in den Ergebnissen und zu Mißinterpretationen führen. Sinnvoll aufgrund der

Datenlage ist eine Wirkungsabschätzung für die verschiedenen Gehäuse-materialien und für die Stoffe, die in einem TV-Gerät enthalten sind.

Zur Wirkungsabschätzung der Gehäuse werden für die Quantifizierung der möglichen Stoffwirkungen relevante Wirkungskategorien untersucht. Es handelt sich dabei um die Beiträge der untersuchten Fernsehgeräte zum Treibhauseffekt, zur Photooxidation (Sommersmog) sowie zur Versauerung von Böden und zur Eutrophierung von Gewässern.

Einen Schwerpunkt bildet die Wirkungsabschätzung der Werk- und Inhalts-stoffe der untersuchten Fernsehgeräte, wobei aus der Fülle der Stoffe diejenigen betrachtet werden, die eine besondere Toxizitätsrelevanz aufweisen. Kriterien für die Auswahl sind neben der Mengenrelevanz gesundheitsgefährdender Stoffe insbesondere Hinweise auf Karzinogenität, Mutagenität und Teratrogenität eines Stoffes. Hierbei werden die MAK-Liste und die Schweizer-Giftliste heran-gezogen. Weiterhin orientiert sich die Auswahl der Stoffe an Emissionsfaktoren, die die Bedeutung von anthropogen verursachten Stoffflüssen in der Biosphäre beschreiben.

Nicht betrachtet wird die Strahlungsbelastung. Zwar setzen Fernseher mit einer Kathodenstrahlbildröhre während des Betriebes Röntgenstrahlung sowie elek-tromagnetische und elektrostatische Strahlen frei. Es konnten aber auf der Grundlage von Literaturrecherchen in der Sachbilanz keine signifikanten Gesundheitsschäden oder -belastungen festgestellt werden.

15.2 Wirkungsfelder

Die Ermittlung der Umweltwirkungen verschiedener Gehäusekonzepte beruht auf der Bildung von Wirkungskategorien, die sich an die Vorschlagslisten der SETAC und des UBA anlehnt. Nach einer Zuordnung der Emissionen zu den unterschiedlichen Wirkungskategorien wird der Stoffeintrag mit Hilfe von Äqui-valenzfaktoren quantifiziert und aggregiert. Die Äquivalenzfaktoren ermöglichen eine Umrechnung der unterschiedlichen Beiträge der einzelnen Stoffe in eine Bezugsgröße, auf deren Basis anschließend eine Aggregation zu jeweils einer Wirkungsgröße vorgenommen wird. Die Operationalisierung der Sachbilanz-daten zu Wirkungsgrößen erfolgt mittels Äquivalenzfaktoren, die den Arbeiten des Centre of Environmental Science (CML, Leiden, Niederlande) entnommen sind.

Die Aggregationsformen der Wirkungsfelder stellen sich im einzelnen wie folgt dar:

Treibhauseffekt: Als Leitgröße für das Klimaproblem wird das Global Warming Potential (GWP) klimarelevanter Gase (CO2, FCKW, CH4, N2O, Nox, VOC) zugrundegelegt. Es ist ein Maß für die zeitlich integrierte Strahlungswirkung einer Stoffmenge relativ zu der Wirkung dergleichen Menge von Kohlendioxid. Der GWP-Wert wird nach folgender Formel berechnet:

Treibhauspotential als CO_2-Äquivalent $(kg)_{Produkt} =$

$$\Sigma\ GWP_{i(Stoff)} \times Sachbilanzmenge\ (kg)_{i(Stoff)}$$

Abbau des stratosphärischen Ozons: Die produktspezifische Ozonschädigung (FCKW, CKW, Halone, N_2O) läßt sich mit dem Ozon Depletion Potential (ODP-Wert) auf der Basis von FCKW 11 erfassen. Da bei Herstellung, Nutzung, Recycling bzw. Entsorgung von Gehäusen keine ozonschädigenden Stoffe in der Sachbilanz festgestellt wurden, wird dieser Wirkungsbereich nicht weiter betrachtet.

ODP als FCKW-11-Äquivalent (kg)Produkt =

$$\Sigma\ ODP_{i(Stoff)} \times Sachbilanzmenge\ (kg)_{i(Stoff)}$$

Photooxidation: Bei der Photooxidation spielt vor allem die Bildung von bodennahen Ozon eine Rolle. Daran beteiligt sind insbesondere Stickoxide und flüchtige organische Verbindungen (VOC, Volatile Organic Compounds). Zur Aggregation wird hier das Photochemical Ozone Creation Potential (POCP) herangezogen. Das POCP ist ein Maß für Ozonbildungsfähigkeit von Kohlenwassertoffen. Als Bezugsgröße wird Ethylen gewählt. Der POCP-Wert berücksichtigt keine Stickoxide. Deshalb erfaßt der POCP-Wert nicht eindeutig die photochemische Oxidantienbildung.

POCP als Ethylen-Äquivalent $(kg)_{Produkt} =$

$$\Sigma\ POCP_{i(Stoff)} \times Sachbilanzmenge\ (kg)_{i(Stoff)}$$

Versauerung von Böden und Gewässern: Das Problemfeld Versauerung von Böden und Gewässern steht insbesondere in Zusammenhang mit Schwefeldioxid-

und Stickoxidemissionen sowie Ammoniakeinträgen. Zur Beschreibung des Versauerungspotentials werden Säureäquivalente herangezogen. Es ist festzuhalten, daß aufaggregierte Säureäquivalente die komplexen ökologischen Wirkungszusammenhänge (z. B. Waldsterben) nicht vollständig erfassen. Das Versauerungspotential der Stoffe (Acidification Potential AP als SO_2-Äquivalent in kg) wird relativ zu Schwefeldioxid nach folgender Formel berechnet:

$$AP_{Produkt} = \Sigma\ Ap_{i(Stoff)} \times Sachbilanzmenge\ (kg)_{i(Stoff)}$$

Eutrophierung von Gewässern: Bei der Beschreibung der Eutrophierung von Gewässern durch anthropogene Einträge werden Stickstoff (vorwiegend als Nitrat und Ammonium) und Phosphor (überwiegend als Phosphat) berücksichtigt. Als Indikator dient das Nutrification Potential auf der Basis von Phosphat.

$$AP\ als\ PO_4\text{-Äquivalent}\ (kg)_{Produkt} = \Sigma\ Ap_{i(Stoff)} \times Sachbilanzmenge\ (kg)_{i(Stoff)}$$

Eintrag human- und ökotoxischer Stoffe in die Umwelt: Das Problemfeld 'Eintrag toxischer und ökotoxischer Stoffe in die Umwelt' ist durch eine große Stoffvielfalt gekennzeichnet. Es gibt derzeit kein akzeptiertes Verfahren, mit dem die Wirkungen der Stoffe zu einer Größe zusammengefaßt werden könnten. Aggregationen auf der Basis von Toxizitätsäquivalenzwerten, wie zum Beispiel von dem CML vorgeschlagen, sind problematisch. Es werden daher Einzelfallbetrachtungen angestellt.

15.3 Wirkungsprofil für Gehäuse

Gegenstand der Wirkungsabschätzungen sind die in Kapitel 12 beschriebenen vier verschiedenen Gehäusematerialien. Es handelt sich um das Referenz-Kunststoffgehäuse, das Kunststoffgehäuse gefertigt nach dem AirMould-Verfahren, das Stahlgehäuse sowie das Mischgehäuse (Stahl, Aluminium, Holz). Es werden in dieser Wirkungsabschätzung die werkstoffliche Bereitstellung sowie das werkstoffliche Recycling bzw. die thermische Verwertung analog den Annahmen aus Kapitel 11 Gehäuseoptionen zugrunde gelegt.

Für die rein rechnerische Betrachtung der Umweltauswirkungen werden in Tabelle 15.1 die Äquivalenzfaktoren aufgeführt, die für die Berechnung des Wirkungsprofils relevant sind.

Tabelle 15.1. Äquivalenzfaktoren zur Berechnung der Wirkungskategorien (Heijungs 1991, S. 65 ff.)

Kategorie	Emission	Äquivalenzfaktor
Treibhauseffekt (GWP 20)	Methan CH_4	35
	Kohlendioxid CO_2	1
	Tetraflourmethan CF_4	> 3500
Überdüngung	chem./biol. O_2-Bedarf COD BOD	0,022
	gel. org. Kohlenstoff DOC	0,066
	Ammonium NH_4^+	0,33
	NO_x	0,13
	Phosphor als PO_4^{3-}	1
	Stickstoff als NO_3^-	0,1
	Kohlenwasserstoffe	0,05
	Stickstoff Gesamt	0,42
Versauerung	Chlorwasserstoff HCl	0,88
	Stickoxyde NO_x	0,7
	SO_x als SO_2	1
	Ammoniak NH_3	1,88
	Fluorwasserstoff HF	1,60
Photooxidantienbildung	Ethylen C_2H_6	1
	Methan CH_4	0,007
	Kohlenwasserstoffe ohne CH_4	0,416

Auf eine Normalisierung der Effekte (Bezug der einzelnen Emissionen und deren Wirkungen auf globale Emissionsdaten und -auswirkungen) wird verzichtet, da einerseits die Erfassung globaler Daten mit hohen Unsicherheiten behaftet ist und es sich um einen relativen Vergleich der verschiedenen Gehäusevarianten handelt. Es wird lediglich die jeweils höchste Emission gleich 100 % gesetzt. Alle anderen Werte werden mit diesem Wert verglichen.

15.4 Ergebnisse der Wirkungsberechnungen

Die relativen Ergebnisse der Wirkungsberechnungen für die Gehäusevarianten
sind in Abb. 15.1 dargestellt.

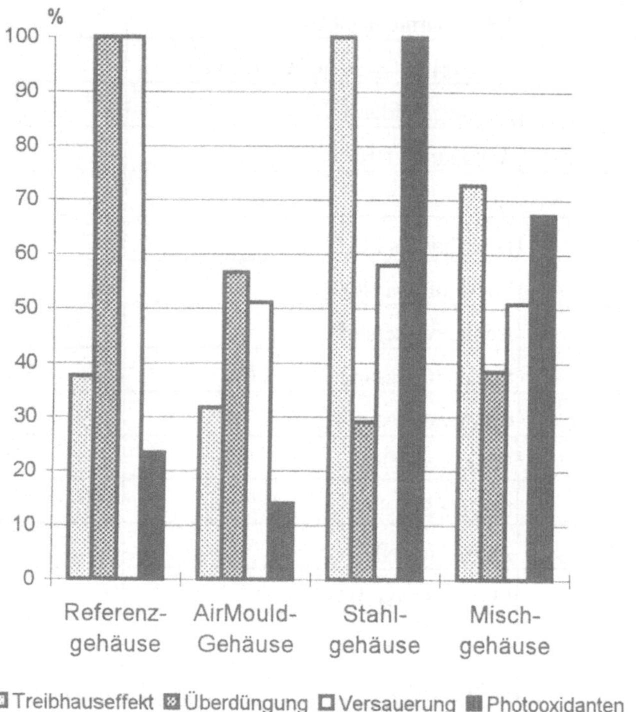

Abb. 15.1. Relativer Beitrag der Gehäusevarianten zu den Wirkungskategorien

Die einzelnen Wirkungskategorien stellen sich wie folgt dar:

Treibhauseffekt: Das Stahlgehäuse leistet mit Abstand den höchsten Beitrag
zum Treibhauseffekt, weil die Werkstoffherstellung mit hohen CO_2-Emissionen
verbunden ist. Das 'Mischgehäuse' hat aufgrund der verwendeten Werkstoffe
Stahl und Aluminium ebenfalls einen relativ hohen Anteil am Treibhauseffekt
(ca. 73 % im Vergleich zum Stahlgehäuse). Die Herstellung von Kunststoffen ist

vergleichsweise mit geringen CO_2-Emissionen verbunden. Die relativen Anteile liegen bei rd. 38 % (Referenzgehäuse) und ca. 32 % (AirMould-Gehäuse).

Überdüngung: Die Herstellung von Kunststoffen verursacht den größten Beitrag zu dieser Wirkungskategorie. Von besonderer Bedeutung sind hierbei die NO_x - Emissionen. Den höchsten Beitrag liefert das Referenzghäuse. Der Beitrag des AirMould-Gehäuses ist aufgrund der Materialeinsparung und der erhöhten Recyclingquote nur rund halb so groß (57 %). Die Anteile des Stahl- und Mischgehäuses zur Überdüngung betragen ca. 29 % und 38 %.

Versauerung: Bei dieser Wirkungskategorie ergibt sich für die Gehäusevarianten ein ähnliches Bild wie bei der Kategorie Überdüngung. Die mengenmäßig relevanten Substanzen NO_x und SO_2 führen zu signifikanten Beiträgen der Wirkungskategorien. Sie werden vorwiegend bei der Herstellung von Kunststoffen emittiert. Die jeweiligen Anteile belaufen sich auf 100 % beim Referenzgehäuse, 51 % beim AirMould- und Mischgehäuse sowie 58 % beim Stahlgehäuse.

Photooxidation: Photooxidantien enstehen hauptsächlich bei der Herstellung von Stahl. Aus diesem Grund schneidet das Stahl- und das 'Mischgehäuse' deutlich schlechter ab als die Kunststoffgehäuse. Das Wirkungsprofil dieser Umweltkategorie ähnelt dem Ergebnis beim Treibhauseffekt (23 % Referenzgehäuse, 14 % AirMould-Gehäuse, 100 % Stahl- und 67 % beim Mischgehäuse).

Die Ergebnisse der Wirkungsbilanz lassen keine eindeutige Beurteilung der alternativen Gehäusevarianten zu. Das AirMould-Gehäuse schneidet in den Wirkungskategorien Treibhauseffekt, Versauerung und Photooxidation am besten ab. Im Gegensatz dazu hat das Referenzgehäuse in den Wirkungsbereichen Überdüngung und Versauerung die höchsten Einträge, während das Stahlgehäuse hinsichtlich des Treibhauseffektes und der Photooxidantienbildung am schlechtesten abschneidet. Das Mischgehäuse ist in den Wirkungskategorien Treibhauseffekt, Versauerung und Photooxidantien aufgrund der drei eingesetzten Werkstoffe besser als das Stahlgehäuse; lediglich bei der Überdüngung liegt der Beitrag des Mischgehäuses um 9 %-Punkte höher als bei dem Stahlgehäuse.

Eine eindeutige Aussage ist für die beiden Kunststoffgehäuse möglich. Aufgrund der Gewichtseinsparung bei dem AirMould-Verfahren gegenüber dem Referenzgehäuse sind die herstellungsbedingten Emissionen und die damit verbundenen Beiträge zu den einzelnen Wirkungskategorien bei dem AirMould-

Verfahren geringer als bei dem Referenzgehäuse. Außerdem werden durch das vollständige werkstoffliche Recycling des AirMould-Gehäuses im Gegensatz zum Referenzgehäuse Emissionen vermieden. Damit schneidet das AirMould-Gehäuse besser ab als das Referenzgehäuse. Dies korreliert mit den Sachbilanzergebnissen. Der Primärenergiebedarf für das im AirMould-Verfahren hergestellte Gehäuse liegt im Vergleich zum Referenzgerät und dem Stahlgehäuse wesentlich niedriger.

15.5 Human- und ökotoxische Aspekte eingesetzter Stoffe

Im Zuge einer Literaturrecherche konnten über 150 Stoffe identifiziert werden, die in Fernsehgeräten enthalten sein können (vgl. Anhang). Die für die Sachbilanz relevanten Stoffgruppen und Stoffe werden im folgenden hinsichtlich ihrer potentiellen toxischen Wirkungen beschrieben.

Hierbei reicht es nicht aus, sich auf einen Teil des Lebenszykluses des Produktes zu beziehen. In der Nutzungsphase beinhaltet ein Fernsehgerät nur ein geringes toxisches Potential für den Nutzer und die Umwelt, doch jede Substanz hat ein Vor- und Nachleben, und auf diesen Stufen können Substanzen mit toxischem Potential auftreten. Deshalb erfolgen die toxikologischen Betrachtungen auf den Stufen: Rohstoff- und Rohstoffgewinnung; Umwandlung zur reinen Verbindung; vereinzelt, da sehr schwierig einzuschätzen die Umwandlung zum Bauteil; Produktnutzung und Entsorgung/Nachnutzung. Auf jeder der Stufen werden unter Berücksichtigung der relevanten Bedingungen das Auftreten von Stoffen, deren mögliche Verteilung in der Biospähre und ihr ökotoxisches Potential hinsichtlich dieser Verteilung beschrieben. Für die Nutzung sollen zudem die denkbaren Störfälle mechanische Zerstörung und Brand betrachtet werden, für die Nachnutzung die Möglichkeiten Recycling, Deponierung und Verbrennung.

Von großer Schwierigkeit ist jedoch, die Bedingungen, unter denen die Stoffe verarbeitet oder denen sie ausgesetzt sind, zu bestimmen. Dieses Problem beginnt mit der Rohstoffgewinnung, wo vielfach verschiedene Ausgangsstoffe genutzt werden (Bleioxid oder Bleisulfid zur Herstellung von Blei), die Abbaumethoden unterschiedlich sind (Ausschwemmen von Kupfergestein oder trockener Abbau von Erzen) oder die Herstellung des Rohstoffes nach unterschiedlichen Verfahren betrieben werden, die zudem in jedem Land verschiedenen Anforderungen hinsichtlich des Umweltschutzes unterliegen. Da es nicht möglich ist zu unterscheiden, ob zum Beispiel Kupfer in Deutschland mit strengen Auflagen und somit geringen Emissionen oder in Rußland mit extremem Ausstoß von Stäuben hergestellt wird, kann hier nur eine qualitative Abschätzung vorgenommen werden.

Des weiteren erfolgt die Umwandlung eines Rohstoffes zu einem komplexen Bauteil in einer Vielzahl von Produktionschritten, bei denen jeweils verschiedene Hilfsstoffe eingesetzt werden. So finden sich bei der Herstellung einer Leiterplatte weit mehr als 100 verschiedene Agenzien auf dem Weg von den Ausgangsmaterialien Kunststoff und Kupfer bis zur Leiterplatte (Sage 1993, S. 24 ff.). Eine Einbeziehung dieser Substanzen ist meistens nicht möglich, da sie dem Herstellergeheimnis unterliegen. Die Hilfsstoffe verbleiben nach ihrer Nutzung im Verantwortungsbereich des Verwenders, sie finden sich allenfalls in Spuren im fertigen Produkt.

Die Bedingungen der Nutzung hingegen stellen kein Problem dar, wobei allerdings das aus dem Automobil bekannte Fogging nur für die bromierten Flammhemmer betrachtet wird. Gleiches gilt für den Störfall Implosion, nicht jedoch für den Brand. Hierbei wären zwei Möglichkeiten denkbar. Zum einen ein Hausbrand, bei dem das Gerät Temperaturen von mehr als 1200 °C ausgesetzt wird, oder ein Gerätebrand, bei dem niedrigere Temperaturen auftreten. Auch wenn nicht explizit zwischen diesen beiden Möglichkeiten unterschieden wird, nehmen wir normale Flammtemperaturen von ca. 1200 °C an, wobei das Gerät jedoch nur einen begrenzten Zeitraum diesen Temperaturen ausgesetzt wird (Theisen 1992).

Die Bedingungen der Nachnutzung sind für die Deponierung eine mechanische Zerkleinerung (jedoch kein Shreddern), wäßrige, schwach saure Umgebung unter Zufuhr von Luft und Kohlendioxid/Kohlensäure. Die Sickerwässer werden erfaßt. Bei den Kunststoffen wird davon ausgegangen, daß zum einen die organischen Hilfsstoffe wandern, wobei insbesondere Weichmacher, Stabilisatoren und Antistatika austreten werden (Uhde 1977, S. 389). Die thermische Behandlung umfaßt eine mechanische Zerkleinerung, eine mechanische oder magnetische Separierung und Verbrennungstemperaturen zwischen 1500 bis 2000 °C für mehrere Sekunden.

Um die Wirkungsabschätzung handhabbar zu gestalten, muß eine Auswahl der betrachteten Stoffe getroffen werden. Hierzu bieten sich verschiedene Kategorien an, die für die verschiedenen Lebenszyklusphasen Hinweise auf ein toxisches Potential für die Stoffe geben können: MAK oder TRK-Listen (Rohstoffgewinnung, Halbzeugherstellung, Recycling und Verbrennung), Schweizer Giftliste (dito); Wassergefährdungsklassen (Rohstoffabbau, Deponierung) und anthropogene Gesamteinträge eines Stoffes in die Umwelt (Rohstoffherstellung, Verbrennung). Diese Kriterien sollen im folgenden dargestellt werden.

MAK oder TRK-Werte (Gefahrst.VO 1995) beziehen sich auf die industrielle Handhabung von Stoffen in der Produktion oder Verwertung. Sie sind nur für Stoffe aufgestellt, über die zum einen hinreichende Erkenntnisse über die biologischen Wirkungen oder bei denen begründete Vermutungen hinsichtlich einer Gefahr vorliegen. Aufgrund der schwierigen Zuordnung von Ursache und Wirkung dauert es im allgemeinen sehr lange, bis zu den verwendeten Stoffen Grenzwerte aufgestellt werden. Durch eine zunehmend intensivere Materialforschung sind in den vergangenen zwanzig Jahren mehr neue Stoffe erzeugt worden, als das für jeden einzelnen eine fundierte Wirkungsabschätzung durchgeführt werden konnte. Deshalb liegen für viele Stoffe noch keine MAK- oder TRK-Werte vor. Für bisher nicht erfaßte Stoffe muß deshalb nach der Literaturlage über die Wirkungen entschieden werden. Die MAK- und TRK-Werte selbst geben ebenfalls nicht unbedingt einen Hinweis auf die Gefährlichkeit der Substanz wie sich am Beispiel der Stäube zeigt. Stäube können unabhängig von den Inhaltsstoffen toxische Wirkungen in der Lunge erzielen, was sich in einem allgemeinen Richtwert von 6 mg/m^3 äußert, unabhängig davon ob es sich um das an sich sehr toxische Blei oder um das unproblematische Aluminiumoxid handelt.

Unzweideutig und gewichtig hingegen ist die Liste der krebserzeugenden Arbeitsstoffe (Gefahrst.VO 1995), die in 3 Gruppen eingeteilt sind: A1 sind Stoffe, die beim Menschen erfahrungsgemäß bösartige Geschwülste hervorrufen, A2 sind Stoffe, die sich bislang im Tierversuch als eindeutig kanzerogen erwiesen haben und von denen vermutet wird, daß auch Menschen gleiche Wirkungen bei Exponierung zeigen könnten und B sind Stoffe, bei denen ein begründeter Verdacht eines krebserzeugenden Potentials vorliegt.

Einfacher hingegen ist die Schweizer Giftliste, die viele Substanzen in Klassen einteilt: 2 = sehr starkes Gift; 3 = starkes Gift; 4 = nicht unbedenklich und F = Giftklassenfrei.

Weiterhin bieten sich die Wassergefährdungsklassen an. Sie sind nutzbar bei der Rohstoffgewinnung, da diese meistens im Tagebau abgebaut werden, wobei große Mengen an Stäuben und Schlämmen anfallen. Zudem gelangen große Mengen von elektrotechnischen Geräten nach dem Ende ihrer Nutzung auf Deponien, wo sie korrodierenden Bedingungen ausgesetzt sind und somit die Inhaltsstoffe ein toxisches Problem darstellen können. Für die Klassen gilt: 0 = i.a. nicht gefährlich; 1 = schwach gefährlich; 2 = wassergefährdend und 3 = stark wassergefährdend. Das wichtigste Problem ist jedoch hierbei immer die vorliegende Phase des Stoffes sowie seine chemischen und physikalischen Eigenschaften.

Ein weiteres Kriterium zur Auswahl ergibt sich aus den anthropogenen Emmissionsfaktoren. Hierunter versteht man den Anteil eines Elementes in der Biosphäre, der durch menschliche Prozesse über die Atmosphäre verteilt wird. Anthropogen verursacht sind vor allem industrielle Emissionen durch Herstellung der Halbzeuge, Verkehr und Verbrennung von Müll und fossilen Brennstoffen. Fossile Brennstoffe enthalten zwar nur geringe Mengen an Metallen und ihren Verbindungen, doch aufgrund ihrer großen Menge sind sie von großer Bedeutung wie die Daten für Eisen und Aluminium zeigen. Mit dem Kriterium des anthropogenen Eintrages kann die Müllverbrennung beschrieben werden. Diese anthropogenen Emissionen müssen in Zusammenhang mit den Staubverwehungen und Vulkanausbrüchen als natürliche Quellen gesehen werden. Aus beiden wird der Interferenzfaktor als ein Maß für das Verhältnis von anthropogener zu natürlicher Emission gebildet. Mit ihm kann abgeschätzt werden, inwieweit der Mensch durch seine Tätigkeiten in die natürlichen Kreisläufe eingreift. Für einige biorelevanten Inhaltsstoffe des Fernsehers werden in der folgenden Tabelle die Interferenzfaktoren (Lantzy; McKenzie 1979, S. 29) in 10^8 g/a = 100000 t = Mg aufgeführt:

Tabelle 15.2. Globale Betrachtung natürlicher und anthropogener Quellen bestimmter Metalle

Element	Kontinentale Staubfracht	Vulkanische Staubfracht	Industrielle Partikel-Emission	Fracht der fossilen Brennstoffe	Interferenz faktor
Al	356500	132750	40000	32000	15
Fe	190000	87750	75000	107000	39
Cr	500	84	650	290	161
Ni	200	83	600	380	346
Sn	50	2,4	400	30	821
Cu	100	93	2200	430	1363
Cd	2,5	0,4	40	15	1897
Zn	250	180	7000	1400	2346
Sb	9,5	0,3	200	180	3878
Pb	50	8,7	16000	4300	34853

Neben diesen globalen Betrachtungen, die einen Hinweis auf den Stellenwert von Stoffen geben, sind die regionalen Kreisläufe von Bedeutung, da Abbau von Erzen und Produktion von Metallen und Monomeren sowie Deponierung und Verbrennung von Müll zu einer regionalen Überbelastung führen können[1].

In der folgenden Tabelle sind die aus der Sachbilanz enthaltenen Stoffe aufgeführt sowie ihre industriellen Vorstufen, soweit sie ein toxisches Potential vermuten lassen. In der ersten Spalte sind die Wassergefährdungsklassen aufgeführt, um abzuschätzen inwieweit Erzabbau und Deponierung ein toxisches Potential haben. Hierbei muß jedoch immer die Löslichkeit aus der vorliegenden Phase beachtet werden. In der zweiten Spalte erfolgt die Einstufung analog der Schweizer Giftliste. In der Spalte Gefahrstoff sind die Ergebnisse der Gefahr-

---

[1] Bsp. Cd-Kreislauf in der Schweiz, siehe Keller, L. und Brunner, P.H; Ecotoxicol. Environ. Saf. 7, S. 141-150 oder die Deponierung von Rotschlamm aus der Aluminiumproduktion, siehe die Landsataufnahme Stern, 20.6.1996.

stoffverordnung berücksichtigt, wobei zum einen vor allem K die Kanzerogenität mit Gruppenklassifizierung, Ss das Vorliegen von Sonderregelungen für Schwangere, H das Vermögen der Hautreizung, S das der Sensibilisierung und BAT das Vorliegen eines Richtwertes beim Umgang mit diesen Stoffen anzeigt. In der letzten Spalte ist dann, falls vorhanden, die letale Dosis bei Ratten oder anderen Nagern angegeben.

In der folgenden Tabelle sind die im Fernseher vorkommenden Stoffe aufgelistet und wie folgt klassifiziert:

- Spalte 1: Element oder Verbindung
- Spalte 2: Menge im Referenzgerät
- Spalte 3: Funktion oder Vorliegen im Fernseher
- Spalte 4: Wassergefährdungsklasse
- Spalte 5: Einstufung nach Schweizer Giftliste
- Spalte 6: Einstufung nach BAT, MAK und TRK
- Spalte 7: LD_{50} von Nagern (i.a. Ratte)

Als Abkürzungen werden verwendet:

- K = Kanzerogenität
- F = Feinstaub, in mg/m^3, bei Flüssigkeiten oder Gasen ebenfalls in mg/m^3
- = nicht erfaßt
- Fi. = Fische, Angabe in mg/l

Tabelle 15.3. Klassifizierung der Stoffe und ihrer toxikologisch relevanten Vorstufen nach der Sachbilanz

1	2 [g]	3	4	5	6	7[2]
Aluminium	390	Metall, wenig in elek. Bauteilen	0	F	BAT[3]; 6F	420
Aluminiumoxid	n.e.	Glasbildner, Keramik	0	F	BAT; 6F	
Antimontrioxid	10-0,3	Synergist der Flammhemmer	3	4	III A 2	20
Bariumoxid	1900	Glasbildner, Getter	1		0,5G[4]	100
Benzol		Zwischenprodukt bei der Harzherstellung für Leiterplatten	3		III A 1; 26	3000-6000
Bismut	10 <	Legierungsbestandteil der Lote		F		100
Bisphenol A		Monomer der FR3-Leiterplatte				4000
Blei	37	Lotlegierung mit Sn und Bi	3	3	Ss; 0,1G	1100
Bleioxid	1410	Glasbildner	1	2	0,1G	
Butyrolacton	5<	Elektrolyt in Kondensatoren				1600
Calciumoxid	800	Glasbildner	1		5G	
Chrom	n.e.	Metallveredler des Edelstahls		1		
DMF	5<	Elektrolyt von Kondensatoren	1		H, S, Ss, 60	2200-7500
Eisen	1760	Metall als Stahl	0	F	6F	400-500[5]
Eisenoxid		Spulenkörper Ferrit	0	F	6F	
Epichlorhydrin		Monomer der FR3-Leiterplatte	3		III A 2,H	40-90
Epoxydharz FR3, FR4	ca.250	Leiterplattenpolymer: Epichlorhydrin und Bisphenol A				
Europium oder Ytterbiumsalz	2	Leuchtstoff				

---

[2] Lösliche Verbindung als Richtwert, wobei das Vorkommen im Fernseher ganz anders geartet sein kann

[3] BAT Wert liegt vor für das Element oder seine Verbindungen

[4] Als löslicher Gesamtstaub G (trifft nicht auf Glas zu)

[5] Erwachsener Mensch

Formaldehyd		Monomer der FR2-Leiterplatte	2	3	III B, S; 0,6	100-800
Kaliumoxid	2000	Glasbildner	1			
Kresol		Vernetzer der FR3, FR2-Leiterplatte	2		H; K Ib; 22	120-240
Kupfer	1008	Metall, Leitungskabel	0	F	1G	
Natriumoxid	2000	Glasbildner	1		K-EU-Kat.1	
Nickeloxid	2,5	Ferritbestandteil			III A 1; S	
Phenol		Monomer der FR2-Leiterplatte	2	2	H; BAT; 19	410-530
Phenolharz FR2	800	Leiterplattenpolymer aus Phenol und Formaldehyd				
Phosphorester	n.e.	Flammhemmer im Gehäuse				
Phthalate	~ 80	Weichmacher im PVC				
Polybromdi-benzoether	3,4	Isolatoren und Flammhemmer in Spulen und Drosseln	3		K-MAK III B; 1	
Polyphosphate	n.e.	Flammhemmer im Gehäuse				
Polystyrol	7500	Gehäuse			BAT	
PVC	163	Kabelummantelung, Isolator			5F	
Siliziumdioxid	12000	Glasbildner				
Styrol		Monomer des PS	2		S; 85	60 (Fi)
Tetra-Brom-Bisphenol A		Flammhemmer im Gehäuse, Leiterplatte FR3			S?	
Vinylchlorid		Monomer des PVC	2		III A 1	1200 (Fi)
Zink	4	Metall als Bauteilspannrahmen und Legierungen als Leiter	1	F		300-2000
Zinkoxid		Glasbildner			5F	
Zinksulfid	4	Leuchtstoff	0	F		
Zinn	20	Lotbestandteil, in Transistoren	0	F	2F	

Neben diesen Substanzen finden sich noch andere Elemente und Verbindungen, deren Mengen sich allerdings im Spurenbereich bewegen, wie die Dotierungsmaterialien Arsen, Gallium oder Indium. Ebenso sind die Leuchtstoffe mit Spuren von Chrom, Samarium und Silber versetzt. Weiterhin können sich im Glas der Bildröhre noch geringe Mengen von Oxiden des Wolframs, Arsens, Zirkons, Phosphors oder Titans befinden. Diese Stoffe sind jedoch entweder in äußerst geringen Mengen vorhanden oder sie liegen in einer unbedenklichen Form vor, weshalb sie nicht in die toxikologischen Betrachtungen einfließen. Eine weitgehende Aufzählung der in Frage kommenden Stoffe und eine Einschätzung nach besonderen Wirkungen findet sich im Anhang.

In die Mengenbilanz sind die elektronischen Bauteile nur teilweise einbezogen, denn in ihnen befinden sich alle oben genannten Elemente in Mengen, die nicht wesentlich oder nur gering zu den obigen Mengen der Tabelle beitragen. Notwendige Beimengungen von Verbindungen (Kunststoffveredler), in Legierungen (Stähle) oder in Glasen als Zuschläge wie Mangan, Beryllium, Nickel oder Strontium liegen in Mengen vor, die meistens weder von ihrer chemischen Zusammensetzung zu bestimmen noch von ihrer Menge zu beziffern sind und deshalb nicht beachtet werden können.

Für das chemische Verhalten eines Stoffes und somit sein Eingang in die Ökosphäre ist die Art seiner Einbindung in die ihn umgebenden Materialien (im eigentlichen Sinne 'Phase') sowie die Bedingungen, denen er ausgesetzt ist, von großer Bedeutung. Dies sei an dem Beispiel Blei erläutert.

Blei wird aus Bleisulfid durch Röst- und Raffinerationsprozesse gewonnen. Hierbei kommen Emissionen von Blei und bleihaltigen Stäuben vor. Die folgenden Umwandlungsprozesse von Blei sind nicht mit drastischen Bedingungen verbunden, weshalb Emissionen gering sind, außer in der Herstellung von reinem Bleioxid. Bleioxid selbst ist giftig wie sich am geringen Wert für die Staubbelastung ergibt. Die Wassergefährdung hingegen ist nur gering aufgrund der Schwerlöslichkeit, aber es wird von Pflanzen und tierischen Organismen akkumuliert. Im folgenden wird das Bleioxid mit anderen Substanzen zu einem Glas verschmolzen. Schleifprozesse setzen wiederum Bleioxid frei, wobei diese als Staub, aber nicht aufgrund des darin enthaltenden Bleis gesundheitsschädlich sein kann. Das Glas ist gegen Verbrennungsprozesse inert, auch die Deponierung mit kohlensäurehaltigen Bedingungen führt nicht zur Herauslösung des Bleis. Wenn jedoch Komplexbildner wie Tatrate (Weinstein) oder EDTA (aus Waschmitteln) auf Gläsern einwirken, kann Blei in geringen Mengen auch aus Glas herausgelöst werden, wie das Beispiel der Vergiftungen durch die Verwendung von Bleigläsern zum Weinverzehr zeigt. Die Bleilote hingegen werden in der Verbrennung verdampfen und an den Stäuben anhaften oder schmelzen und durch den Rost tropfen. Somit sind Schlacken und Stäube bleibelastet. Auf der Deponie wird das Blei sich in geringen Mengen als Bleicarbonat lösen, sofern Sauerstoff zutritt und sich im Sickerwasser wiederfinden. Beim Recycling werden die Lote als Anhaftungen in die Kupferfraktion gelangen und je nach Prozeß entweder als Anodenschlamm oder als Kammerkondensat sich niederschlagen.

Diese kurze Lebenswegbeschreibung zeigt die vielfältigen Wege, auf denen ein Stoff ein toxisches Potential entfalten kann, je nach seiner Behandlung. Würde man für jeden Stoff eine explizite Abschätzung machen, unter welchen Bedingungen er für ein bestimmtes Ökosystem zur Bedrohung werden kann, so würde dies den Rahmen der Arbeit sprengen.

Deshalb wurden unter Zuhilfenahme der obigen Kriterien, die im Fernseher vorhandenen Substanzen in drei Gruppen unterteilt. Die erste umfaßt die biorelevanten Substanzen aufgrund ihres toxischen Potentials wie Blei, Antimontrioxid oder Nickel. Dazu finden sich Stoffe, die aufgrund ihres Herstellungsweges ein toxisches Potential für die Umwelt haben, wie Bakelite, PVC oder Styrol, zu deren Vorstufen Benzol, Phenol oder Epichlorhydrin gehören. In der zweiten Spalte sind dann die nicht toxischen Substanzen aufgelistet.

Tabelle 15.4. Auswahl der Inhaltsstoffe des Fernsehers

potentiell toxisch	nicht toxisch
Aluminium und Salze	Aluminiumoxid
Antimontrioxid	Calciumoxid
Bariumoxid	Kaliumoxid
Bismut	Natriumoxid
Blei und Salze	Siliziumdioxid
Eisen und Salze	
Elektrolyte	
Epoxyharz	
Europium/Ytterbiumsulfid	
Kupfer	
Nickeloxid	
Phenolharz	
Phosphorester und Polyphosphate	
Polybrombiphenyether	
Polystyrol	
PVC	
Tetra-Brom-Bisphenol A	
Zink und Salze	
Zinn und Salze	

Die aufgeführten Verbindungen und Elemente finden sich alle in dem der Sachbilanz zugrundegelegten Referenzgerät. Dies bedeutet nicht, daß sich nicht
weitere, bedenkliche Substanzen in Altgeräten und Importen befinden. So hat die
Diskussion über das äußerst bedenkliche Cadmium dazu geführt, daß es zum
einen nur noch selten als Stabilisator in PVC eingesetzt wird, zum anderen sich
ebenfalls nicht mehr laut Herstellerangaben als Leuchtstoff in der Bildröhre
findet. Gleiches gilt für die polyhalogenierten Biphenyle. Nach der ersten
Gewißheit, daß sich aus polychlorierten Biphenylen unter bestimmten
thermischen Bedingungen entsprechende Dibenzodioxine oder Furane bilden
können, bestätigten entsprechende Forschungen die gleichen Folgeprodukte auch

bei den Biphenylethern. Nach einer freiwilligen Vereinbarung von chemischer Industrie und Anwendern sollen Biphenylether nicht mehr verwendet werden. Dennoch können insbesondere Spulen und Drosseln noch polyhalogenierte Biphenylether enthalten[6], wobei es sehr schwierig ist, hierüber Bestätigungen seitens der Hersteller zu erhalten.

15.6 Aluminium

15.6.1 Allgemeines

Verwendung: Aluminium wird vor allem als konstruktives Metall verwendet. In der Medizin wird $Al(OH)_3$ zur Neutralisierung von überschüssiger Magensäure benutzt. Andere Verbindungen sind rezeptfrei als Gurgelwässer oder zur Desodorierung zu erhalten. Von Bedeutung ist seine Eigenschaft als Al^{3+} mit Phosphat schwerlösliche Salze zu bilden. $Al(OH)_3$ kann somit zur Entphosphatierung eingesetzt werden. Das Aluminiumphosphat wird anschließend als Dünger genutzt.

Aluminium wird im Fernseher vor allem in Stützteilen und Kühlblechen (80%) verwendet. Geringe Mengen finden sich in elektronischen Bauteilen, sowie als Oxid in der Bildröhre und als Keramik für Leiterplatten.

Chemisches Verhalten: Aluminiumoxid (Keramikplatte, Glas) ist nahezu inert. Durch vulkanische Emissionen und Erosion werden sehr große Mengen in Form von Staub verteilt, so daß Aluminiumoxid ubiquitär ist. Unter den natürlichen Bedingungen erfolgt keine Lösung oder Freisetzung von Al^{3+}.

Aluminium als Metall ist unedel und löst sich in stark alkalischen oder sauren Lösungen. Es wird passiviert durch eine festhaftende Oxidschicht, weshalb auch eine Verwitterung unter aeroben Bedingungen bei natürlichen pH-Werten des Bodens nicht stattfindet. Aluminium selbst ist brennbar, jedoch setzt dies entweder Staubform oder sehr hohe Zündtemperaturen voraus. Das Reaktionsprodukt der Verbrennung ist Al_2O_3.

---

[6] Auskunft Philips, Hamburg

15.6.2 Toxizität

Aluminium und Salze: Wirkung zeigen vor allem hohe Konzentrationen freier Al^{3+}-Ionen, weniger hingegen schwerlösliche Aluminiumphospate. Da die Löslichkeit von Aluminium stark pH-abhängig ist, kann Aluminium in sauren oder ungepufferten Systemen fischtoxisch sein, weil es die Kiemenpermeabilität beinflußt. Ebenso ist es im Boden für Pflanzen toxisch. Säuger nehmen nur wenig Aluminium über den Magen-Darm-Trakt auf. Eine Schädigung von Landtieren ist vermutlich selten, für Ratten beträgt die Dosis von löslichem Aluminiumchlorid LD_{50} = 420 mg/kg. Als Berufskrankheit ist die Aluminium-Staublunge anerkannt. Für Aluminiumoxid gilt ein MAK von 6 mg/m^3, ein Wert der vor allem relevant in Schleifereien ist.

Tabelle 15.5. Toxikologische Daten Aluminium[7]

mittlere Konzentration in Meerwasser	1-5 µg/l (variabel)
mittlere Konzentration in Flußwasser	400 µg/l
LD_{50} Säuger (Ratten)	410 mg/kg
zugelassene Belastung für Trinkwasser von Tieren	5 mg/l
zugelassene Belastung für Trinkwasser[8]	0,2 mg/l
nach EG Richtlinie 80/778 [9]	<0,05 mg/l
zugelassene Belastung Mensch Staub	6 mg/m^3

Aluminiumherstellung: Beim Abbau werden große Mengen an Staub freigesetzt, der wie jede Art von Staub die Lunge beeinträchtigen kann. Die Abtrennung der

---

[7] Angaben für diese und die folgenden Tabellen aus: Roth, L.; Daunderer, M. (1993): Giftliste, gesundheitsschädliche, reizende und krebserzeugende Arbeitsstoffe, 6.Auflage, Daunderer, M. (1990); Handbuch der Umweltgifte: Klinische Umwelttoxikologie für die Praxis; Landsberg, Wirth, W.; Hecht, G.; Gloxhuber, C.(1971): Toxikologie-Fibel, 2.Auflage, Stuttgart, Merian, E. (1991): Metals and Their Compounds in the Environment, Weinheim

[8] Trinkwasserverordnung (TVO) vom 5. Dezember 1990

[9] EG-Richtlinie vom 15. Juli 1980 über die Qualität von Wasser für den menschlichen Gebrauch (80/778/EWG)

Beimengungen hinterläßt zum einen Rotschlamm (Eisen-, Titanoxide und Kieselsäure mit Natronlauge), welcher aufgrund seiner Basizität und seines Eisens- und Aluminumgehaltes wassergefährdend ist. Aufgrund der Zusammensetzung und der Basizität wird er entweder als Luxmasse zur Entschwefelung (Sulfitbildung) oder zur Eisenherstellung genutzt. Bei der Aluminiumherstellung fallen insgesamt erhebliche Mengen (pro Tonne Aluminium 0,7t-1,5 t Rotschlamm) an, weshalb vermutlich größere Mengen deponiert werden müssen. Ebenfalls wird aus dem Bauxit Kupfer ausgewaschen, welches trotz seines Vorliegens als Sulfid (schwerlöslich) durch notwendige Detergentien und Benetzer als wassergefährdend zu betrachten ist, da Kupfer für Mikroorganismen toxisch ist. Bei der elektrolytischen Reduktion wird auch das Kryolith zersetzt, weshalb AlF_3 oder HF entweichen können. Diese toxischen Verbindungen lassen sich mit Wasser aus dem Rauch auswaschen.

Nutzung: Aluminium verhält sich unter normalen Nutzungsbedingungen vollkommen neutral, so daß keine toxische Wirkung von ihm ausgeht.

Störfall: Ein Brand vermag das Aluminum nicht zu entzünden.

Müllverbrennung: Aluminium kann als Metall leicht aus aus dem Müll aussortiert werden. Das nicht-separarierbare Aluminum der Folien in den elektronischen Bauteilen wird zu nichttoxischem Aluminiumoxid verbrannt. Dieses wird entweder verschlackt oder an Staub angelagert. Aufgrund seiner Eigenschaften ist dieser Staubanteil unbedenklich.

Deponierung: Die Deponierungsbedingungen führen zu keiner signifikanten Freisetzung von Aluminiumionen aus dem Metall.

Recycling: Das kompakte Aluminium kann ohne schädliche Wirkungen in einen Stoffkreislauf zurückgeführt werden.

15.6.3 Beurteilung

Das Umweltrisiko von Aluminium ist gering, was sich auch in den hohen Grenzwerten zeigt.

15.7 Bismut

15.7.1 Allgemeines

Verwendung: Neben seinen Legierungseigenschaften für Lote wird es in Kosmetika und Medikamenten verwendet.

Bismut findet sich im Fernseher als Lotlegierung zur Verbindung von Kontaktstellen. Die Menge liegt unter 10 g.

Chemisches Verhalten und Herstellung: Bismut ist ein beständiges Material, daß durch Oxidation an feuchter Luft passiviert wird. Beim Erhitzen zur Rotglut verbrennt es zu Bi_2O_3. Aufgrund seines Reduktionspotentials lößt sich Bismut nicht in Wasser und nichtoxidierenden Säuren, nur konzentrierte Säuren vermögen dies zu tun. Seine Legierungen zeichnen sich durch niedrige Schmelzpunkte aus. Unnatürliche, lösliche Bismutverbindungen wandeln sich schnell in schwerlösliche Salze wie Hydroxide, Sulfide oder Oxide um.

Bismut fällt vor allem als Nebenprodukt der Blei- und Edelmetallgewinnung an. Aus Sulfiden wird es analog dem Blei gewonnen, jedoch zur Reinigung einer Elektrolyse unterzogen. Sein Eintrag aus Verwitterung mit 190 t/a und Verbrennung mit 14 t/a ist gering, so daß der anthropogene Eintrag viel größer ist.

15.7.2 Toxizität

Bismut und Salze: Bismut ist kein essentielles Metall. Aufgrund seiner zumeist Dreiwertigkeit und dem großen Ionenradius speichert der Körper es nur unter bestimmten Umständen (Merian 1991 S. 345).

Über ein allgemeines Risiko von Bismut und seinen Verbindungen ist nichts bekannt, so daß in der MAK-Liste keine Bismutverbindungen aufgeführt werden. Ebenso sind keine Krankheitsbilder bekannt.

Tabelle 15.6. Toxikologische Daten Bismut

mittlere Konzentration in Meerwasser	20 ng/l
mittlere Konzentration in Flußwasser	50 ng/l
mittlere Konzentration in Rinderleber	10 µg/kg
LD_{100} Kaninchen/Ratten von $BiONO_3$ (vermutlich Nitritvergiftung)	100 mg/kg

Bismutherstellung: Bismut fällt vor allem als Nebenprodukt bei der Gewinnung von anderen Metallen an. Es liegen keine besonderen Gefahren bei seiner Gewinnung vor.

Nutzung: Eine Nutzung stellt kein Risiko dar.

Störfall: Durch den niedrigen Schmelzpunkt der Legierung wird sich im Brandfalle das Lot verflüssigen und abtropfen. Auf dem Boden wird es wieder erstarren. Oxidationsprozesse vermögen keine giftigen Bismutverbindungen zu erzeugen.

Verbrennung: Verbrennung führt zur Schmelze oder Oxidation von Bismut. Es findet sich entweder als inertes Oxid in der Schmelze oder als Salz am Staub anhaftend. Aufgrund seiner ungefährlichen Eigenschaften stellen diese Anhaftungen kein Risiko dar.

Deponierung: Bismut löst sich nicht unter den Bedingungen der Deponierung, somit stellt es keine Gefahr für das Trinkwasser dar.

Recycling: Das Bismut wird sich bei dem Kupferrecycling im Anodenschlamm wiederfinden und von dort zur Bleiverhüttung gehen. Ein besonderes toxisches Problem ist hierbei nicht zu erkennen.

15.7.3 Beurteilung

Das toxikologische Potential von Bismut erscheint sehr gering.

15.8 Blei

15.8.1 Allgemeines

Verwendung: Blei wird massiv vor allem in Akkumulatoren, Kabelummantelungen und Rohren eingesetzt. Bleioxide werden vor allem zur Herstellung von hochfesten und -brechenden Gläser sowie auch in Akkumulatoren verwendet. Geringere, aber weitaus problematischere Mengen dienen als Bleimennige-Schutzanstrich (verschiedene Bleioxide). Von größter toxikologischer Bedeutung ist Bleitetraethyl als Kraftstoffzusatz. Mit Zinn, Antimon und Bismut bildet Blei niedrig schmelzende Legierungen.

Blei befindet sich im Fernseher fast ausschließlich (99,7%) als Bleioxid in der Bildröhre vor. Nur 0,7%, also ca. 10 g, liegen massiv als Lote vor.

Chemisches Verhalten: Blei kommt in der Natur vor allem als Oxid, Sulfid oder Sulfat vor. Diese Verbindungen sind schwerlöslich. Metallisches Blei ist unedel, wird zudem durch eine Oxidschicht verstärkt inertisiert und nur von heißen Laugen und Säuren, die zu löslichen Bleiverbindungen führen, angegriffen. Unter Einfluß von Luftsauerstoff kann Blei oxidiert werden und bei Vorliegen von Säuren in Lösung gehen. Allerdings führt die natürliche Wasserhärte mit $Ca(HCO_3)_2$ und $CaSO_4$ zum Ausfallen einer an dem Metall fest anhaftenden Schicht von Bleisalzen. Kohlensäurehaltiges Wasser vermag Blei nur langsam und bei stetigem Fluß, unter Bildung von Bleihydrogencarbonat $Pb(HCO_3)_2$, aufzulösen.

15.8.2 Toxizität

Blei und Salze: Kompaktes metallisches Blei ist aufgrund seiner Neigung zur Passivierung nicht toxisch. Seine löslichen Verbindungen wie Acetat und Nitrat hingegen werden vom Körper resorbiert und wirken, bedingt durch die Neigung zu Thio-Komplexbildung und folgender Inaktivierung der Proteine, toxisch.

Pflanzen nehmen Blei nur schlecht auf, es lagert sich zumeist auf den Blättern ab, weshalb Wirkungen erst bei hohen Konzentrationen im Boden erfolgen. Klärschlammdüngung hat dazu beigetragen, Böden und Pflanzen stark zu belasten. Warmblüter resorbieren Blei ebenfalls nur schwach, so daß Pflanzenfresser unter normalen Ernährungsbedingungen nicht gefährdet sind. Aufgenommenes Blei wird in Leber, Niere und Knochen ($\tau = 10a$) reversibel abgelagert. Erst ab einer

Belastung des Futters über 30 mg/kg wird Blei im Tier kumuliert. Der Mensch nimmt im Durchschnitt 0,5-1 mg/Woche auf, unbedenklich sind 3-4 mg/Woche. Insofern ist die Bleiaufnahme durch die Nahrung unbedenklich, dennoch sollte belastetes Gewebe nicht gegessen werden. Kinder nehmen Blei jedoch stärker auf als Erwachsene (Merian 1991 S. 37). Bei Kleinkindern kann Bleiaufnahme zu Wachstumsstörungen führen.

Es gibt Hinweise, daß Blei kanzerogen wirkt. Hohe Dosen von Bleiphosphat und Acetat verursachen bei Mäusen und Ratten Nierentumore. Da die Anzeichen jedoch schwach sind, wurde es nicht in die Gruppe der kanzerogenen Stoffe aufgenommen. Genotoxische Wirkungen sind nicht gesichert, teratogene Wirkungen unbekannt.

Tabelle 15.7. Toxikologische Daten Blei

mittlere Konzentration in Oberflächen-Meerwasser	0,02 µg/l
mittlere Konzentration in Flußwasser	0,1-10 µg/l
mittlere Konzentration im Boden	0,1-200 mg/kg
LD_{50} Ratten (Blei-II-Acetat, oral)	1100 mg/kg
LD_{50} Ratten (PbO, oral)	430 mg/kg
Richtwert für Gemüse	1,2 mg/kg
zulässige Klärschlammbelastung (gilt nicht für Gesamtbodengehalt)	1200 mg/kg
zugelassene Belastung für Trinkwasser	0,05 mg/l
zugelassene Belastung am Arbeitsplatz Mensch (MAK)	0,1 mg/m^3
WHO-Empfehlung bei lebenslanger Belastung	0,5-1 µg/m^3

Blei- und Bleioxidherstellung: Die altertümliche Bleiherstellung hat zu einer erheblichen Kontaminierung von Böden in deren Umgebung geführt. Moderne Bleiwerke hingegen vermögen durch eine Verknüpfung der Gewinnung von Blei, Zink und Kupfer Abfälle zu vermeiden, da anfallende Schlacken oder Schlämme leicht in den assoziierten Herstellungsweg einfließen können. Ebenfalls können die Bleiemissionen bei der Destillation minimal gehalten werden. Hierbei ist jedoch zu berücksichtigen, unter welchen Rahmenbedingungen die verschiedenen Hersteller Blei produzieren.

Von Bedeutung ist die zwangsläufige Emission von SO_2 beim Abrösten. Allerdings wird das Schwefeldioxid unter Wasch- und Oxidationsvorgängen zu Schwefelsäure umgesetzt oder kann durch Waschvorgänge zurückgehalten werden. Weiterhin ist die Schwefelemission durch Bleiherstellung im Vergleich zur Verbrennung und zur natürlichen Emmission durch Vulkanausbrüche nur sehr gering.

Die Herstellung von Bleioxid für das Bleiglas (PbO) erfolgt durch Oxidation von geschmolzenem Blei. Hierbei treten keine Schadstoffe auf.

Nutzung: Bleiglas und Bleilot sind vollkommen inert gegen eine übliche Nutzung.

Störfall: Ein Brand vermag das Bleiglas nicht zu beeinflussen. Das Bleilot wird unter diesen Bedingungen schmelzen und anschließend sich in der Schlacke verfestigen. Ein Risiko hierbei ist nicht ersichtlich.

Müllverbrennung: Das Bleiglas wird durch die Müllverbrennung nicht in seiner molekularen oder elementaren Struktur verändert und findet sich, gegebenenfalls umgeschmolzen, in der Schlacke wieder. Das Lot hingegen kann entweder verschlacken oder teilweise verdampfen.

Untersuchungen (Schaaf 1983, S. 227 ff.) zum Anteil von Müllverbrennungsanlagen an der Schwermetallbelastung der Luft im Verhältnis zur natürlichen Emission haben gezeigt, das die Müllverbrennung auch gerade bei Blei nicht unerheblich beiträgt. Jedoch ist der vermutlich größte Anteil der Bleiemission auf Bleifarben und Bleistabilisatoren aus Kunststoffen zurückzuführen, da das Bleilot leicht verschlackt. Eine Deponierung der Schlacke unter feuchter Kohlendioxid- und Sauerstoffatmosphäre wird zu einer langsamen Lösung des Bleis führen.

Hauptquelle aller Bleiemissionen ist bleihaltiges Benzin, wobei Untersuchungen in den USA ergeben haben, daß der Verkehr bis zu 90% für die Luftbelastung verantwortlich ist. Blei gelangt hierbei als salziges Aerosol in die Luft und ist somit besonders toxisch. Als Konsequenz hiervon ist Blei inzwischen ubiquitär, wobei in Stadtgebieten der Bleiniederschlag 5-20 mg/m^2a betragen kann.

Deponierung: Das Bleiglas verhält sich unter Deponierungsbedingungen inert. Blei und seine Legierungsmetalle sind prinzipiell durch Passivierung geschützt, jedoch führt eine langfristige Einwirkung von kohlensäurehaltigem Wasser unter

Luftzutritt zur Auflösung. Das Bleicarbonat wird in den Deponiesickerwässern zu finden sein. Hierbei ist eine Ausfällung mit leicht löslichen Sulfaten möglich, die zu schwer löslichem Bleisulfat führt.[10]

Recycling: Die mechanische Behandlung und das Umschmelzen zu neuen Gläsern setzt kein Bleioxid frei. Der Einsatz von Bleigläsern als Zuschlagsstoff im Straßenbau bewirkt eine Verteilung von - nicht reaktivem - Blei in die Biosphäre. Die Lote werden in den Kupferkreislauf verschleppt.

15.8.3 Beurteilung

Durch die Verringerung der Hauptemissionsquelle, dem bleihaltigen Benzin, ist das gesundheitliche Risiko für die von Blei verursachten Wirkungen stetig zurückgegangen. In der Nähe von Schwermetallemittenten liegt jedoch unzweifelhaft eine Gesundheitsgefährdung vor. Kinder und schwangere Frauen sollten geschützt werden. Das Bleioxid im Bildschirm ist aufgrund seiner Glasstruktur unbedenklich, insofern es nicht mit Komplexbildnern intensiv in Kontakt kommt. Das metallische Blei hingegen wird in entsprechender Zeit sich auflösen und verteilen, weshalb die Forschung in Richtung bleifreier Lote oder lotfreier Verbindungen einen positiven Schritt darstellt.

15.9 Eisen

15.9.1 Allgemeines

Verwendung: Eisen wird vor allem zu Stahl umgesetzt und dient als konstruktives Metall.

Eisen, Stahl und Ferrit (FeO mit Oxidbeimengungen) befinden sich in der Ablenkheit. Die Elektronik enthält nur geringe Mengen an Eisen. Der Eisenanteil beträgt insgesamt 1500 g, wobei die größte Menge im Spannrahmen und der Lochmaske zu finden sind. Daneben ist Stahl ein Strukturteil der Lautsprecher.

Chemisches Verhalten: Eisen ist ein unedles Metall, daß sich an feuchter Luft zu Eisenoxid umsetzt. Verdünnte Mineralsäuren lösen Eisen, ebenso seine

---

[10] Im Rahmen des EU-Förderprojektes BRITE-IDEALS werden bleifreie Lote entwickelt.

Oxidationsprodukte. Konzentrierte Säuren hingegen passivieren Eisen. Stahl zeichnet sich durch verschiedene Eigenschaften wie Härte, Zähigkeit und Rostschutz aus. Ferrite sind instabile Oxide des Eisens, die sich je nach Umgebungsbedingungen mehr oder weniger schnell in Eisen-III-Oxid umwandeln.

15.9.2 Toxizität

Eisen und Salze: Eisen ist ein essentielles Metall. Somit verfügt der Körper über einen eigenen Eisen-Stoffwechsel. Eisen ist nicht akut toxisch, Mengen über 200 mg/l jedoch sind gesundheitsschädlich. Bei diesen Konzentrationen ist die Verunreinigung von Wasser jedoch am Geschmack zu erkennen. Nach WHO sollte im Trinkwasser nicht mehr als 100 µg/l vorliegen. Bekannt sind vor allem Eisen-Mangelkrankheiten. Feiner Eisenoxidstaub ist inert, kann jedoch wie jeder Staub die Atmungsorgane beeinträchtigen, weshalb ein MAK von 8 mg/m^3 vorgeschrieben ist. Lösliche Eisenverbindungen können toxisch sein, so sollen 3-10 g für Kinder und 10-50 g für Erwachsene tödlich sein.

Herstellung: Der Abbau von Eisenoxid führt zur Emission von Stäuben und zur Lösung von Eisen im Wasser. Ersteres ist aufgrund der natürlichen Emissionen und dem Eisenanteil in Brennstoffen sowie aufgrund seiner Eigenschaften unbedenklich. In Wasser gespültes Eisenoxid wandelt sich in Eisenhydroxyd um und lagert sich in den Sedimenten ab.

Die Stahlproduktion zeichnet sich in toxikologischer Hinsicht vor allem durch Staubemissionen aus den Hochöfen und metallhaltige Schlacken aus. Die Stäube lassen sich nach Stand der Technik weitestgehend zurückhalten und in den Reduktionsprozeß wieder einführen. Nach älteren Quellen trägt die Stahlherstellung eheblich zu Schwermetallemissionen, so z. B. bei Zink mit 3500 t im Jahre 1985, bei (siehe „Zink"). Aufgrund modernerer Rückhaltetechniken ist davon auszugehen, daß diese Werte heutzutage niedriger liegen. Der Schwefelanteil des Kokses wird in SO_2 umgesetzt, welches durch Wäsche oder Oxidation in unschädliche Substanzen überführt werden kann.

Nutzung: Unter normalen Nutzungsbedingungen stellen Eisen, Stahl oder Ferrit keine Gefahr dar.

Störfall: Ein Brand führt nur zur Anoxidation des Metalls. Schädliche Stoffe werden dabei nicht freigesetzt.

Verbrennung: Metalle werden bei der Müllverbrennung entweder vorher aussortiert oder sie fallen bei der Verbrennung durch den Rost, da ihre Reaktiongeschwindigkeit zur Oxidbildung im Verhältnis zu Kunststoffen sehr viel langsamer ist. Ihre An-Oxidation in kompakter Form führt zu keinerlei Belastung. Der Metallgehalt im Rauch stammt vor allem aus feindispergierten Metallen, wobei der Eisenanteil jedoch unbedenklich ist.

Deponierung: Die Deponierung führt zu einer Eisen-III-Oxid-Bildung, wobei Eisen und Ferrit langsam, der Stahl sehr langsam reagiert. Bei der Oxidation des Stahles werden somit Legierungsbestandteile wie Nickel und Chrom unweigerlich freigesetzt.

Recycling: Eisen und alle Oxide werden weitgehend wiederverwendet. Ein über die Stahlherstellung hinausgehendes Gefährdungspotential ist nicht eindeutig zu beantworten. Es gibt Hinweise, daß Stahlschrottrecycling einen nennenswerten Beitrag zur Dioxinemission liefert. Untersuchungen schätzen den Wert auf 1 bis 5% (Brandt 1991, S. 35 ff.). Von Bedeutung sind jedoch die Legierungsbestandteile, vor allem Zink, Blei und Cadmium, die entweder als Korrosionschutz elektrolytisch oder als Lack aufgetragen werden. Das Zink stellt zwar den größten Anteil, hat aber nicht das gleiche toxische Potential wie Blei und Cadmium. Insofern werden Stäube und Schlacken zusätzlich mit diesen unerwünschten Schwermetallen belastet.

15.9.3 Beurteilung

Das toxische Potential von Eisen ist als sehr gering einzustufen.

15.10 Kupfer

15.10.1 Allgemeines

Verwendung: Kupfer wird vor allem aufgrund seiner sehr guten Leitfähigkeit als elektrischer Leiter eingesetzt. Sein inertes Verhalten gegen saure oder basische Lösungen ermöglicht den Schutz unedler Metalle durch Galvanisierung, wobei Kupfer nach einiger Zeit an der Oberfläche zu $CuO/CuCO_3$-Patina oxidiert. Ansonsten dient Kupfer als Katalysator, bei der Zellulosegewinnung als Gegenion zur Lösung von Zellulose (Kupferseide), als Schutzanstrich auf Bootsrümpfen gegen Molluskenbefall und als 5%ige Sulfat-Lösung als Brechmittel. Kupfer findet sich im Fernseher fast ausschließlich als Leitermaterial in Form von Kabeln, Leiterbahnen und Spulenwicklungen. Sein Massenanteil beträgt etwa 3 % oder ca. 420 g.

Chemisches Verhalten: Kupfer als Halbedelmetall ist sehr inert gegen Redoxreaktionen oder sauren/basischen Angriff aufgrund seiner Passivierung und des hohen Redoxpotentiales. An der Luft oxidiert es zum festhaftenden Kupfer-(II)-Oxid, bei Anwesenheit von Kohlensäure oder Halogenen zu Patina. In Wasser lößt es sich nur sehr langsam, wobei Sauerstoff und Kohlensäure die Löslichkeit beschleunigen. Sein Redoxpotential begründet jedoch eine wesentlich langsamere Lösung als die anderer Metalle.

15.10.2 Toxizität

Kupfer und Salze: Größere Mengen von Kupfer werden durch Kupferleitungen, der Patina von Dächern und Bootsanstrichen freigesetzt. Deshalb findet sich Kupfer in hohen Mengen in Filterrückständen von Flußwasser und Sedimenten. Fische können es aus dem Wasser aufnehmen und in der Leber speichern. Im Boden ist Kupfer nur wenig mobil.

Für Kleinstlebewesen ist Kupfer toxisch, zum Teil das giftigste Element überhaupt. Mit Kupfer kann man Wasser desinfizieren. Viele Lebewesen haben Regulationsmechanismen für den Kupfer-Gehalt, da sie Kupfer-Proteine benötigen. Für den Menschen ist es ein essentielles Metall. Somit wird Kupfer erst dann toxisch, wenn die zugeführte Menge die verwertbare Kapazität übersteigt und Kupfer sich an andere Proteine bindet. Wiederkäuer sind empfindlich für Kupfer, Mensch und Schwein hingegen nicht. Tiernahrung sollte nicht mehr 10 mg/kg enthalten. Da der Kupfergehalt der Nahrung eng mit dem Wachstum zusammenhängt, werden der Tiernahrung Kupfersalze zugesetzt, weshalb Gülle erhöhte Mengen an Kupfer enthalten kann.

Tabelle 15.8. Toxikologische Daten Kupfer

mittlere Konzentration in Meerwasser	0,2-3 µg/l
mittlere Konzentration in Flußwasser	2-5 µg/l
mittlere Konzentration im Boden	10-20 mg/kg
zugelassene Konzentration im Trinkwasser	0,1 mg/l
zugelassene Konzentration Mensch (Staub)	1 mg/m^3 MAK

Kupferherstellung: Die der Kupfergewinnung vorgeschaltete Anreicherung durch Flotation bewirkt eine Lösung von Metall ins Wasser. Prinzipiell ist es möglich, gelöste Metalle zu fällen und dem Produktionsprozeß beizufügen. Ob dies geschieht, hängt von den Rahmenbedingungen der Hersteller ab.

Die Kupferherstellung ist eng mit anderen Metallherstellungen verknüpft, weshalb Flugstäube aufgefangen, Rauch kondensiert und Anodenschlämme abfiltriert werden und als Zink- oder Bleicharge in die entsprechenden Metallverfahren eingebracht werden können. Die Röstgase werden zur Schwefelsäuregewinnung genutzt. Aus der Elektrolytflüssigkeit wird Nickelsulfat ausgefällt. Aus den Anodenschlämmen werden Edelmetalle gewonnen. Somit gelangen nur geringe Mengen an Schlacke auf die Deponie, alle leichtflüchtigen Metalle können abgeschieden und im Kreislauf geführt werden.

Nutzung: Unter normalen Nutzungsbedingungen stellt Kupfer keinerlei Gefahr dar.

Störfall: Ein Brand vermag Kupfer nur zu schmelzen und zu verschlacken. Dabei können keine gefährlichen Substanzen freigesetzt werden. Kupfer ist ein Halbedelmetall und von hohem Wert, weshalb 50 % des in Deutschland verarbeiteten Kupfers aus Altmetall besteht.

Verbrennung: Bei der Verbrennung ist eine durch das Kupfer selbst verursachte Belastung nicht zu vermuten, jedoch indirekt durch seine Fähigkeit als Katalysator zu wirken, insbesondere bei der Dioxinbildung aus PVC.

Deponierung: Bei der Deponierung wird Kupfer, insofern es sauren und oxidierenden Bedingungen ausgesetzt wird, sich langsam lösen.

Kupfer wird weitgehend von Abfällen separiert und zurückgewonnen. Reines Kupfer kann ohne Bedenken wiederverwendet werden. Aus Elektronikschrott ist es zunächst mit Blei und Zinn verunreinigt. Diese Elemente findet man als

Anodenschlamm wieder, der seinerseits in der Bleiverhüttung Verwendung findet. Bedenklicher ist die mögliche Verunreinigung mit dem Isoliermaterial. Versuche bei der Norddeutschen Affinerie in Hamburg ergaben bei der Einspeisung von Elektronikschrott einen erhöhten Dioxinausstoß (Brandt 1991, S. 35 f.).

15.10.3 Beurteilung

Für Menschen besteht kein besonderes Risiko, auch wenn deponiertes Kupfer in das Abwasser gelangen kann. Indirekt kann es bei Verbrennungsprozessen von PVC zu einer Erhöhung der Dioxinbelastung führen.

15.11 Nickel

15.11.1 Allgemeines

Verwendung: Nickel wird vor allem als Legierungsbestandteil eingesetzt. Im Haushaltsgebrauch findet es sich vor allem in Nickel-Cadmium-Akkumulatoren.

Nickel findet sich im Fernseher als Legierungsbestanteil im Stahl, ebenso enthält Blei immer einen Restgehalt Nickel. Die größten Mengen befinden sich im Ferrit als Nickeloxid. Insgesamt sind es schätzungsweise 2,5 g.
Chemische Eigenschaften und Herstellung: Nickel ist ein ferromagnetisches, beständiges Metall, daß resistent gegen Sauerstoff, nicht-oxidierenden Säuren und Laugen ist. Oxidation bewirkt Passivisierung.

Nickel ist mit Eisen und Kupfer verschwistert, weshalb nach einem Schmelzen ein Gemisch von Nickel-Eisen-Kupfererzen gewonnen wird. Das Eisen wird vollkommen oxidiert und verschlackt. Nach Abrösten und Reduktion mit Kohle erhält man Rohnickel, welches noch weiteren Reinigungschritten unterworfen wird.

15.11.2 Toxizität

Nickel und Salze: Nickel ist für Menschen vermutlich ein essentielles Metall. Tiere resorbieren Nickel nur sehr langsam, scheiden es aber schnell aus. Außer bei einigen Meeresorganismen findet keine Akkumulation statt. Bei etwa 5 % der hellhäutigen Menschen ruft auf der Haut getragenes Nickel Nickeldermatitis hervor (Merian 1991 S. 40). Nickelmetall als Staub und verschiedene Verbindungen wie Nickelsubsulfid Ni_3S_2 sind karzinogen.

Tabelle 15.9. Toxikologische Daten Nickel

Toxikologische Daten	
mittlere Konzentration in Meerwasser	0,5-2 ppb
mittlere Konzentration in Flußwasser	0,3 ppb
mittlere tolerable Konzentration im Boden	50 mg/kg
Toleranzgrenze Krebstiere	5-1000 mg/l
Toleranzgrenze für Fische	0,8-55 mg/l
TRK-Wert bei industrieller Verarbeitung	0,05-0,5 mg/m^3

Herstellung: Aufgrund ihrer Kanzerogenität sind Nickelstäube als besonders gefährlich einzustufen. In Belgien, Holland und USA gilt schon der Herstellungsprozeß als potentiell krebserregend. Zudem ist die Nickelemission aus anthropogener Quelle ein erheblicher Eintrag in die Atmospäre.

Nutzung: Unter den üblichen Nutzungsbedingungen stellt Nickel keine Gefahr dar.

Verbrennung: Nickel als Legierungsbestandteil und in Ferriten kann vor der Verbrennung aufgrund seiner magnetischen Eigenschaften leicht als Metall aussortiert werden. Im Verbrennungsprozeß kann es als Legierungsbestandteil oder beim Ferrit nur beim Auftreten an der Oberfläche angegriffen werden. Somit ist der Eintrag an Nickel aus den kompakten Teilen als gering einzuschätzen.

Deponierung: Nickel verhält sich unter den Bedingungen der Deponierung stabil und geht keine Reaktionen ein, die gefährliche Substanzen freisetzen. Die Stahloxidation und die Lösung von Ferrit ist in Jahrzehnten zu bemessen. Aufgrund der geringen Konzentration und des langen Prozesses wäre die Nickelabgabe ins Wasser genauer zu bestimmen, um zu entscheiden, ob diese Quelle überhaupt eine Belastung darstellt.

Recycling: Alle Eisenteile werden weitgehend in den Stahlschrott gehen. Hierdurch wird das Nickel wieder in die Stahlherstellung überführt, was aber unbedenklich ist, da Stähle immer Nickel enthalten. Über das oben genannte hinaus liegen keine Hinweise auf ein Gefährdungspotential vor.

15.11.3 Beurteilung

Eine Bestimmung der Herkunft von Nickel in den Stäuben von Verbrennungs-anlagen wäre sinnvoll. Auch wenn aufgrund der Kompaktheit der Nickelquelle im Fernseher nur mit einer unwesentliche Belastung zu rechnen ist, so sollte Nickel aufgrund seiner Kanzerogenität nicht in die Verbrennung gehen. Ebenso sollte es nicht deponiert werden.

15.12 Zink

15.12.1 Allgemeines

Verwendung: Zink dient vor allem durch Galvanisierung zum Schutz von Eisenoberflächen oder zur Herstellung von Rohren. Zinkstaub in Lacken kann als Rostschutz für Eisenoberflächen verwendet werden. Seine plastischen Eigen-schaften werden in Drähten genutzt. Zinksulfid wird zusammen mit Bariumsulfat in Malerfarben verwendet. Ebenso wird Zinkoxid bei der Herstellung von Reifen in großen Mengen als Füllstoff zugesetzt.

Zink findet sich als Zuschlagsstoff in Form von Zinkoxid in der Bildröhre sowie in sehr geringen Mengen in Kondensatoren und Transistoren. Als Metall wird Zink im Rahmen von ICs und als Zinksulfid in Leuchtstoffen verwendet. Insgesamt sind es ca. 8 g.

Chemisches Verhalten und Herstellung: Zink ist ein sehr unedles Metall, daß jedoch durch eine feste Oxidschicht ($Zn(OH)_2$) passiviert wird. Mit starken Säuren und Basen geht es in Lösung, bei hohen Temperaturen verbrennt es zu Zinkoxid. Mit vielen anderen Metallen läßt sich Zink legieren. Zinksulfid ist nahezu unlöslich in Wasser.

Zink ist ein essentielles Metall für die meisten Lebewesen. Pflanzen reagieren sensibel mit Wachstumsstörungen auf Zinkmangel.

Zink wird vor allem aus Zinkblende gewonnen, daß mit anderen Metallen vermischt ist. Da auch Blei, Cadmium und Kupfer in ihren Gangarten mit Zink verschwistert sind, führt dies zu einer industriellen Interkonversion der einzelnen

Elemente und Nebenprodukte bei der Herstellung. Die schwach konzentrierten Erze werden flotiert und abgeröstet. Durch thermische Reduktion mit Kohle erhält man Rohzink, durch Auslaugen und Elektrolyse reineres Zink. Das thermische Verfahren liefert zunächst gasförmiges Zink und setzt erhebliche Aufwendungen zum Luftabschluß und zur Kondensation voraus. Da aber die Reduktiongase abgeführt werden müssen, ergibt sich immer ein Effizienzproblem, das zu einer erheblichen Umweltbelastung durch Zinkstäube führen kann. Das elektrolytische Verfahren (68 % der Weltproduktion) hingegen nutzt zur Auslaugung Schwefelsäure aus Röstgasen.

15.12.2 Toxizität

Zink und Salze: Zink ist sowohl essentiell für Lebewesen als auch toxisch bei extremen Dosen. Der Organismus verfügt daher über Regulationsmechanismen zur Erhaltung der Konzentration. Für den Menschen hat Zink eine Halbwertszeit von 2,6 Jahren. Insgesamt sind keine akuten toxischen Wirkungen beim Menschen bekannt. Hohe Aufnahmeraten führen zu Erbrechen und Entzündungen der Verdauungsorgane. Metallisches Zink löst sich unter sauren Bedingungen (z. B. im Magen), somit kann es vom Körper aufgenommen werden.

Tierische Lebewesen nehmen Zink mit der Nahrung auf, Pflanzen aus dem Boden und durch Staub aus der Luft. Auf stark zinkhaltigen Böden wächst die sogenannte Galmeiflora. Getreide kann bis zu 100 mg/kg enthalten. Nutztiere nehmen Zink mit der Nahrung auf, scheiden den Überschuß jedoch aus, es werden keine Speichereffekte beobachtet. Zinkgehalte von 200-500 mg/kg oder 25 mg/l sind unbedenklich. Die Klärschlamm-Verordnung regelt den Zinkeintrag in Böden.

ZnO wird in Autoreifen eingesetzt, weshalb der Verkehr neben der Lösung von Zink aus Wasserrohren und -rinnen ein beträchtlicher Emittend ist. Kohlensäure erhöht die Zinklösung durch Auflösung der $Zn(OH)_2$-Schutzschicht. Dies ist die Hauptursache für den Zink-Gehalt in Abwässern und Flußsedimenten. Ebenso finden sich in der Nähe von Zinkhütten Bodenbelastungen bis zu 50 g/kg.

Tabelle 15.10. Toxikologische Daten Zink

mittlere Konzentration in Meerwasser	0,6-5 µg/l
mittlere Konzentration in Flußwasser	5-10 µg/l
mittlere Konzentration im Boden	3-300 µg/l
mittlere Konzentration im Klärschlamm	2-3 g/kg TM
LD_{50} Säuger Nager, oral	300-2000 mg/kg
zugelassene Trinkwasserkonzentration	0,1 mg/l
zugelassene Belastung Mensch ZnO	5 mg/m^3 MAK

Herstellung: Der Zinkabbau selbst wird im Gegensatz zur industriellen Emission nicht ins Gewicht fallen. Die Flotation führt zu einer Belastung von Wasser. Die zwei Wege der Herstellung sind mit unterschiedlichen Problemen belastet. Das thermische Verfahren stellt erhebliche Anforderungen an die Kondensation von Zink und Abfuhr der Reaktionsgase. Bei alten Zinkhütten hat dies zu einer starken Belastung der umgebenden Böden geführt. Flugstäube werden im allgemeinen in die Bleicharge eingeführt, über die die Edelmetalle in die Kupfercharge gelangen. Die Röstgase werden zur Gewinnung von Schwefelsäure genutzt, die ihrerseits zur 'Laugung' für das elektrolytische Verfahren eingesetzt werden kann. Dieses Verfahren hingegen liefert metallhaltige Salzlösungen, die entweder z. B. zur Bleigewinnung eingesetzt werden können oder deponiert werden müssen.

Von großer Bedeutung ist die Vergesellschaftung von Zink und Cadmium, weshalb sich immer eine Beimengung des unerwünschten Metalls im Zink findet. Wollte man cadmiumfreie Stoffkreisläufe erreichen, so müßte man auf die Zinkherstellung verzichten (Enquete-Kommission 1993).

Nutzung: Unter normalen Nutzungsbedingungen hat Zink aufgrund seiner Eigenschaften kein toxisches Potential.

Störfall: Ein Brand kann weder Zink noch andere giftige Zinkverbindungen freisetzen.

Verbrennung: Das Zink liegt im Fernseher in keiner rückführbaren Form vor. Metallisches Zink kann zu Zinkoxid verbrannt oder in der Schlacke verschmolzen werden, Zinkoxid verbleibt als Glas in der Schlacke. Der Leuchtstoff Zinksulfid wird aufgrund seiner feindispersen Struktur nach einer Oxidation im Staub wiederzufinden sein. Von großer Relevanz ist das verschwisterte Cadmium im Zink.

In der BRD wurden 1985 ca. 7000 t Zink emittiert, wobei ca. 50 % aus der Stahlherstellung stammt. Der Abrieb von Autoreifen trägt mit 1240 t und Kohleverbrennung mit 500 t zur Zinkemission bei. Weitere 1100 t stammen aus der Nichteisenmetallproduktion. Der Beitrag der Verbrennung wird insgesamt als sehr gering angesehen. Vergleicht man jedoch den Interferenzfaktor von über 2400, so ist ersichtlich daß der anthropogene Zinkeintrag erheblich ist (Merian 1991).

Deponierung: Die Deponierung von ZnO und ZnS ist aufgrund seiner Schwerlöslichkeit unbedenklich. Das Zink in den Bauteilen ist ebenfalls unter Deponierungsbedingungen weitgehend stabil, zersetzt sich zudem nur zu unbedenklichen Verbindungen.

Recycling: Ein Glasreycling ist mit keinen weitergehenden Gefahrenpotentialen als der normalen Glasherstellung verbunden.

Die Leuchtstoffe hingegen müssen als Sondermüll entsorgt werden, was aber vermutlich an der Möglichkeit der Verwendung von Cadmiumsulfid liegt, da alle anderen Komponenten unbedenklich sind. Ein Recycling ist bisher nicht möglich.

15.12.3 Beurteilung

Zink hat nur eine geringe Toxizität, jedoch ist der Interferenzfaktor erheblich. Die Wasserbelastung, die sich im Klärschlamm niederschlägt, wird vor allem durch Zinkrohre und Dachrinnen verursacht, somit wird die Bodenbelastung nicht abnehmen. Der Hauptemittent ist der Straßenverkehr (ZnO aus Reifen u.a.). Die im Fernseher verwendete Menge ist gegen andere Quellen von geringer Bedeutung.

15.13 Zinn

15.13.1 Allgemeines

Verwendung: Zinn wird in großen Mengen in der Konservenindustrie eingesetzt um Weißblech zu beschichten. Weiterhin dient es als Überzug für unedle Metalle zur Passivierung sowie für Bronzen und Lagermetalle. Organozinnverbindungen werden als Pestizide eingesetzt. Viele frühere Anwendungen sind inzwischen durch Aluminum ersetzt worden.

Zinn findet sich im Fernseher als Lötzinn zur Verbindung von Kontaktstellen. Es besteht aus verschiedenen, niedrig schmelzenden Legierungen wie SnPb, SnPbAg und SnBi. Weiterhin befindet es sich als Zinn-IV-Oxid im Gehäuse von Transistoren zur Wärmeleitung. Insgesamt liegen schätzungweise 20 g vor.

Chemisches Verhalten und Herstellung: Zinn ist reaktionsträge und gegen Luft und Wasser beständig. Erst bei starkem Erhitzen verbrennt es zu Zinndioxid. Unter schwach sauren und basischen Bedingungen reagiert es langsam.

Zinn wird aus Zinnstein (ZnO_2) gewonnen. Durch Flotation wird es angereichert, Arsen und Schwefelbeimengungen werden abgeröstet und das Zinnoxid mit Kohle reduziert. Die Reinigung erfolgt durch Seigerung (Entschlacken durch selektives Erhitzen) oder elektrolytisch. Aufgrund der geringen Gehalte an Zinn im Zinnstein (~1 %) lohnt sogar die Zinnrückgewinnung mit Natronlauge aus Weißblechdosen.

15.13.2 Toxizität

Zinn und Salze: Zinn ist für Menschen ein essentielles Metall, somit besitzt der Mensch ein Regulationssystem für seine Konzentration. Die biologische Halbwertszeit beträgt zwischen 35 und 70 Tagen. Metallisches Zinn ist fast ungiftig auch bei längeranhaltender Einnahme in geringer Kozentration. Die Nahrung kann bis zu 20-50 mg/kg Zinn enthalten. Aus unlackierten Dosen kann der Eintrag bis zu 250 mg/kg betragen, was Durchfall und Erbrechen hervorrufen kann. Die maximale Aufnahme sollte 15 mg/Tag nicht übersteigen.

Die Toxizität von Organozinnverbindungen ist von der Art der Verbindung abhängig. Die biologische Bildung dieser Organozinnverbindungen aus metallischem Zinn ist umstritten. Die meisten Organozinnverbindungen sind für Menschen ebenfalls ungefährlich, nur wenige zeigen starke toxische Wirkungen. Diese wie Triethylzinnacetat stellen im allgemeinen Hilfsreagentien in der organischen Synthese dar.

Es bestehen keine Anhaltspunkte für teratogene oder kanzerogene Wirkungen, auch nicht für Organozinnverbindungen.

Tabelle 15.11. Toxikologische Daten Zinn

mittlere Konzentration in Meerwasser	20 ng/l
mittlere Konzentration in Flußwasser	6-40 ng/l
mittlere Konzentration im Boden (tolerierbare Dosis: 50 mg/kg Organozinn)	1-20 mg/kg
LD_{50} Säuger Ratte für Et_3SnAc	4 mg/kg
maximal tolerable Grenze für Mensch (Nahrung)	250 mg/kg
zugelassene Belastung Mensch, anorg. Sn	2 mg/m^3 MAK

Zinnherstellung: Da Zinn analog dem Blei gewonnen wird, gilt obige Beschreibung. Problematisch sind die Beimengungen anderer Schwermetalle. Das Abbrennen der Arsenbeimengungen kann durch eine effektive Rauchabscheidung ohne große Emission erfolgen. Hierbei ist zu berücksichtigen, unter welchen Umweltstandards das Zinn hergestellt wird.

Nutzung: Die Nutzung setzt keine toxischen Stoffe frei.

Störfall: Ein Brand bewirkt nur das Schmelzen der Lote, die sich in der Schlacke wiederfinden. Anhaftungen an Rauchstäuben sind bedenklich, wie der reduzierte Grenzwert zeigt, jedoch ist die Menge des Gesamtzinns gering.

Verbrennung: Da Zinn sich auf oder an Metallen befindet, wird es mit diesen im Allgemeinen entfernt. An den Platinen anhaftende Lotreste werden entweder verschlacken oder finden sich im Filterstaub wieder.

Deponierung: Zinn reagiert nur langsam unter Deponierungsbedingungen. Im Verhältnis zur Menge an Dosen ist der Eintrag aus Loten in die Sickerwässer vermutlich als äußerst gering einzuschätzen.

Recycling: Das Zinn wird sich beim Kupferrecycling im Anodenschlamm wiederfinden und von dort zur Bleiverhüttung gehen. Ein besonderes toxisches Problem ist hierbei nicht zu erkennen.

15.13.3 Beurteilung

Das Zinn aus dem Lot ist aufgrund seiner geringen Menge und seiner Eigenschaften als unbedenklich einzustufen.

15.14 Antimontrioxid

15.14.1 Allgemeines

Verwendung: Antimon wird vor allem zur Härtung von Metallen verwendet, sowie als Flammschutzmittel in Form von Antimontrioxid in Kunststoffen oder als Zuschlagsstoff in Gläsern oder Keramik. Antimonsulfid wird als Zündmasse in Streichhölzern eingesezt.

Die Menge im Fernseher liegt zwischen 10 und 0,3 g, wobei nach der Sachbilanz diese in der FR3 Leiterplatte angenommen werden. Möglich ist jedoch auch ein Vorkommen im PVC. Geringe Mengen können sich im Glas der Bildröhre als Zuschlagsstoff befinden. Ob sich in den Loten ebenfalls Antimon als Härter findet, ist unbestimmt.

Chemische Eigenschaften und Herstellung: Antimon ist an der Luft beständig und nicht reaktiv. Es löst sich nur unter oxdierenden Bedingungen wie zum Beispiel mit Salpetersäure zu Antimontrioxid. Unter diesen Bedingungen liegt die Löslichkeit bei 8 mg/l.

Als Synergist zu den flammhemmenden Bromverbindungen führt es über vielstufige Reaktionen zu einer Freisetzung von Bromradikalen, die ihrerseits die Kettenreaktion der Verbrennung abbrechen, d.h. das Feuer ersticken lassen.

Antimon wird aus seinem Schwefelsalz, dem Antimonit gewonnen. Der einfachste Weg ist die Reduktion mit Eisen zu Antimon und Pyrit. Größere Mengen fallen bei der Kupfer und Bleigewinnung an. Antimontrioxid kann als Antimonblüte oder durch Verbrennen von Antimon gewonnen werden.

15.14.2 Toxizität

Antimon und Salze: Über Umweltrisiken von Antimon und seiner Verbindungen ist nur wenig bekannt. Antimon kann in geringen Dosen wachstumsfördernd sein, in höheren hingegen toxischer als Arsen oder Blei. In der Leber kann eine Anreicherung stattfinden (Merian 1991). Die akute Toxizität ist schwach, so daß organische Antimonverbindungen in der Tropenmedizin trotz ihrer nachweisbaren akuten Toxizität als Parazitide oder in der Veterinärmedizin eingesetzt werden. Von wesentlicherer Bedeutung ist jedoch, daß sich Verbindungen und Oxide im Tierversuch als karzinogen erwiesen haben.

Tabelle 15.12. Toxikologische Daten Antimon

mittlere Konzentration in Meerwasser	0,2 µg/l
mittlere Konzentration in Flußwasser	0,1-1 µg/l
mittlere Konzentration im Boden	0,01-1 mg/kg
LD_{50} Säuger Ratten, oral	20 mg/kg
zugelassene Belastung für Boden	5 mg/kg
zugelassene Belastung für Trinkwasser	0,01 mg/l
TRK: zugelassene Belastung Mensch Staub (Herstellbetriebe, sonst 0,1 mg/m³)	0,3 mg/m³

Antimonherstellung: Die Antimonherstellung aus Antimonglanz ist schwierig, da dieses zunächst aus dem Gestein aufgeschmolzen wird und unter diesen Bedingungen flüchtig ist. Die weiteren Schritte rufen wie die anderen Schwefelerzverfahren die gleichen Belastungen hervor.

Die höchsten Bodenbelastungen mit Antimon finden sich in der Nähe von Goldminen, Kupfer- und Bleischmelzen. Die natürlichen Quellen sind relativ unbedeutend beim Eintrag in die Umwelt, wobei Verbrennung von fossilen Rohstoffen und industrielle Emissionen gleich bedeutend sind.

Nutzung: Die normale Nutzung stellt keine toxische Gefahr dar.

Störfall: Im Brandfalle wirkt es als Katalysator und zersetzt die Halogenverbindungen. Es wird sich aufgrund seines hohen Siedepunktes und des eher einem Schmelzvorgang mit Hitzeentwicklung gleichenden Prozesses vor allem in der Brandschlacke finden.

Über Antimon als möglichen Lotbestandteil und sein Verhalten siehe unter Blei.

Verbrennung: Im Gegensatz zum Störfall wird hier der Kunststoff weitgehend verbrannt. Antimonoxid wird aufgrund seiner Dispergierung im Kunststoff am Staub anhaften. Von Antimotrioxid ist bekannt, daß es die Bildung von PCDF, PCDD und den bromanalogen Verbindungen aus geeigneten Vorstufen katalysiert (UBA 1990). Ob dieser Pfad einen Beitrag zur PCDD/F-Belastung bei Verbrennungsprozessen oder zur Antimonbelastung in der Umwelt beiträgt, ist ungeklärt.

Deponierung: Durch die Einbettung der Verbindungen ist Antimon nicht mobil. Hingegen ist es in die Wassergefährungsklasse 3, also stark wassergefährdend, eingeordnet. Durch die Verrottung wird es trotz der mikrobiellen Stabilisierung des Kunststoffes zu einer Freisetzung von Antimonoxid kommen.

Recycling: Das Antimon kann nicht recycliert werden. Bei der Verwertung der Kunststoffe werden diese im allgemeinen gebrochen und gemahlen, wobei Stäube freigesetzt werden, die mit Antimontrioxid belastet sind. Eine Separierung des Antimons ist vermutlich sehr schwierig. Durch Wiederverwertung wird sich somit die Antimonbelastung in Kunststoffen und der Umwelt stetig erhöhen. Bei einer sortenreinen und nur mit TBBA ausgestatteten Kunststofffraktion ist eine nennenswerte Bildung von PBDD und PBDF bei Temperaturen unter 400 ^{0}C nicht zu erwarten (UBA 1990).

15.14.3 Beurteilung

Über Umweltrisiken ist nur wenig bekannt. Die Aufnahme feiner antimonhaltiger Stäube ist am gefährlichsten. Antimon-(III)-Oxid ist im Tierversuch eindeutig karzinogen, die Exposition sollte minimiert werden (Brandfall!). Bei der Deponierung sollte die Gesamtmenge abgeschätzt werden, um festzustellen, ob nach Zersetzung der Kunststoffe mit größeren Mengen von Antimontrioxid zu rechnen ist. Bei der Verbrennung zusammen mit Kunststoffen, die aromatische Brom- oder Chlorbiphenylether enthalten, bewirkt Antimontrioxid eine Verstärkung der Bildung von PBDF/PBDD und der Chloranaloga.

15.15 Phosphorhaltige Verbindungen

15.15.1 Allgemeines

Verwendung: Phosphorhaltige Flammhemmer werden aufgrund ihre Eigenschaften sehr häufig verwendet. Sie bilden eine breite Produktpalette mit Phosphorsäureestern, organischen Phosphonaten, Tris-Chloralkyphosphaten, Phosphoniumsalzen, Polyphosphaten und rotem Phosphor.

Weitere Anwendungen finden sie als Schmieröladditiv, Hydraulikflüssigkeit, Netz- und Flotationsmittel zur Extraktion von Metallen, Haftvermittler, Härter, Entschäumer, Emulgator und zur Korrosionshemmung. Die leichtflüchtigen und mit speziellen organischen Resten versehenen Schwefelderivate werden als Insektizide oder chemische Kampfstoffe eingesetzt.

Das Rückwandgehäuse des Referenzfernsehgerätes ist vermutlich mit Phosphorsäureestern ausgestattet.

Chemisches Verhalten und Herstellung: Phosphorester sind, mit wachsender Kohlenstoffzahl und Substitutionsgrad, farblose Flüssigkeiten oder Kristalle. Sie sind wenig wasserlöslich und hochsiedend, bei dreifach Veresterung neutral, als Mono- oder Diester sauer. Der Ester ist reaktiv und zersetzt sich mit Wasser. Phosphorester finden sich als wesentliche Verbindung des Metabolismus in allen Lebewesen. Als Glycerinester (Fette) dienen sie als Speicherstoff für Energie, als Kettenglied hält Phosphat die DANN-Kette zusammen, als Triphosphatester des ATP (Energieträger für Stoffwechselprozesse) ist es eines der wichtigsten chemischen Stoffwechselprodukte.

Die Darstellung erfolgt vor allem aus Phosphorylchlorid $POCl_3$ und Alkoholen unter Abspaltung von Salzsäure. Aromatische Alkohole lassen sich auch gut mit Phosphorpentoxid verestern.

15.15.2 Toxizität

Aufgrund der biochemischen Bedeutung hat jeder Organismus substratspezifische Mechanismen zur Umwandlung von Phosphorestern. Hieraus erklärt sich auch ihre geringe Toxizität,[11] wobei der Alkohol, sofern nicht aromatisch, vielfach in der Struktur den organismuseigenen Alkylalkoholen gleicht oder sogar identisch zu ihnen ist. Das Phosphat hingegen kann in den normalen Phosphatstoffwechsel eingebaut werden.

Toxische Wirkungen zeigen Trimethyl- und -ethylphosphat, wobei auch bei diesen Verbindungen die akuten Wirkungen gering sind. Das häufig verwendete 2-Ethylhexyldiphenylphosphat hingegen hat eine sehr geringe akute Toxizität und keine Anzeichen für Kanzerogenität. Trikresylphosphat hingegen ist sehr

---

[11] Bei den Kampfstoffen auf Phosphorbasis werden vielfach durch intramolekulare Reaktionen andere toxische Substanzen wie HCl freigesetzt. Die Phosphorschwefelverbindungen hingegen können durch Mesomeriestabilisierung leicht ihre Substituenten abspalten, die, wenn es sich um Cyanid oder Thiolgruppen handelt, toxisch wirken, oder aber als Bindungsmangelverbindung sich selbst irreversibel an ein Enzym wie Acetylcholinesterase hängen.

toxisch, da es hydroxyliert werden kann und dann eine wichtige Esterase irreversibel blockiert. Es darf als Flammhemmer verwendet, aber nicht mehr Kosmetika zugesetzt werden. Triphenylphospat hingegen ist nicht neurotoxisch.

Tabelle 15.13. Toxikologische Daten Phosphorverbindungen

LD_{50} Säuger Ratten, oral, Trimethylphosphat	2000 mg/kg
LD_{50} Säuger Ratten, oral, Triethylphosphat	1450 mg/kg
LD_{50} Säuger Ratten, oral, 2-Ethylhexyldiphenylphosphat	>2400 mg/kg
LD_{50} Säuger Ratten, oral, Isopropylphenylphosphat	>20000 mg/kg

Herstellung: Das größte toxische Potential wird in der Verwendung von Phosphoroxychlorid als Edukt liegen. Die Wirkung liegt nicht primär beim $POCl_3$, sondern es zersetzt sich zu Phosphor- und Salzsäure bei Einwirkung von Wasser. Der MAK-Wert wurde auf $0,1$ mg/m^3 festgelegt.

Nutzung: Hierbei wird kein toxisches Potential gesehen.

Störfall: Im Brandfalle erzeugt der Phosphorester eine glasige, phosphorhaltige Schicht über dem den Flammen ausgesetzten Teil. Ob hierbei toxische Nebenprodukte entstehen, ist unbekannt.

Deponierung: Durch Migration und Verrottung werden die Phosphorester freigesetzt. Aufgrund ihre geringen Toxizität und biologischen Abbaubarkeit wird hier kein toxisches Potential gesehen.

Verbrennung: Siehe hierzu Störfall oben.

Recycling: Brechen und Shreddern setzen womöglich Phosphorester frei, die jedoch relativ unbedenklich sind.

15.15.3 Beurteilung

Die Phosphate als Flammhemmer sind im Verhältnis zu allen anderen Flammhemmern biochemisch unbedenklich. Jedoch muß zu ihrer Herstellung Phosphorylchlorid verwendet werden, eine gegen Feuchtigkeit instabile Flüssigkeit, die in der Reaktion mit Wasser Salz- und Phosphorsäure freisetzt.

15.16 Polybromdiphenylether

15.16.1 Allgemeines

Verwendung im Fernseher

Polybromdibenzoether werden vor allem als Flammhemmer und mit gleicher Funktion auch als Isolatoren eingesetzt. In Spulen und Drosseln könnten sich Polybromdibenzoether (PBDE) befinden. Die Aussagen hierzu sind unklar, wenn sie vorhanden sind, sollte deren Menge ca. 3,4 g sein.

Chemisches Verhalten und Herstellung: Polyhalogenierte Biphenyle sind nahezu wasserunlöslich. Sie sind vermutlich nur schwer abbaubar, da der Aromat selbst nur von wenigen Mikroorganismen umgewandelt werden kann.

Biphenylether werden im allgemeinen über die Reaktion von Alkolaten mit Halogenaromaten in der Schmelze dargestellt. Anschließend erfolgt die Bromierung wie bei TBBA beschrieben.

Genaue Zahlen über die Herstellung liegen nicht vor, für 1989 wird die Herstellung aller bromierten Biphenylverbindungen in der Größenordnung von 12.000 bis 14.000 t angegeben (ZVEI 1992, S. 24).

Polybromierte Phenylether können mit analogen Dioxinen und Furanen verunreinigt sein[12]. Mit der Richtlinie 76/769/EWG sollen Herstellung und Beschaffenheit von Biphenylen und Biphenylethern geregelt werden. Die Verordnung ist jedoch bis heute nicht verabschiedet worden. Seit 1990 werden PBDE von den Mitgliedsfirmen des Verbandes der chemischen Industrie nicht mehr verwendet, finden sich jedoch vermutlich in Importgeräten und Halbzeugen (IMS 1991, S. 33).

15.16.2 Toxizität

Polyhalogenierte Biphenyle stehen im Verdacht Krebs auszulösen (MAK Liste III B). Zudem können sie vermutlich teratogen wirken (MAK-Gruppe B). Aufgrund der Verdachtsmomente wurde in der TRGS 900 ein MAK-Wert von 1 mg/m^3 angesetzt.

---

[12] H. Thoma, S. Rist, G. Hauschulz and O. Hutzinger, Chemosphere, 2111 (1986).

Herstellung: Polyhalogenierte Biphenyle können mit den entsprechenden Dioxinen und Furanen aufgrund des Herstellungprozeßes verunreinigt sein. Obwohl es sich hierbei nur um geringste Mengen handelt, wird die Gefahr hiervon so groß eingeschätzt, daß die Bundesregierung bei der EU ein generelles Verbot der polyhalogenierten Biphenylether beantragt hat.

Nutzung: Ausgasversuche an laufenden Fernsehern haben gezeigt, daß sich in der Raumluft Polybromdibenzofurane finden können (Päpke 1990), die vermutlich aus Verunreinigungen emittiert oder durch die Behandlung der analogen Ether entstanden sind. Aufgrund der Datenlage geben aber die Autoren keine Einschätzung, ob ein zusätzliches Risiko vorliegt. Eindeutig ist nur die Emission der polybromierten Ether (Päpke 1992).

Störfall: Aus den Polybrombiphenylen und -ethern können sich im Brandfall analoge PBDD und PBDF entwickeln (UBA 1990), siehe unten. Versuche von Theisen ergaben, daß bei Abbränden sich Summengehalte von bromierten 2,3,7,8-substituierten PBDF/D ergeben, die oberhalb eines Wertes von 0,005 μg/g liegen und demzufolge bei Behörden angezeigt werden müssen (Theisen, S. 65).

Verbrennung: Verschiedene polychlorierte und -bromierte Biphenyle und Biphenylether können sich unter Brandbedingungen, wenn auch unterschiedlich stark, zu polyhalogenierten Dibenzodioxinen oder -furanen umlagern, wobei jedoch naturgemäß bei einer Verbrennung die Umwandlung zu CO_2 und H_2O überwiegt. Die entstehenden PBDD/F können sich bei Anwesenheit von Chlor aus anderen Verbindungen, zu analogen PCDD/F umsetzen (ZVEI 1992; UBA 1990). Von Dummler et. al. wird der Beitrag von PBBE zur Dioxin- und Furanbelastung auf ein bis zwei Prozent geschätzt.

Ein Versuch an der MVA Bielefeld mit Leiterplatten, die Biphenylether enthielten, ist zweideutig (Dummler; Lahl). Es ergab sich eine signifikante Erhöhung von gemischthalogenhaltigen Dioxinen und Furanen im Rückstand. Im Rauchgas war keine Erhöhung festzustellen. Die Autoren schätzen einen Gesamtbeitrag zur Dioxin- und Furanbelastung aus diesen Quellen um 1-2 % (Dummler; Lahl). Bei der Hochtemperatursolvolyse (280 Grad, 50 bar, org. Lösungsmittel) von FR4-Leiterplatten findet eine Depolymerisation statt, wobei ein Pyrolyseöl und Glasfaser anfallen. Es bilden sich PBDD und PBDF, allerdings fallen sie bei diesem Verfahren in deutlich geringeren Mengen an als bei allen anderen Pyrolyseverfahren (Tartler 1994). Es ist allerdings denkbar, daß sich diese Schadstoffe schon vorher bei der Polymerisation gebildet haben und durch die Pyrolyse mobilisiert werden, denn sie bilden sich erst ab 300 Grad (Tartler 1994, S. 71). Eine Studie des Umweltbundesamtes ergab bei zahlreichen handelsüblichen Kunststoffen mit polybromierten Biphenylen oder Biphenylethern unter verschiedenen Verbrennungsversuchen eindeutige Nachweise der Bildung von PBDF und PBDD. Besonders gewichtig ist die Bildung von Br_{4-6} substituierten Verbindungen, von deren Chloranaloga man weiß, daß sie die toxischsten Produkte ihrer Klasse sind (UBA 1990, 6ff.).

Als Konsequenz aus den verschiedenen Versuchen ergeben sich Rahmenbedingungen zur Behandlung von potentiellen Dioxin- und Furanquellen. Die stabileren PCB's werden ab 650 Grad vollständig zerstört (UBA 1990). Forderungsstand ist deshalb eine Temperatur von 1200 Grad und 2 Sekunden Verweildauer in der Brennkammer, was jedoch in MVA's nur selten erreicht wird (Umweltgutachten 1996). Dennoch sind PCBE's aus Elektronikschrott nicht unbedingt ein vorrangiges Problem, denn in den MVA's stammen die PBDE vor allem aus Leuchtstofflampen der öffentlichen Hand, da diese speziellen Lastschutzverordnungen unterworfen sind.

Deponierung: Durch Verrottung der Bauteile werden Polybrombiphenylether freigesetzt.

Recycling: Thermische Behandlungen können zur Dioxinbildung führen, weshalb alle Kondensatorenöle mit polyhalogenierten Biphenylethern als Sondermüll eingestuft sind und nur unter besonderen Bedingungen weiter verarbeitet werden dürfen. Im allgemeinen werden die mit den Ethern kontaminierten Stoffe verbrannt oder deponiert.

15.16.3 Beurteilung

Polyhalogenierte Biphenylether stellen äußerst bedenkliche Verbindungen dar. Mit dem Verzicht des VCI auf die Herstellung dieser Verbindungen wurde bestätigt, daß ein Nicht-Einsatz und Substitution möglich und somit die Verwendung nicht notwendig ist.

15.17 Tetra-Brom-Bisphenol A

15.17.1 Allgemeines

Verwendung: TBBA wird ausschließlich als Flammhemmer eingesetzt. Es kann sowohl als Zuschlag als auch als vernetztes Monomer in Harzen verwendet werden. In den Leiterplatten kann bis zu 8 % der Masse TBBA enthalten sein, ebenso in Folienkondensatoren und Chipgehäusen. Da hierzu keine exakten Auskünfte vorliegen, wird der Anteil auf ca. 30 g TBBA geschätzt.

Vermutlich wird das TBBA auch zusammen mit Antimontrioxid als Flammschutzmittel in den PVC-Kabelumhüllungen verwendet.

Chemisches Verhalten und Herstellung: Bisphenol A und TBBA zeigen die typischen Eigenschaften hochmolekularer Aromaten mit variablen Resten. Ihre Löslichkeit in Wasser ist gering, aufgrund der Seitenketten sind sie biologisch oxidierbar. TBBA unterliegt der Zersetzung und Bromabspaltung durch Lichteinwirkung.

Über die Eigenschaften der Vorstufen siehe unter Phenolharze.

Im Brandfall bewirken halogenhaltige Flammhemmer durch eine Abspaltung von Halogenradikalen das Abfangen von Gasradikalen und verlangsamen eine Kettenreaktion.

TBBA wird in zwei Stufen dargestellt. Zunächst erfolgt eine Aldolkondensation eines reaktiven Aromaten (Phenol) an Aceton zu Bishenol A:

$$2\ C_6H_5OH + CH_3COCH_3 \rightarrow p\text{-}HO\text{-}C_6H_4\text{-}C(CH_3)_2\text{-}p\text{-}C_6H_5OH$$

Im zweiten Schritt erfolgt die Bromierung mittels Friedel-Kraft-Katalyse, um nur am Kern und nicht in der Seitenkette zu halogenieren.

$$HO\text{-}C_6H_4\text{-}C(CH_3)_2\text{-}C_6H_5OH + 2\ Br_2 \rightarrow HO\text{-}C_6H_2Br_2\text{-}C(CH_3)_2\text{-}C_6H_2Br_2OH$$

Die Bromierung erfolgt aufgrund aktivierender Eigenheiten der aromatischen Substitution relativ gezielt. Nebenprodukte wie Seitenkettenhalogenierung, verringerter Bromierungsgrad oder meta-Substitution werden in geringen Maßen entstehen.

15.17.2 Toxizität

Bisphenol A ist weit weniger toxisch als Phenol. Es ist nicht hautgängig, nur leicht hautreizend und verhindert die Gewichtszunahme bei Ratten, wenn Bisphenyl A mit der Nahrung zugeführt wird. Die LD_{50} bei Mäusen liegt bei 4 g/kg, ist somit gering.

Über die toxikologischen Eigenschaften des TBBA beim Menschen sind keine Literaturdaten verfügbar.

Über die Eigenschaften der Vorstufen siehe unter Phenolharze.

Herstellung: Bisphenol ist ein typisches Aldolkondensationsprodukt aus Phenol und Aceton. Über ersteres siehe den Abschnitt über Epoxyharze, daß zweitere ist nur unter bestimmten Bedingungen wie Einatmen als Gas oder Verschlucken bedingt toxisch, da es ein körpereigenes Produkt sein kann. Bei der Herstellung von Bisphenol A können vermutlich keine besonders toxischen Produkte entstehen, ebenso sind die Reaktionsbedingungen nicht besonders gefährlich.

TBBA ist ein Substitut für toxische Biphenyle und Biphenylether. Die Reaktion von Bisphenol A mit Brom ist nur mit Katalysator wie Aluminiumbromid möglich, da sie mit einer hohen Aktivierungsenergie verbunden ist. Gleichzeitig muß sie bei niedrigen Temperaturen durchgeführt werden, um eine radikalische Seitenkettenreaktion an den Methylgruppen zu vermeiden.

Bei der Reaktion entstehen immer Stoffgemische, vor allem hinsichtlich der Anzahl der Bromatome oder gegebenenfalls einer meta-Substitution. Über die Toxikologie der einzelnen Produkte liegen keine veröffentlichten Daten vor. Nach der UBA-Studie ist eine Verunreinigung mit PBDD möglich.[13]

Über das Verbrennungsverhalten von TBBA liegen unterschiedliche Studien vor. Nach ZVEI 1992, S. 8, können sich im Gegensatz zu Biphenylen und Biphenylethern bei der Pyrolyse von TBBA keine PBDF bilden. Eine Studie des UBA (UBA 1990) hingegen zeigt, daß sich unter verschiedenen Verbrennungsvorgängen, einem davon sehr ähnlich der zu erwartenden Verbrennung im Brandfalle, PBDD und PBDF bilden können. Im Gegensatz zu den Biphenylen und Biphenylethern jedoch, sind zum einen die Mengen sehr viel geringer (etwa Faktor 10 bis 100), zum anderen bilden sich nahezu ausschließlich nur mono-

---

[13] Siehe UBA 1990, S. 51; sowie H. Thoma, S. Rist, G. Hauschulz and O. Hutzinger, Chemosphere, 2111 (1986).

und disubstituierte und in geringen Mengen trisubstituierte Verbindungen. Von den Chloranaloga ist bekannt, daß mono- und disubstituierte Verbindungen diejenigen mit der geringsten Toxizität sind. Die Ausbeuten der PBDD und PBDF-Bildung zeigten nur eine geringe Abhängigkeit von der Flammtemperatur. Beachtenswert ist, daß zum einen die Bildung von PBDD und PBDF erst ab 500 °C erfolgt, jedoch die Emission von PBDD schon ab 300 °C. Die Autoren der UBA-Studie nehmen an, daß es sich um Produktionsverunreinigungen handelt. Ob diese prozeßimmanent oder sind nur eine zufällige Chargenverunreinigung darstellen, ist nicht bekannt.

Nutzung: Aufgrund geringer Toxizität und geringer Mobilität des im Kunststoff eingeschlossenen TBBA ergibt sich für die Nutzung kein toxisches Potential. Eine Emission von produktionstechnisch vorhandenen PBDD's könnte möglich sein.

Störfall: TBBA wird sich nur in wesentlich geringeren Mengen analog den polyhalogenierten Biphenylen und Biphenylethern zu bromierten Dibenzodioxinen oder Dibenzofuranen umsetzen. Beachtenswert sollte die Emission von möglicherweise aus der Produktion stammenden PBDD sein, auch wenn diese Aussage nicht gesichert ist.

Verbrennung: Aufgrund oben genannter Gründe sowie unter Voraussetzung einer optimierten Verbrennung oberhalb von 800 °C (UBA 1990 S. 15ff) sollten sich bei der Verbrennung keine toxischen Folgeprodukte bilden können. Bei einer Verschwelung unterhalb dieser Temperatur wird TBBA jedoch einen - wenn auch im Prozentbereich liegenden - Beitrag zur PBDD und PBDF-Belastung liefern. Von Bedeutung kann weiterhin sein, daß sich in Gegenwart von Chlorid PBDD und PBDF in die analogen Chlorverbindungen umsetzen können, deren Toxizität größer als die der Bromverbindungen ist.[14]

Deponierung: Aufgrund von Verrottungsprozessen ist mit der Freisetzung von TBBA auf der Deponie zu rechnen. Gleichzeitig erfolgt aber auch eine mikrobiologische Zersetzung und ein photolytischer Abbau.

---

[14] Dr. H. Jenkner, in Gächter/Müller (Hrsg.), Kunststoffadditive, München 1983; K.H. Schwind, J. Hosseinpour and H. Thoma, Chemosphere 17, 1875 (1988); H. Thoma, G. Hauschulz und O. Hutzinger, VDI-Berichte Nr. 634, VDI Verlag, Düsseldorf 1987

Recycling: Umschmelzen von Kunststoffen bewirkt eine Mobilisierung von Komponenten. Hierbei ist ein Austritt von TBBA denkbar, jedoch vermutlich unbedenklich. Verbrennungstemperaturen unterhalb von 600 ^{0}C ergaben keine Bildung von PBDF, wohingegen PBDD schon ab 300 ^{0}C nachgewiesen wurde. Dies wird jedoch auf eine Verunreinigung von PBDD bereits aus der Herstellung zurückgeführt, da chemisch-thermodynamisch erst bei höheren Temperaturen mit einer Bildung von PBDD aus dem TBBA zu rechnen ist (UBA 1990, S. 50ff.).

15.17.3 Beurteilung

Das Potential von TBBA zur Bildung von PBDD und PBDF ist nach der UBA-Studie um ein vielfaches geringer als das der analogen Biphenyle und Biphenylether. Weiterhin sind die dabei entstehenden Produkte fast ausschließlich mono- oder disubstituiert, und, bei analoger Wirkungsweise der Chlorverbindungen, mindergiftig im Verhältnis zu den tetrasubstituierten Derivaten. Aufgrund der mangelnden Literatur zu den akuten, chronischen oder weitergehenden toxischen Wirkungen ist eine Einschätzung seines toxischen Potentiales nicht möglich. Im Hinblick auf seine Verwendung als Flammhemmer ist es von allen aromatischen halogenierten Verbindungen dasjenige mit dem geringsten Potential zur Bildung von PBDD oder PBDF. Die Funde von PBDD vor der Zersetzung können abschließend nicht beurteilt werden, da über ihre Herkunft keine Untersuchungen vorliegen. TBBA ist jedoch substituierbar, indem andere Leiterplattenkonzepte angewendet werden. Somit sollte zur Risiko- und Schadstoffbelastungsminimierung über den Lebensweg, auf diesen Stoff verzichtet werden.

15.18 Kunststoffe

Kunststoffe sind im Allgemeinen keine reinen Verbindungen, sondern ein komplexes Gemisch aus vielen verschiedenen Verbindungen, deren Zusammensetzung erst die exakte Anpassung der Eigenschaften ermöglicht. So enthält PVC unter anderem UV-Stabilisatoren, Weichmacher, Gleitmittel, Brandschutzmittel, Antistatika, Rauchdichteverminderer, Farbmittel und andere Zusätze. Die Mengen und Arten der Verbindungen sind teilweise nicht zugänglich. Soweit es sich um quantitativ beachtliche Mengen handelt und diese auch bekannt sind, werden sie betrachtet.

15.19 Phenolharze

15.19.1 Allgemeines

Verwendung und Vorkommen: Phenolharze bestehen aus den Monomeren Phenol, Kresol und Formaldehyd. Alle drei Bestandteile sind in großen Mengen hergestellte Basismaterialien der Kunststoffindustrie, wobei die Jahresproduktion von Phenol und Formaldehyd im Millionentonnenbereich liegt.

Die Hauptverwendung der Komponenten liegt in der Herstellung von Kunststoffen und Lacken. Formaldehyd wird auch zur Desinfektion, Sterilisation, Konservierung, Beizen von Getreide und als Faserschutzmaterial eingesetzt. Große Mengen werden in der Spanplattenherstellung verwendet. Phenol ist ein wichtiger Ausgangsstoff von aromatischen Alkoholen und wird zur Imprägnierung von Holz genutzt. Es ist ein Abbauprodukt der Aminosäure Tyrosin. Da es unter Luftausschluß stabil ist, kommt es in erheblichen Mengen in Ölen und Kohle vor. Kresol findet sich außer in Harzen, in Lacken und Lackreinigern, Farbstoffen und Antiklopfmitteln. Zudem wird es bei der Erzflotation verwendet.

Benzol als Vorstufe des Phenols ist einer der wesentlichen Ausgangsstoffe für die chemische Industrie. Es findet sich in geringen Mengen in Erdöl und Steinkohle und wird zu Vorstufen von Kunststoffen, Farben, Arzneimitteln oder Waschrohstoffen umgesetzt. Ebenso wird es in großen Mengen Kraftstoffen als Anti-Klopfmittel zugesetzt.

Leiterplatten bestehen aus dem Trägermaterial Papier oder Glasfaser, das mit einem Epoxy- oder Phenolharz getränkt wird. Hierbei werden Phenol und Kresol (zur Vernetzung) mit Formaldehyd zu einem Polymer kondensiert. Insgesamt finden sich ca. 150 g Harz mit einem Anteil von 65 % Phenol, 25 % Formaldehyd und 10 % Kresol im Referenzfernseher.

Chemische Eigenschaften und Herstellung: Der Feststoff Phenol ist eine mittelstarke Säure mit niedrigem Schmelzpunkt, charakteristischem Geruch und mäßiger Wasserlöslichkeit. Unter Luft wird es leicht oxidiert.

Formaldehyd ist als Monomer gasförmig, in wäßriger Lösung liegt es als Hydrat vor, als Feststoff in trimerer Form. Formaldehyd wird durch Oxidation von dem aus Synthesegas erhaltenen Methanol dargestellt.

Die Eigenschaften von Kresol sind zwischen denen von Phenol und Toluol anzusiedeln. Dampfdruck, Wasserlöslichkeit und Acidität sind geringer, seine Fettlöslichkeit ist größer. Kresol erhält man durch Chlorierung von Toluol aus der Erdölreformierung mit anschließender Hydrolyse.

Benzol ist bei Raumtemperatur eine leichtflüchtige Flüssigkeit. Die Substanz zeichnet sich durch ihre aromatische Stabilisierung aus, weshalb Benzol nur durch starke Oxidationsmittel oder mittels Katalysatoren angegriffen werden kann. Eine vollständige Verbrennung ist jedoch möglich.

Ausgangsstoff für Phenol ist das Benzol. Dieses wird vor allem durch katalytische Reformierung von Erdöl hergestellt. Die alten Phenol-Verfahren waren eine Chlorierung oder Sulfonierung und anschließende Verseifung oder Hydrolyse durch Lauge oder Heißwasser. Wesentlich effizienter ist die Cumolsynthese, bei der erst durch Friedel-Crafts-Alkylierung Cumol erstellt und dieses zu Aceton und Phenol umgelagert wird.

15.19.2 Toxizität

Phenol: Phenol ist ein Abbauprodukt des Stoffwechsels von der Aminosäure Tyrosin, Organismen können somit Phenol umwandeln und ausscheiden. Säugetiere vermögen dies durch die Anlagerung an Glucoronsäure. Phenol kann die Haut durchdringen und ist aufgrund seiner Acidität reizend. Seine giftige Wirkung auf Zellen ist seit langem bekannt. Die akute orale Dosis beim Menschen beträgt möglicherweise 1 g (Rippen), geringere Dosen rufen Übelkeit und Erbrechen hervor. Hingegen ist Phenol weder mutagen, noch karzinogen. Seine chronische Toxizität wird, selbst bei lang andauernder Exposition im Trinkwasser (bis zu 5 g/l!), als gering eingestuft. Von Bedeutung hingegen ist seine Fischtoxizität. Störfälle mit ungewollter Freisetzung von Phenolabwässern sind meistens mit Fischsterben in den belasteten Gewässern verbunden.

Tabelle 15.14. Toxikologische Daten Phenol

maximale Trinkwasserbelastung (EU), TVO	0,5 µg/l
maximale akzeptable Dosis, Niederlande	60 µg/kg
LC_{50} Goldfisch	46 mg/l
LD_{50} Säuger Ratten, oral	414-530 mg/kg
Humane Toxizität, oral	1-4 g
Humane letale Menge	10-15 g

Formaldehyd: Formaldehyd hat sich in verschiedenen Tests als mutagen erwiesen, nicht jedoch im Ames-Test. Seine Kanzerogenität an Ratten ist ebenfalls umstritten. Bei einigen Experimenten mit durchschnittlich 14,3 ppmV (ohne Spitzenlastvergleich) ergab eine Tumorhäufigkeit zwischen 10 und 45%, bei einer Belastung mit 5,6 ppmV hingegen weniger als 2%. Weitere Versuche zeigten bei männlichen Ratten keine Wirkung, bei weiblichen hingegen vermehrtes Auftreten von Karzinomen. Diese Ergebnisse werden zur Zeit als hinreichend für sein karzinogenes Potential gewertet. Auch wenn für Menschen keine signifikanten Beweise (auch nicht bei besonders exponierten Personen der Spanplattenindustrie) vorliegen, wurde es trotzdem in die Gruppe III B der MAK-Liste aufgenommen.

Tabelle 15.15. Toxikologische Daten Formaldehyd

toxische Konzentration für Algen	>0,3 mg/l
LC_{50} Blauer Sonnenbarsch	$\cong$ 100 mg/l
LD_{50} Säuger Ratten, oral	100-800 mg/kg
MAK (0,05 ppmV)	0,6 mg/m^3

Kresol: Über die Toxikologie des Kresols sind nur wenige Daten und Informationen erhältlich, es ist jedoch nicht als besonders toxisch bekannt.

Tabelle 15.16. Toxikologische Daten Kresol

LC_{50} Blauer Sonnenbarsch (96h, alle Isomere)	12-21 mg/l
LD_{50} Säuger Ratten, oral (alle Isomere)	121-242 mg/kg
MAK (alle Isomere)	22 mg/m^3

Benzol: Benzol wird vor allem durch unvollständige Verbrennungsprozesse aus Kraftfahrzeugen emittiert. Zusammen mit den herstellungsbedingten Emissionen und denen der Kohle und Gasfeuerungen schätzt man die Emission auf 10^6 bis 10^7 t/a (Streit 1991, S. 82). Es ist biologisch leicht abbaubar, in der Luft wird es durch indirekte Photooxidation umgewandelt in Derivate, die ihrerseits dann leichter von Organismen umgewandelt werden können.

Benzol ist nach dem Ames-Test nicht mutagen, aber gesichert karzinogen (III A1) und leukämieauslösend. Es kann durch die Haut resorbiert werden, aber die wichtigste Aufnahmeart für den Menschen ist Inhalation. Jedoch wird ein größerer Teil wieder unverändert ausgeatmet, ein weiterer Teil metabolisiert und an Glucoronsäure gebunden ausgeschieden. Die schwache akute Toxizität äußert sich in dem hohen TRK-Wert.

Tabelle 15.17. Toxikologische Daten Benzol

mittlere Konzentration in Meerwasser	0,02-0,2 µg/l
mittlere Konzentration in Süßwasser	0,01-0,1 µg/l
pflanzliche letale Luftkonzentration	50 mg/m^3
LC_{50} Stubenfliege je Tier	0,8g
LC_{50} Blaue Regenbogenforelle (96h)	5,3-22 µg/l
LD_{50} Säuger Nagetiere, oral	3-6 g/kg
TRK-Wert	26 mg/m^3

Herstellung der Ausgangsstoffe: Bei der Rohstoffgewinnung von Erdöl und Gas sind vor allem anfallende Ölschlämme und das Abfackeln von überflüssigem Methan aus den Lagerstätten toxikologisch bedenklich. Ölschlämme belasten vor allem Böden und Gewässer. Über die bei der Methanverbrennung entstehenden Produkte ist nur wenig bekannt, das Auftreten von toxischen Verbindungen ist jedoch zu vermuten.

Die anschließenden Raffinerieprozesse führen insbesonders bei der Erdöldestillation und den Crackprozessen zu nicht erwünschten Produkten wie Destillatsümpfen und Gasen. Die Gasfraktion läßt sich jedoch leicht in Nachverbrennungsprozesse integrieren. Die Destillatsümpfe hingegen münden in die Bitumenfraktion, die in Fahrwegen verbaut wird. Das toxische Potential einer Vielzahl von Stoffen innerhalb dieser Fraktion, wie zum Beispiel der Pyrene, ist sehr hoch. Ein Einsatz im Straßenbau läßt sich vermutlich nur durch die wasserabweisende Oberfläche und der Immobilität innerhalb dieser Fraktion erklären.

Die Benzolemission durch Herstellung, Lagerung und Transport werden im Verhältnis zur Emission durch Verbrennung nicht ins Gwicht fallen.

Bei Phenol schätzt man eine Emission von 2,5 % der jährlich produzierten Menge (Rippen S. 132).

Rippen schätzt die emittierte Menge an Formaldehyd auf 0,05-15 kg/t produzierte Menge. Die Hauptemittenten sind jedoch der KFZ-Verkehr ohne Katalysator, Faserplatten und unvollständige Verbrennungsprozesse. In nicht unbeträchtlichen Mengen wird Formaldehyd durch Oxidationsprozesse unter Einwirkung von Sonnenlicht aus C-1 Stoffen gebildet (Schätzung in Kalifornien ca. 50000t/a). Die emittierte Gesamtmenge an Formaldehyd wird auf 1 Million t/a geschätzt.

Leiterplattenherstellung: Die Harzherstellung ist immer mit der Emission von leichtflüchtigen Formaldehyd verbunden. In der Regel werden die entstehenden Gase einer thermischen Nachverbrennung zugeführt. Belastungen der Anwender sind allerdings nicht vollständig zu vermeiden.

Nutzung: Bei einer normalen Nutzung haben Leiterplatten kein toxisches Potential. Eine Depolymerisation ist nicht anzunehmen.

Störfall: Im Brandfalle werden die Verknüpfungstellen oxidiert zu Kohlendioxid und je nach Temperatur auch das aromatische Gerüst angegriffen. Eine Freisetzung von aromatischen Verbindungen bei niedrigen Temperaturen scheint denkbar, da sogar die Hochtemperatur-Verbrennungsbedingungen des Motors Benzol nicht vollständig umsetzen.

Verbrennung: Prinzipiell ist es möglich, den Kunststoff vollständig zu verbrennen. Da es jedoch in dem Vielstoffgemisch nicht möglich ist, optimale Brennbedingungen einzuhalten, zudem die Leiterplatten mit Flammhemmern ausgerüstet sind, wird es zu einer unvollständigen Verbrennung kommen. Allerdings werden die Benzolemissionen aus MVA's im Verhältnis zu anderen Verbrennungsprozessen als gering angesehen (Streit 1991, S. 82).

Deponierung: Unter den lufthaltigen, schwach sauren Deponierungsbedingungen ist keine Zersetzung des Phenol-Formaldehydharzes zu den Edukten anzunehmen, sondern ein Abbau bis zum Wasser und Kohlendioxid. Inwieweit intermediär Benzol entstehen kann und wie groß dieser Anteil ist, ist unbestimmt.

Recycling: Ein Recycling ist bisher nicht möglich bei Duroplasten, wie sie die Phenol-Formaldehydharze darstellen.

15.19.3 Beurteilung

Von den Ausgangsstoffen ist Benzol aufgrund seiner kanzerogenen Eigenschaft als toxisch relevant anzusehen. Formaldehyd ist zwar in geringeren Dosen wirksamer, jedoch ist eine Zersetzung zu den Ausgangsstoffen nicht wahrscheinlich. Zudem ist im Wohnbereich die wesentlichste Formaldehydquelle die Spanplatte. Benzol hingegen wird vor allem durch Verbrennungsprozesse freigesetzt.

15.20 Epoxyharze

15.20.1 Allgemeines

Verwendung: Epoxyharze sind ebenfalls Duroplaste. Sie unterscheiden sich in ihren mechanischen und physikalischen Eigenschaften von den Phenolharzen nicht wesentlich.

Ihr Gesamtanteil im Fernseher wird auf ca. 120 g in den elektrischen Bauteilen geschätzt.

Chemische Eigenschaften und Herstellung: Epoxyharze werden aus Bisphenol A und Epichlorhydrin unter Beigabe von TBBA als vernetzer Flammhemmer dargestellt. Über die Herstellung der Aromaten siehe oben und unter Flammhemmer/TBBA. Die Herstellung von Epichlorhydrin ist in der Sachbilanz beschrieben.

Epichlorhydrin ist nicht natürlichen Ursprungs, leicht flüchtig und sehr reaktiv. Seine Jahresproduktion liegt in der Größenordnung von mehr als eine halbe

Million Tonnen. Es wird zur Glyzerinsynthese und als Vernetzer in Duroplasten genutzt.

15.20.2 Toxizität

Über Benzol, Phenol, Bisphenol A und TBBA siehe unter TBBA.

Epichlorhydrin: Epichlorhydrin wirkt hautreizend, nieren- und nerventoxisch. Nach dem Ames-Test ist es mutagen, und vermutlich auch karzinogen.

Tabelle 15.18. Toxikologische Daten Epichlorhydrin

LD_{50} Ratten	40-90 mg/kg
LC_{50} Goldfisch; 24 h	23 mg/l

Epoxyharzdarstellung: Bei der Kunststoffherstellung wird die Polymerisation in einer Lösung von Epichlorhydrin durchgeführt. Hierbei wird mit großen Mengen des Stoffes gearbeitet.

Nutzung: Eine normale Nutzung stellt kein toxisches Problem dar.

Störfall: Im Brandfalle kann keine Repolymerisation stattfinden. Der '1,3-Propandiether' wird vollständig verbrennen. Ob Benzol freigesetzt wird, ist unbestimmt.

Nachnutzung: Hierbei gilt das gleiche wie bei den Phenolharzen.

15.20.3 Beurteilung

Das polymerisierte Epichlorhydrin in der Leiterplatte und den elektronischen Bauteilen sollte kein toxisches Potential enthalten. Der breite Einsatz des leicht flüchtigen, kanzerogenen Synthese-Zwischenproduktes Epichlorhydrin ist allerdings kritisch zu beurteilen .

15.21 Polystyrol

15.21.1 Allgemeines

Verwendung: Polystyrol gehört zu den wichtigsten Kunststoffen. Es wird vor allem zur Herstellung von Gehäusen und in fester, geschäumter Form als Verpackungs- und Isolationsmaterial eingesetzt.

Im Referenzfernsehgerät sind ca. 6,6 kg Polystyrol in Reinform und als Blend (Noryl) eingesetzt.

Chemische Eigenschaften: Wie die meisten Kunststoffe zeichnet sich Polystyrol durch seine Stabilität gegenüber natürlichen Umweltbedingungen aus. Ebenso ist es gegen saure oder basische Bedingungen stabil, nur von Oxidationsmitteln kann es an den aktivierten Ethylgruppen angegriffen werden.

Styrol ist bei Raumtemperatur eine Flüssigkeit mit charakteristischem, stechendem Geruch, die unter Lufteinwirkung leicht polymerisiert.

15.21.2 Toxizität

Polystyrol: Polystyrol ist aufgrund seines chemischen Verhaltens nicht toxisch.

Styrol: Styrol wird vom Menschen und vielen Organismen leicht zu der nicht-toxischen Benzoesäure und anderen Säuren oxidiert und kann dann ausgeschieden werden. Dämpfe führen zu Reizungen, jedoch liegt die Wahrnehmungsschwelle mit 1mg/l weit unter der Reizmenge. Von größerer Bedeutung ist seine Fischtoxizität. Hiervon abgesehen, zeigt Styrol keine weiteren bedeutenden toxischen Wirkungen.

Tabelle 15.19. Toxikologische Daten Styrol

LD_{50} Maus, oral	316 mg/kg
LD_{50} Ratte, oral	5000 mg/kg
LC_{50} Elritzen, Wasser	57 mg/l
zugelassene Belastung Mensch MAK	420 mg/m^3

Herstellung: Wie in der Sachbilanz dargestellt verläuft der Weg zum Polystyrol ausgehend von der Förderung von Gas und Öl über Raffinerieprozesse bis zu den Vorprodukten Ethen und Benzol, das dann zu Styrol und PS umgesetzt wird. Über diesen Prozeß siehe unter Phenol.

Die Styrolherstellung ist eine Friedel-Krafts-Alkylierung mit einem Titan oder Aluminiumkatalysator. Die Reaktion wird in Lösung bei moderaten Bedingungen unter Luftabschluß durchgeführt. Ein besonderes toxisches Potential liegt hierbei vermutlich nicht vor.

Nutzung: Polystyrol ist bei einer normalen Nutzung inert und enthält vermutlich keine bedeutenden Mengen an Restmonomeren.

Störfall: Im Brandfall werden die Ketten des Polystyrol zu CO_2 oxidiert. Liegt die Verbrennungstemperatur niedrig, so reicht die Reaktionsenergie nicht aus, um auch die Aromaten vollständig zu oxidieren. Am Ruß werden somit aromatische Anhaftungen zu finden sein, wobei davon auszugehen ist, daß der Ruß ein toxisches Potential hat.

Verbrennung: Selbst unter den gesteuerten Bedingungen einer Müllverbrennung ist mit einer vollständigen Oxidation nicht unbedingt zu rechnen. Ob Polystyrol einen wesentlichen Beitrag zu VOC's, insbesondere zu Benzol, leistet, ist noch zu bestimmen.

Deponierung: Unter Deponierungsbedingungen wird der Kunststoff langsam verrotten, da die Ethylketten mikrobiell angegriffen werden. Der Abbau wird auf jedenfall bis zur Benzoesäure erfolgen, ob hieraus durch Decarboxylierung Benzol entsteht, ist unbestimmt, aber nicht wahrscheinlich.

Recycling: Ein Recycling ist unbedenklich.

15.21.3 Beurteilung

Polystyrol als Substanz ist unbedenklich. Der Weg zu Polystyrol ist hingegen mit dem für alle Erdölprodukte charakteristischen Problemen verbunden. Wesentlich gravierender ist die notwendige Herstellung und Verwendung von Benzol, dessen toxisches Potential bei den Harzen geschildert wurde.

15.22 PVC

15.22.1 Allgemeines

Verwendung: PVC wird als Isoliermaterial für elektrische Leiter und für Gehäuse von elektronischen Bauteilen verwendet. Weitaus größere Mengen werden im Hausbau als Stützteile oder Fenster, Rohre, Planen und Folien verwendet.

Vinylchlorid wird vor allem zur PVC-Herstellung genutzt.

Phthalate als hochmolekulare Ester der Phthalsäure dienen vor allem als Weichmacher für Kunststoffe. Weiterhin finden sie Anwendung in der Kosmetikindustrie und im medizinischen Bereich.

Stabilisatoren sind vor allem Salze von Fettsäuren, wobei als Metalle Barium, Blei, Calcium, Zinn oder Zink in Frage kommen. Barium- und Cadmiumstabilisatoren werden aufgrund der Toxizität der Metalle nur noch beschränkt verwendet (Steinhilper 1995 S. 2)

PVC wird im Fernseher zur Ummantelung von Kabeln und als Isoliermaterial verwendet. Insgesamt enthält das Referenzgerät ca. 160 g. Die Art der Weichmacher ist nicht bekannt, vermutlich wird Dinonylphthalat oder eine ähnliche Verbindung eingesetzt.

Chemische Eigenschaften und Herstellung: PVC zeichnet sich als Kunststoff durch seine chemische Beständigkeit aus. Nur von Licht wird über eine Schwingungsanregung die C-Cl Bindung aufgebrochen und die Kette somit oxidativ abbaubar. Es wird nicht durch Säuren angegriffen, im stark basischen Milieu (pH > 12) kann HCl abgespalten werden unter Bildung von NaCl.

Vinylchlorid ist ein farbloses, brennbares Gas. Es ist nicht natürlichen Ursprungs.

Phthalate haben aufgrund ihrer Struktur ähnliche Eigenschaften wie Fette, sind also nur gering wasserlöslich, wenig flüchtig und gut lipidlöslich. Sie ermöglichen durch die Art der Seitenkettenstruktur und durch die Dosierung eine gezielte Einstellung des plastischen Verhaltens des Kunststoffes. Durch die Estergruppen können Phthalate gut mikrobiologisch angegriffen und somit degradiert werden.

Ihre Herstellung erfolgt zweistufig durch Oxidation von Naphtalin oder Toluidin zu Phthalsäureanhydrid. Die Alkohole können aus natürlichen Fetten und Wachsen gewonnen werden. Durch Veresterung erhält man die Phthalsäureester.

Stabilisatoren schützen das PVC gegen thermooxidativen Abbau. Ihre Synthese erfolgt durch Fettabbau mit Basen und Umsetzung der Fettsalze mit Schwermetallsalzen.

15.22.2 Toxizität

PVC: PVC ist ein äußerst träges Polymer, das sich durch hohe Persistenz auszeichnet und nicht toxisch ist.

Eine Depolymerisation zu Vinylchlorid ist nicht möglich. Der Gehalt an freiem Vinylchlorid im Endprodukt ist unbestimmt, aber minimal.

Vinylchlorid: Vinylchlorid als Gas hält sich nicht lange in Gewässern oder Böden, weshalb alle Nachweise stark streuen. Ein natürlicher Abbau erfolgt nicht, in Organismen erfolgen Oxidationsreaktionen zu Chloressigsäuren. Für Warmblüter wird die akute Toxizität als sehr gering eingeschätzt. Mutagenität von Vinylchlorid oder eines seiner Abbauprodukte könnte vorhanden sein, Teratogenität liegt nicht vor. Eindeutig ist Vinylchlorid jedoch kanzerogen, weshalb auch kein MAK-Wert angegeben wird. Der TRK-Wert für Altanlagen liegt im Gegensatz zum allgemeinen Richtwert bei 3 ppm.

Tabelle 15.20. Toxikologische Daten Vinylchlorid

mittlere Konzentration in Flußwasser	bis 5 µg/l
LC$_{50}$ Fisch: Blauer Sonnenbarsch	1,2 g/l
zugelassene Belastung Mensch, TRK	2 ppm

Phthalester: Phthalester sind durch ihre Verwendung und Eigenschaften inzwischen ubiquitär (Rippen, S. 212). Sie zeichnen sich durch eine geringe Toxizität aus, wobei es jedoch je nach Seitenkette Unterschiede gibt (Peter 1993, S. 12 ff.). Von Bedeutung ist ihre Lipidlöslichkeit. Kanzerogene und mutagene Effekte sind lediglich bei nicht-umweltadäquaten Stoffkonzentrationen nachgewiesen. Von Bedeutung könnte ihre Mobilität im Organismus sein, da sie die

Blut-Hirn- und die Plazentaschranke passieren und sich zudem in Nervengewebe einlagern können (Dreyhaupt 1994, S. 924), wogegen aber ihre Spaltung durch Esterasen und Ausscheidung spricht. Im Boden können sie sich aufgrund ihrer mikrobiologischen Abbaubarkeit nur bei konstanter Zufuhr anreichern, oder wenn sich in geschützten Lagen Depots bilden (Koch 1989, S. 307-315).

Tabelle 15.21. Toxikologische Daten Phthalester

LD_{50} Ratte; Dimethylphthalat	2,4-8,2 g/kg
LD_{50} Ratte; Di-(2-ethylhexyl)-phthalat	31-34 g/kg
zugelassene Belastung Mensch, MAK	10 mg/m³ Gesamtstaub

Stabilisatoren: Stabilisatoren setzen sich aus einem Schwermetall und einer Fettsäure zusammen. Letzteres ist natürlich, ebenso kann das Metall nach seinen toxikologischen Eigenschaften ausgewählt werden. Hierzu siehe die einzelnen Elemente wie Blei, Zink, Zinn und Barium (Bildschirmgläser).

PVC-Herstellung: Chlor als Vorstufe des PVC ist ein toxisches Gas, daß auch in geringen Konzentrationen stark reizend wirkt und die Atemwege schädigt. Für Chlor wurde ein MAK-Wert von 1,5 mg/m³ Luft festgelegt. Gasproduktion und Gasverwendung ist immer mit Emissionen verbunden, jedoch liegen keine Daten über die Stoffströme vor. Prinzipiell ist die Ethylendarstellung als Crack-Prozeß ein unkontrollierter Vorgang, bei dem aus den Rohstoffen sich auch toxische Stoffe bilden können. Durch eine fraktionierte Destillation wird Ethylen mit einem Reinheitsgrad >99,5 hergestellt. Gasförmige Stoffe des Crack-Prozesses werden thermisch entsorgt und energetisch verwertet, flüssige Stoffe werden der Benzingewinnung oder Reformierung zugeführt. Problematisch hingegen sind die, wenn auch nicht primär bei der Ethylenfraktionierung, unvermeidlichen Sümpfe und Teere des Erdöles. Durch Crack-Prozesse können hieraus weitgehend nutzbare Produkte hergestellt und größere Mengen an Bitumen für den Straßenbau gewonnen werden. Vinylchlorid ist leichtflüchtig, so daß die weltweiten Emissionen auf 20.000 bis 500.000 t jährlich geschätzt werden. In der Nähe von Produktionsanlagen lassen sich Luftkonzentrationen bis zu 113 µg/m³ messen (Streit 1991, S. 189). Früher traten aufgrund von Emissionen bei der Herstellung Berufskrankheiten auf (Hautveränderungen, Leberzellschäden, Herzrythmus- und Kreislaufstörungen), die nach heutigen Verfahren aber vermieden werden. Bei der PVC -Darstellung ist die Emission von Vinylchlorid möglich.

Nutzung: PVC hat kein toxisches Potential in einer üblichen Nutzung. Vinylchlorid könnte beim Vorhandensein emittiert werden, jedoch ist keine Depolymerisation zu erwarten.

Störfall: Bei einem Brandfall, bei dem sich das schwerbrennbare PVC entzündet, erfolgt vor allem die Abspaltung von HCl, was eine aktute toxische Gefahr bedeutet. Sekundär hierzu sind hingegen die Bildung von polyhalogenierten Dioxinen und Furanen.

Deponierung: PVC zeichnet sich durch eine außergewöhnliche Stabilität gegen natürliche Umweltbedingungen aus. Es verrottet äußerst langsam. Der Abbau erfolgt vor allem durch photochemische Oxidation zu Cl_2, HCl und organischen Verbindungen. Das Chlor ist sehr reaktiv und wird mit organischen Materialien der Deponie zu Salzen reagieren. Die organischen Verbindungen werden mikrobiologisch zu Kohlendioxid abgebaut. Ob die Verrottung von PVC eine nennenswerte Chlorquelle darstellt und damit zum Ozonabbau beiträgt, ist unbestimmt.

Die Weichmacher werden ebenfalls freigesetzt, sind aber mikrobiologisch gut abbaubar. Die Stabilisatoren tragen zu einer Erhöhung der Metallionenbelastung im Sickerwasser bei. Da es sich jedoch um geringe Mengen handelt, sollte dieser Beitrag nicht allzu groß sein.

Verbrennung: Bei thermischer Zersetzung entsteht Chlorwasserstoff, welches durch Waschen entweder mit Natronlauge zu Natriumchlorid oder mit $Ca(OH)_2$ aus der Zementherstellung zu $CaCl_2$ umgesetzt wird. Die Natronlauge stammt aus der Schmelzelektrolyse von NaCl zur Natriumdarstellung.

1. Neutralisation mit Natronlauge

$NaCl \rightarrow Cl_2 + NaOH$

$Cl_2 \rightarrow PVC \rightarrow CO_2 + HCl$

$HCl + NaOH \rightarrow NaCl + H_2O)$

2. Neutralisation mit Kalkmilch

$CaCO_3 \rightarrow CO_2 + CaO$

$CaO + H_2O \rightarrow Ca(OH)_2$

$Ca(OH)_2 + 2\ HCl \rightarrow CaCl_2 + 2\ H_2O$

Als Nebenprodukt der Verbrennung von PVC können PCDD/F auftreten. Katalysatoren wie Kupfersalze lassen diese vermehrt entstehen (ZVEI 1992).

Aufgrund dieser Erkenntnisse wurden große Anstrengungen unternommen, um sie zu minimieren, weshalb durch technische Maßnahmen die Belastung der Bevölkerung von 1989 bis 1995 um den Faktor 10 gesenkt worden ist, und durch vorgesehene Umrüstungen bis 1997 noch einmal um einen Faktor 10 gesenkt werden soll. Diese Dioxinquelle rückt immer mehr in den Hintergrund (Umweltgutachten 1995). Unklar ist jedoch, inwieweit diese Minderung auf Rückhalt- oder tatsächliche Vermeidungstechniken beruht.

Weiterhin führt die Entwicklung von Chlor zu einer Reaktion mit Metallen aus dem Müll zu Chloriden. Diese sind beinahe generell leichter flüchtig als die Oxide und reichern sich so im Staub an. Ihre große Löslichkeit bedingt eine höhere Toxizität im Falle von Blei, Arsen und anderen giftigen Schwermetallen. Das PVC ist hierbei als Hauptquelle des Chlors anzusehen (Schaaf 1983 S. 278). **Recycling:** PVC läßt sich als Thermoplast zwar prinzipiell verwerten, die Kabelummantelung wird jedoch nicht werkstofflich recycliert. Von Bedeutung ist die Dehydrochlorierung durch hohe Temperaturen. Sauerstoff beschleunigt die Abspaltung von Chlorwasserstoff. Da PVC als Isoliermaterial von elektrischen Leitungen dient, werden immer Spuren von Kupfer mit zurückfließen. Kupfer katalysiert die Dioxinbildung, weshalb eine erhöhte Belastung im recyclierten Material nicht auszuschließen ist.

15.22.3 Beurteilung

PVC ist als Werkstoff äußerst umstritten. Unzweifelhaft hat es seine Vorteile auf einigen Anwendungsgebieten, der massenhafte Einsatz hat jedoch auch erhebliche Probleme geschaffen. Bis auf den Brandfall ist das toxische Potential gering zu schätzen, aber der Einsatz einer kanzerogenen, leicht flüchtigen Ausgangssubstanz ist bedenklich. Da PVC weiterhin in der Müllverbrennung zur Entwicklung von leichtflüchtigen Metallchloriden führt und vermutlich auch zur Bildung von Dioxinen beiträgt, ist sein Einsatz, da vermeidbar, sehr bedenklich.

15.23 Elektrolyte

15.23.1 Allgemeines

Verwendung: Elektrolyte dienen in elektrischen Bauteilen zu einer gezielten Isolierung zwischen verschiedenen Spannungen. Formamide werden in weitaus größerem Maßstab in der chemischen Industrie oder in der Kunststoffherstellung als Lösungsmittel verwendet. Butyrolacton ist ein Grundstoff zur Herstellung von Polyestern.

Formamide oder Butyrolacton werden in Kondensatoren als Dieelektrikum eingesetzt. Die Menge hiervon wird auf weniger als 10 g je Fernsehgerät geschätzt.

Chemisches Verhalten und Herstellung: N,N-Dimethylformamid (DMF) ist eine hochsiedende, polare und mit Wasser mischbare Flüssigkeit. Es wird bei Luftzutritt langsam zu Amin und Kohlendioxid oxidiert. Seine Herstellung erfolgt aus Ameisenester und Dimethylamin oder Carbonylierung von Dimethylamin.

Butyrolacton ist das Anhydrit der γ-Hydroxybuttersäure, einer wichtigen biochemischen Verbindung. Es ist nur gering wasserlöslich. Hergestellt wird es über die Hydrolyse von 1,3-Butadien zu 1,4-Propandiol und anschließender Dehydrierung.

15.23.2 Toxizität

Für Butyrolacton ist kein MAK-Wert festgelegt und es ist auch nicht wassergefährdend, hautreizend oder akut toxisch. Die letale orale Dosis bei Ratten liegt bei $LD_{50} = 1{,}6$ g/kg. Ratten zeigten keine Beeinflussung beim 8-stündigen Aufenthalt in gesättigter Atmosphäre.

N,N-Dimethylformamid ist leicht toxisch und hautreizend, wobei Leber und Nierenschädigungen möglich scheinen. Bei Fruchtfliegen erwies es sich als teratogen, wobei allerdings die Dosen in Größenordnungen der Schädigung der Versuchstiere lagen. Ratten zeigten keine Schädigung nach einem Aufenthalt von 6 h in einer Atmosphäre von größer 2500 ppm. Für Mutagenität und Kanzerogenität liegen keine Belege vor. Es ist biologisch gut abbaubar und deshalb in der WGK 1 eingestuft.

Tabelle 15.22. Toxikologische Daten DMF

LD_{50} Ratte oder Maus	2,2-7,5 g/kg
zugelassene Belastung Mensch, MAK	2 ppm / 60 mg/m^3

Insgesamt scheint aufgrund des chemischen und biologischen Verhaltens beider Stoffe kein besonderes toxisches Potential vorzuliegen.

Herstellung: Bei der Herstellung von Butyrolacton treten weder toxisch bedenkliche Verbindungen auf, noch ist die Synthese mit einem besonderen Gefahrenpotential verbunden.

Die DMF-Synthese geht ebenfalls von biogenen Substanzen aus, die an sich nicht akut toxisch sind oder andere toxischen Potentiale beinhalten.

Nutzung: Eine normale Nutzung stellt keine Gefährdung dar.

Störfall: Bei einem Brandfall können die Kondensatoren zerstört werden. Beide Substanzen sind weder besonders brandfördernd noch setzen sie sich zu bedenklichen Substanzen um.

Deponierung: Bei einer Deponierung werden die Kondensatoren verrotten und die Elektrolyte freigesetzt. Aufgrund ihrer biochemischen Eigenschaften werden diese jedoch mikrobiologisch abgebaut.

15.23.3 Beurteilung

Die Elektrolyte DMF und Butyrolacton haben kein besonderes toxisches Potential.

15.24 Leuchtstoffe

15.24.1 Allgemeines

Leuchtstoffe befinden sich auf der Innenseite des Bildschirmglases. Durch elektronische Anregung emittieren sie Photonen gewünschter Menge und Farbe. Sie bestehen für Grün aus Zinksulfid mit Silberdotierung, für Blau aus Zinksulfid mit einem Spinell ($CoAlO_4$) und für Rot aus Europium- und/oder Ytterbiumoxid/sulfiden. Die Menge beträgt ca. 6 g; hiervon sind 3 g Zinksulfid, 1,8 g Seltene Erdensulfide, Füllstoffe und Spurenelemente.

Europium gehört zu den Seltenen Erdmetallen. Es findet Verwendung als Neutronenabsorber, als Aktivator in Szintillationskristallen und in der Lasertechnik. Europium ist sehr selten, seine Konzentration im Meerwasser beträgt 0,1 ng/l, Böden können bis zu 130 µg/kg enthalten.

Europium und Ytterbium gehören ebenfalls zu den Lanthaniden, einer Gruppe von Metallen bei denen die inneren Elektronenschalen aufgefüllt werden. Sie sind alle dreiwertig mit gleichem Ionenradius und somit gleichem chemischen Verhalten unabhängig ihrer Ordnungszahl.

Spinell ist eine Modifikation des Co-Al-Mischoxides. Es findet sich als Halbedelstein und ist chemisch nahezu inert.

Über Zink siehe im Abschnitt 'Metalle'.

Leuchtstoffe werden als nichtseparierbares Gemisch nach der AbfBestV in den Abfallschlüssel 51529 zu den Schwermetallsulfiden gezählt.

15.24.2 Toxizität

Europium ist kein essentielles Metall. Seine Halbwertszeit im menschlichen Körper beträgt 1,7 a, in den Knochen 4,5 a. Aufgrund ihrer Seltenheit und Unbedeutsamtkeit ist die Literatur dürftig. Auch über die toxischen Wirkungen ist nahezu nichts bekannt. Sie werden nicht durch MAK-Werte erfaßt.

Aufgrund der Lanthanidenkontraktion ist jedoch ein toxikologischer Vergleich mit Gadolinium statthaft. Dieses Metall wird als metallorganische Verbindung in der Medizin als Röntgenkontrastmittel eingesetzt und hat keine ausgewiesenen toxischen Eigenschaften. Somit ist in erster Hinsicht davon auszugehen, daß dies für Europium und Ytterbium auch gelten kann.

Nutzung: Eine normale Nutzung kann keine Stoffe freisetzen.

Störfall: Bei einem Bruch der Bildröhre erfolgt eine Implosion. Hierbei ist trotz der Lackschicht über den Leuchtstoffen mit einer Verteilung von Staub oder beschichteten Stoffen zu rechnen, wohl aber kaum mit einer nennenswerten Staubemission.

Müllverbrennung: Bei der Ablagerung und Zuführung des Fernsehers zur Verbrennung wird die Bildröhre zerstört. Durch den Verbrennungsvorgang wird die Lackschicht verbrannt, die Sulfide oxidieren zu Metalloxid und Schwefeldioxid. Da die Leuchtstoffe feindispers sind, ist zu vermuten, daß sie sich an

Staubpartikel binden und somit zur Schwermetallbelastung des Staubes beitragen.

Deponierung: Nach Zerstörung der Bildröhre wird die Lackschicht den schwach sauren und oxidierenden Bedingungen der Deponierung ausgesetzt. Es ist zu vermuten, daß im Laufe der Zeit die Schwermetalle herausgewaschen werden und ins Sickerwasser gehen, wobei es sich jedoch nur um schwerlösliche Verbindungen handelt.

Recycling: Ein Recycling ist nicht möglich, die Leuchtstoffe wie auch das mit ihnen kontaminierte Glas müssen als Sondermüll behandelt werden.

15.24.3 Beurteilung

Aufgrund mangelnder Literatur ist eine Beurteilung nicht möglich. Nach dem Lanthanidenvergleich sollten es aber vermutlich keine besonders toxischen Stoffe sein.

15.25 Bildröhrenglas

15.25.1 Allgemeines

Aufbau und Verwendung: Bariumverbindungen werden vor allem in Form des Bariumsulfates als Schmiermittel für Brunnenbohrungen (92 %) sowie in weißen Farben eingesetzt. Ebenso dient es als 'Füllmittel' für Röntgenkontrastaufnahmen bei Untersuchungen von Magen- und Darmtrakt. Das Oxid wird vor allem in der Glasherstellung eingesetzt.

Die Bildröhre besteht aus zwei Gläsern. Von der Vielzahl der verschiedenen Oxide sind in erster Hinsicht Bariumoxid, Strontiumoxid, Bleioxid, Antimonoxid und Arsenik nenneswert. Mengenmäßig bedeutsam sind nur Bleioxid, Bariumoxid und Strontiumoxid. Blei- und Antimonoxid siehe bei Blei und Flammhemmern. Bariumoxid (0,3 g) wird zudem innerhalb der Bildröhre als Getter eingesetzt.

Chemische Eigenschaften und Herstellung: Gläser sind amorphe, unterkühlte Schmelzen. Sie sind von der Zusammensetzung eine komplexe Mischung verschiedener Oxide (siehe Sachbilanz). Je nach Zusammensetzung der Gemische haben sie stark unterschiedliche Eigenschaften wie Lichtbrechung und

-absorption, chemische Resistenz oder Schmelzpunkt. Die Verbindungen sind in Form eines anorganischen Polymers vernetzt, wobei das Siliziumoxid das dreidimensionale Gerüst bildet und die Metalle als Gegenion zum negativen Sauerstoff vorliegen. Gläser sind nahezu inert und werden nachhaltig nur von Fluorverbindungen oder konzentrierten Laugen angegriffen. Es ist somit verwitterungsstabil und wird nur mechanisch zerkleinert, ohne das sich an der glasigen Struktur etwas ändert. Eine Auslaugung der Metallkationen ist prinzipiell nur an der Oberfläche möglich, wobei es vor allem auf die Löslichkeit des Salzes ankommt.

15.25.2 Bariumoxid

Bariumoxid als Pulver ist reaktiv und bindet Feuchtigkeit als Bariumhydroxid. In dieser Form ist es leichter löslich. Die meisten Bariumverbindungen wie $BaSO_4$ sind nahezu unlöslich.

Bariumoxid kann am leichtesten durch Reduktion von natürlich vorkommenden Bariumcarbonat dargestellt werden.

15.25.3 Strontiumoxid

Strontium ist ein sehr unbedeutendes Element. Bekannt ist es durch seine instabilen Isotope, die zum einen bei Kernspaltungen freigesetzt werden, zum anderen in der Nuklearmedizin verwendet werden. Strontium wird zum Veredeln von Stählen und Strontium-90 als Betastrahler in der Nuklearmedizin verwendet.

Die Herstellung erfolgt durch Brennen von natürlichem Strontiumcarbonat entsteht Strontiumoxid.

15.25.4 Toxizität

Barium: Bariumoxid in Pulverform ist reaktiv und leichter löslich. Wie alle löslichen Bariumsalze ist es dann hochtoxisch. Im Glas liegt es jedoch nicht als Monomer vor, sondern als mineralisches Polymer, demzufolge ist es nicht löslich.

Tabelle 15.23. Toxikologische Daten Barium

mittlere Konzentration in Meerwasser	30 ppb
mittlere Konzentration im Boden	500 ppb
LD_{50} Säuger Ratten, oral, $BaCl_2$	100 mg/kg
MAK	0,5 mg/m^3

Strontium: Strontium verhält sich ähnlich dem Calcium und wird gleich diesem in die Knochensubstanz eingebaut. Es ist kein essentielles Metall. In toxikologischer Hinsicht ist es unbedeutsam.

Glas: Glas ist toxikologisch unbedeutend.

Herstellung: Das unvermeidlich anfallende Glas in Form von Ansatzstücken oder Schmelzofenrückständen stellt kein toxisches Problem dar, da es inert ist. Allerdings muß zum einen der Bildröhrenrohling, insbesondere an der Verbindungstelle Schirm- und Konusglas geschliffen werden. Bei diesen Prozeßen entstehen bleioxidhaltige Schleifschlämme, insgesamt ca. 550 g/Gerät, davon sind 40 g bleihaltige Abriebe sowie bleihaltiges Kammerkondensat und ölverunreinigte Abwässer.

Nutzung: Bei der Nutzung tritt kein toxisches Potential auf.

Störfall: Weder Implosion noch Brandfall vermögen toxikologisch bedeutsame Stoffe aus dem Glas freizusetzen. Die Gettersubstanz Bariumoxid hingegen wird mit Luftfeuchtigkeit hydrolysieren zu Bariumhydroxyd, um dann zu Bariumcarbonat weiter zu reagieren. Nur das Bariumoxid hat, oral aufgenommen, ein toxisches Potential.

Nachnutzung: Weder durch thermische Behandlung noch durch Deponierung werden toxikologisch bedeutsame Stoffe aus dem Glas freigesetzt. Der Getter wird sich wie oben beschrieben verhalten. Ein Recycling des Glases sollte kein anderes toxisches Problem als das der Glasherstellung darstellen.

15.25.5 Beurteilung

Das Glas stellt kein toxisches Problem dar, nur die Schleifmittelschlämme mit dem hohen Bleigehalt sollten in einen Kreislauf integriert werden.

16 Bewertung

16.1 Schlußfolgerungen aus der Sachbilanz und der Wirkungsabschätzung

Das recherchierte und aufbereitete Datenmaterial ermöglicht derzeit keine vollständige Ökobilanz, d.h. Ermittlung, Abschätzung und Bewertung aller eingesetzter und emittierter Stoffe entlang des Lebenszykluses der untersuchten Fernsehgeräte. Trotzdem konnte anhand der Energieverbräuche und Abfallmengen, die als Leitindikatoren fast durchgängig ermittelt werden konnten, und der Wirkungsabschätzung toxikologisch relevanter Stoffe ein orientierender Rahmen aufgestellt werden, der Schlußfolgerungen auf der Basis von fundierten Daten erlaubt.

16.1.1 Energieverbrauch

Besonders auffällig ist mit 23.500 MJ der im Vergleich zu anderen Phasen hohe Energieverbrauch während der Nutzungsphase: 16.000 MJ für den Normalbetrieb und 7.480 MJ für den Stand-By-Betrieb. Auf die Nutzungsphase entfallen somit 90% des gesamten Energieverbrauchs im Lebenszyklus des Referenzgerätes.

Rechnet man den Energieverbrauch auf alle Fernseher in Deutschland hoch, so verbrauchen die 40,6 Mio. Fernsehgeräte 6750 GWh pro Jahr. Dies entspricht ca. 1,2 Prozent des gesamten Stromverbrauchs in Deutschland und 5,5% des Stromverbrauchs der Haushalte. Allein für den Stand-By-Betrieb der TV-Geräte (2150 GWh) muß -bei einer von den Neckarwerken in einer Umfrage ermittelten Nutzungshäufigkeit des Stand-By-Betriebs von 42%- ein Kraftwerk in der Größenordnung von 130 MW (Grundlast) betrieben werden.

Wichtigstes Handlungsfeld für die Optimierung ist demzufolge die Gebrauchsphase eines Fernsehers. Neben dem durch den Hersteller nur gering zu beeinflussenden Nutzungsverhalten des Konsumenten liegt vor allem in der Senkung der Leistungsaufnahme, sowohl während des Normalbetriebs als auch im Stand-By-Betrieb, ein enormes Minderungspotential. Damit bekommen

Konzepte zur Senkung des Energieverbrauchs und intelligente Stand-By Schaltungen einen hohen Stellenwert. Gleichwohl ist der Nutzer in der Verantwortung den Stand-By-Modus sparsam einzusetzen.

16.1.2 Distribution

Die Distribution spielt hinsichtlich des Energieverbrauchs eine untergeordnete Rolle. Bei der Distribution bestehen zwar für die Hersteller durch die Wahl der Verkehrsträger und den Aufbau intelligenter Logistiksysteme, im Gegensatz zu den wenig beeinflussbaren Verkehrsströmen bei der Rohstoffgewinnung, Handlungsmöglichkeiten. Die damit verbundenen Umweltentlastungspotentiale sind unter Berücksichtigung des gesamten Lebenszykluses jedoch eher gering.

16.1.3 Entsorgung

Die Ergebnisse der Lebenszyklusanalyse verdeutlichen ferner, daß das TV-Gerät mit 36 kg nur einen Teil des Entsorgungsproblems darstellt. Entlang des Lebenszykluses summieren sich die Abfälle einschließlich Abraum (ökologischer Rucksack) auf 495 kg, davon sind 37,5 kg Produktionsabfälle. Dies entspricht einem Faktor 14, um den die Abfallmengen, die bei der Produktion anfallen, im Vergleich zum Gewicht des TV-Gerätes höherliegen.

Deponierung und Müllverbrennung von TV-Geräten stellen die ökologisch ungünstigste Variante im Umgang mit Elektronikschrott dar, da Wertstoffe verloren gehen und Schadstoffe in die Umwelt eingetragen werden.

16.1.4 Recycling

Die Betrachtung der Verwertung und Entsorgung verdeutlicht, daß derzeitig nur relativ geringe Mengenanteile -gemessen am Referenzgerät- hochwertig recycelt werden können.

Hier sind noch erhebliche Verwertungspotentiale vorhanden. Voraussetzung zur Nutzung dieser Potentiale ist allerdings der Einsatz recyclingfähiger und schadstoffarmer Werkstoffe sowie eine recycling- und zerlegungsgerechte Bauweise der Geräte.

Des weiteren zeigen die Ergebnisse, daß das Elektronikschrottrecycling selbst bei optimalen Annahmen an Grenzen stößt. Das Recycling vermag maximal die Input - Output - Ströme auf der Rohstoff- und Werkstoffebene zu substituieren.

Nicht substituiert werden die Stoff- und Energieströme der nachfolgenden Phasen, also der Bauteile- und Geräteherstellung, der Distribution etc.

16.1.5 Toxizität ein- und freigesetzter Stoffe

Die Sachbilanz konnte die in der Literatur oft wiederholte Aussage, Fernsehgeräte enthalten bis zu 4500 verschiedene Substanzen, wobei die Mehrzahl davon als toxikologisch bedenklich eingestuft wird, nicht bestätigen. Der Literaturrecherche zufolge konnten ca. 140 Stoffe identifiziert werden.

Bestimmte besonders kritische Stoffe werden in Geräten heutiger Produktion nicht mehr verwendet. Dies gilt z. B. für polychlorierte Biphenyle (PCB) in Kondensatoren. Ebenso wird heute auf bromhaltige Flammhemmer in Gehäusen verzichtet. Sie wurden durch halogenfreie Verbindungen substituiert, darunter befinden sich die gering toxischen organischen Phosphat- und Stickstoffverbindungen. Decabromdiphenylether werden aufgrund ihrer hohen Toxizitätspotentials nicht mehr eingesetzt. Stattdessen befindet sich Tetrabrom-Bisphenol A z. B. in Leiterplatten. Cadmium wird in Bildröhren, zumindest von europäischen Herstellern, nicht mehr verwendet.

Trotz erkennbarer Schadstoffentfachtung enthält das Referenzgerät nach wie vor eine Reihe toxikologisch bedenklicher Stoffe, die eliminiert werden könnten. Hierzu gehören insbesondere Antimontrioxid, Blei in Loten, TBBA und PVC. Die Toxizität von Tetrabrom-Bisphenol A konnte nicht eindeutig geklärt werden. Seine mögliche Verunreinigung mit PBDD ist als bedenklich zu bewerten. Um ein Restrisiko auszuschließen, sollte auf diesen Stoff dennoch verzichtet werden, zumal Alternativen bestehen. Weiterhin toxikologisch bedenklich ist vor allem Epichlorhydrin, das bei der Herstellung von Epoxyharzen auftritt. Auch hier gilt, daß nach Möglichkeit auf alternative Stoffe zurückgegriffen werden sollte. Aus toxikologischer Sicht sind deshalb Konzepte zum Aufbau eines schadstoffarmen Fernsehgerätes auf der Basis kaschierter Folienleiterplatten, halogenfreier Kunststoffe und flammhemmerfreier Rückwände zu begrüßen.

16.2 Umweltentlastungs- und Optimierungspotentiale

16.2.1 Ökologisch optimiertes Fernsehgerät

Zur Emittlung von Umweltentlastungs- und Optimierungspotentialen wurde das Referenzgerät mit einem hypothetischen, ökologisch optimierten Gerät verglichen, das die ökologisch günstigsten Varianten der in der Sachbilanz untersuchten Optionen vereint. Im einzelnen zeichnet sich das ökologisch optimierte Gerät durch folgende Merkmale aus:

Gehäuse: Frontteil und Rückwand des Gehäuses sind recyclingfähig. Die Herstellung des Gehäuses erfolgt mit der AirMould-Technik. Die dadurch erzielte Materialeinsparung liegt bei 14 %. 60 % der eingesetzten Materialmenge werden sortenrein recycelt und 40 % einer thermischen Nutzung zugeführt.

Elektronik: Der Elektronikaufbau basiert auf einer Folienleiterplatte. Sie besteht aus flammhemmerfreien Glasfaserepoxid als Isoliermaterial und Kupferfolie als Leitermaterial. Das Trägerelement besteht aus Stahl. Die Bestückung des Substrats erfolgt mit oberflächenmontierbaren Bauteilen, sogenannten SMD-Bauteilen. Die elektronischen Bauteile sind frei von Flammhemmern. Das Recycling der Elektronik erfolgt über die Kupferschiene. Der Stahlträger wird dem Stahlrecycling zugeführt. Die Kabelbäume werden getrennt verwertet.

Bildröhre: Zur Kathodenstrahlbildröhre existiert derzeit keine wirtschaftlich umsetzbare Alternative. Das Konusglas liegt in einer standardisierten Rezeptur vor. Dies erlaubt ein originäres Recycling des Konusglases in der Größenordnung von 50 %.

Energieverbrauch: Die Leistungsaufnahme des Stand-By-Modus beträgt beim ökologisch optimierten Gerät 1 Watt. Durch Auslegung des Audioteils auf Zimmerlautstärke und einer Optimierung der Schaltung wird eine durchschnittliche Leistung des Audioteils erreicht, die im Vergleich zum Referenzgerät um 10 Watt geringer liegt. Bei der Bildröhre wird eine optimale Einstellung des Kontrasts vorausgesetzt. Dadurch reduziert sich die Leistungsaufnahme um weitere 20 Watt.

16.2.2 Ressourcenverbrauch

Der Ressourcenverbrauch steht direkt in Zusammenhang mit der Rohstoffverknappung. Aufgrund abnehmender Ergiebigkeit der Rohstoffvorkommen sowie zunehmenden globalen Verbrauch ist mit einer Verknappung wichtiger Rohstoffe zu rechnen. Des weiteren verursacht der Ressourcenverbrauch Umweltbelastungen am Ort der Rohstoffgewinnung.

Der Ressourceneinsatz zur Herstellung des Referenzgerätes und des ökologisch optimierten Gerätes ist in Abb. 16.1 für einige wichtige Rohstoffe dargestellt. Die Berechnungen gehen von den derzeitigen Recyclingmengen für die betrachteten Werkstoffe aus. Der Werkstoff Kupfer stammt zu 40% aus Kupferrecyclat, Stahl zu 20% aus Stahlschrott und Blei aus 50% Bleirecyclat. Die Berechnung des Ressourcenverbrauchs bei der Aluminiumherstellung berücksichtigt ausschließlich die Primärproduktion. Zur Kunststoffherstellung wird Rohöl als Ressource eingesetzt.

Unter diesen Bedingungen ist mit Ausnahme des Eisenerzes der Rohstoffverbrauch des Referenzgerätes höher als der des optimierten Fernsehgerätes oder im Falle des Bleiglanzverbrauchs gleich. Der höhere Bedarf an Eisenerz liegt an dem zusätzlichen Einsatz von Stahl als Trägerelement (1,8 kg) für die Folienleiterplatte.

Berücksichtigt man zusätzlich die Rückführung der Werkstoffe im Zuge des Recyclings in industrielle Stoffkreisläufe, so wird das Ergebnis aussagekräftiger. Da einige Werkstoffe beim ökologisch optimierten Fernsehgerät bessere Recyclingeigenschaften aufweisen, tritt das Reduktionspotential deutlicher zugunsten des optimierten Fersehers hervor. Der Bauxitverbrauch ist um den Faktor 4, der für Bleiglanz um Faktor 2 und für Erdöl um Faktor 2 niedriger. Der Eisenerzverbrauch liegt bei beiden Geräten in der gleichen Größenordnung. Die Differenz beim Kupferbedarf zwischen Referenzgerät und ökologisch optimierten Gerät ist gering. M/o.R. bedeuten mit oder ohne Recycling.

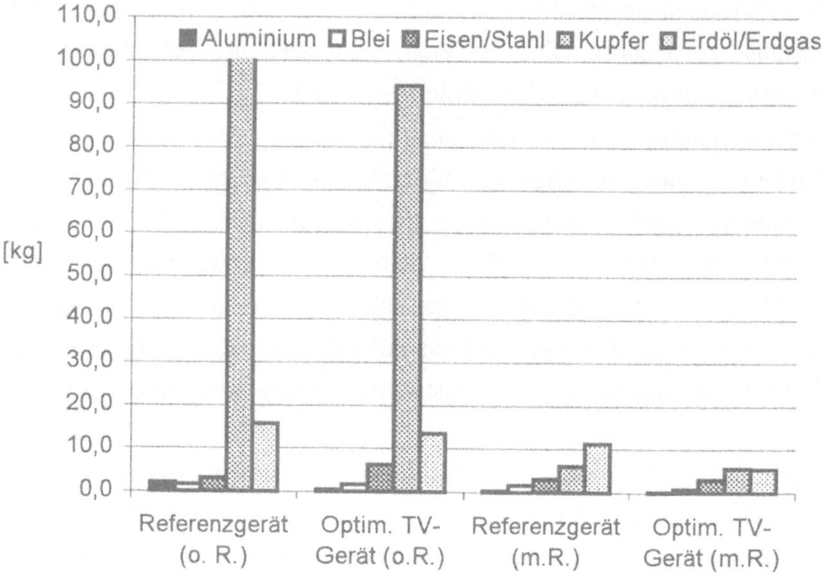

Abb. 16.1. Reduktionspotentiale beim Ressourcenverbrauch

16.2.3 Primärenergieverbrauch

Der Primärenergiebedarf entlang des Lebenszykluses des Referenzgerätes summiert sich auf 26.200 MJ. Er beträgt bei dem ökologisch optimierten TV 15.800 MJ. Demzufolge ließe sich der Primärenergiebedarf insgesamt um 40 % senken. Das größte Einsparungspotential besteht in der Gebrauchsphase. Allein in diesem Bereich könnten durch Optimierungen des Stand-By-Betriebs, des Audioteils und der Bildröhre 9.910 MJ Primärenergie eingespart werden, was einem Anteil von 96 % an dem gesamten Einsparungspotential entspricht. Dies ist mehr als die gesamte Herstellungsenergie.

Mit Abstand folgt das Recycling. Durch die Schaffung von verbesserten Bedingungen für das Recycling der Werkstoffe würde sich der Bedarf an Primärenergie um zusätzlich rund 270 MJ senken. Werkstoffbedingte Einsparungspotentiale bei der Herstellung liegen hauptsächlich in der Reduktion der Elektronikbauteilezahl, dem verstärkten Einsatz der Nacktchiptechnologie (88 MJ Primärenergie) und dem verringerten Materialeinsatz bei der Gehäusefertigung (ca. 120 MJ). Nicht berücksichtigt sind dabei die fertigungstechnisch möglichen Einsparpotentiale. Besonders relevant ist die energieintensive Herstellung von Halbleiterbauelementen. Hier sind hohe Einsparpotentiale zu vermuten.

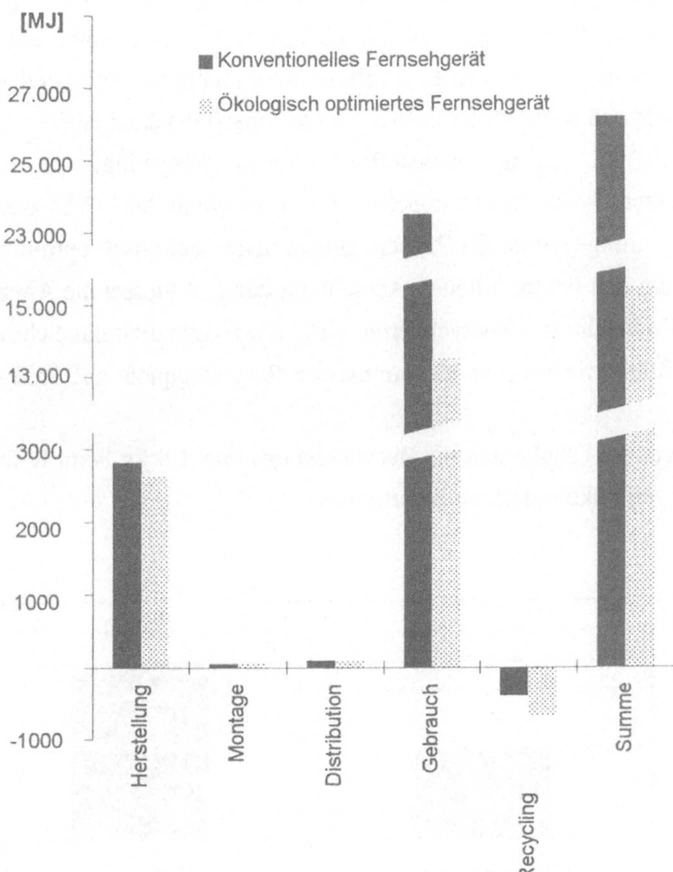

Abb. 16.2. Primärenergieverbräuche in den einzelnen Lebenszyklusphasen des Referenzgerätes und eines ökologisch optimierten TV.

16.2.4 Recyclingquote

Recycling ist als die erneute Verwendung oder stoffliche Verwertung von Produkten oder Teilen von Produkten in Kreisläufen zu definieren. Hier spielt das Niveau der Kreisläufe eine entscheidende Rolle. Grundsätzlich wird ein hohes Recyclingniveau dann erreicht, wenn aus dem Ausgangswerkstoff ein gleichwertiges Recyclat hergestellt werden kann (originäre Verwertung). Darüber hinaus ist zu berücksichtigen, daß Werkstoffe erst dann als stofflich kreislauffähig gelten können, wenn deren stoffliche Verwertung im industriellen Maßstab durchführbar und somit wirtschaftlich und technisch machbar ist.

Gemessen an einem werkstofflich hohen Recyclingniveau liegt die Recyclingquote beim konventionellen Gerät lediglich bei 15 % des Gesamtgewichts. Dahingegen ist die Recyclingquote beim ökologisch optimierten Gerät mit 30 % um den Faktor 2 höher. Ausschlaggebend ist hierbei die Annahme, daß 50% des Konusglases wiederverwertet wird. Wird zusätzlich das Schirmglas zur Hälfte stofflich wiederverwertet, könnte die Recyclingquote auf 75% gesteigert werden.

Beim Gehäuse erhöht sich die Recyclatmenge von 1,8 kg beim Referenzgerät auf 3,4 kg beim ökologisch optimierten TV.

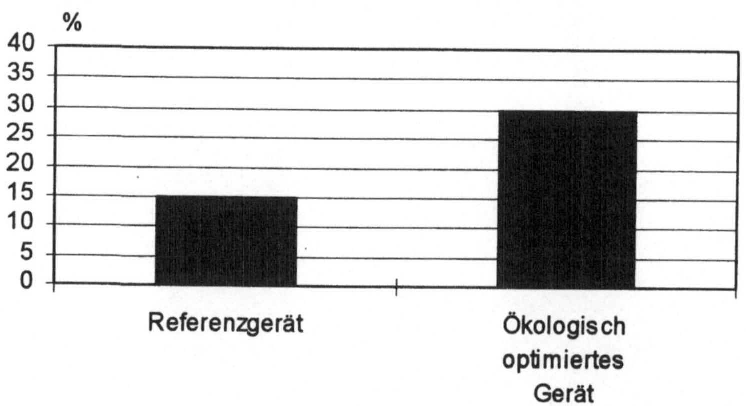

Abb. 16.3. Recyclingquoten von Referenzgerät und ökologisch optimierten TV.

16.2.5 Abfallmengen

Bei der Verwertung von Fernsehgeräteschrott fallen Reststoffe an, die sich nicht wirtschaftlich, hochwertig oder umweltgerecht recyceln lassen. Als nicht verwertbar sind nichtstandardisierte Bildröhrengläser, Gehäusematerialien mit halogenierten Flammhemmern, Kunststoffe in elektronischen Komponenten, duroplastische Leiterplatten sowie besonders schadstoffhaltige Bauteile anzusehen.

Diese müssen einer geordneten Entsorgung zugeführt werden. Dabei ist prinzipiell zwischen hausmüllähnlichen Abfällen (Siedlungsabfällen) und schadstoffhaltigen Abfällen (besonders überwachungsbedürftige Abfälle) zu unterscheiden, die einer gesonderten Behandlung zugeführt werden müssen.

Als hausmüllähnlicher Abfall verbleiben üblicherweise nicht verwertbare Werkstoffe mit einem geringen Schadstoffpotential. Hierzu gehören beispielsweise Ferrite.

Bei den schadstoffhaltigen Abfällen handelt es sich hauptsächlich um Glasfraktionen mit gesundheits- und umweltschädlichen Verunreinigungen (Bildröhren), Kunststoffabfälle mit halogenierten Flammschutzmitteln, bestückte Leiterplatten und unbestückte Platinen. Darüber hinaus sind Stoffgemische, die beim Recycling von Elektronikschrott als nicht verwertbarer Rest zurückbleiben, wie Rückstände aus Shredderprozessen (Shredderleichtfraktion) meist besonders schadstoffhaltig.

Wird die Recyclingfähigkeit der einzelnen Bauteile berücksichtigt, ergibt sich folgendes Abfallmengenbild zwischen dem Referenzgerät und den ökologisch optimierten Fernsehgerät:

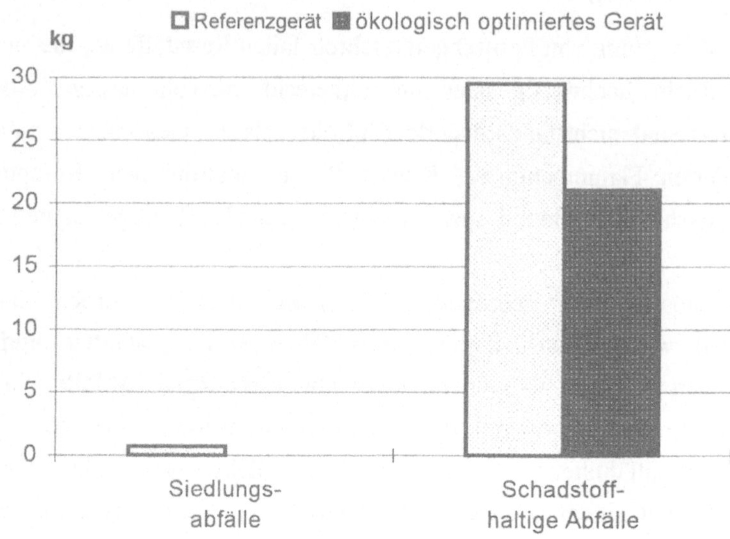

Abb. 16.4. Siedlungsabfälle und schadstoffhaltige Abfälle beim Recycling von Referenzgerät und ökologisch optimierten Gerät

Beim Referenzgerät fallen 0,7 kg Siedlungsabfälle und 29,5 kg schadstoffhaltige Abfälle beim Recycling der Geräte und der Entsorgung der nicht recyclingfähigen Reststoffe an. Das ökologisch optimierte Fernsehgerät verursacht im Recyclingfall keine Siedlungsabfälle. Die schadstoffhaltigen Abfälle betragen aufgrund der Bildröhrengläser 21,1 kg pro Gerät. Somit ergibt sich ein Entlastungspotential für Siedlungsabfälle von 100% und für schadstoffhaltige Abfälle von 28%.

16.2.6 Umweltziele

Die Szenarien zeigen, daß durch Umsetzung der dem ökologisch optimierten Fernsehgerät zugrundegelegten Konzepte signifikante Umweltentlastungspotentiale bestehen.

- So könnte der Ressourcenverbrauch (ohne Abraum) durch Materialeinsparung und Recycling um ein Drittel von 44 kg beim Referenzgerät auf 30 kg beim ökologisch optimierten Gerät reduziert werden.

- Der Gesamtenergieverbrauch entlang des Lebenszykluses ließe sich um etwa 40% senken.

- Die Recyclingquote könnte insbesondere durch eine Vereinheitlichung der Rezepturen für das Konusglas der Bildröhre und ein recyclingfähiges Gehäuse von rund 15 % beim Referenzgerät auf 30 % gesteigert werden. Sie ließe sich prinzipiell auf 75 % erhöhen, wenn zusätzlich die Glasrezepturen für das Schirmglas standardisiert würden.

- Durch die Schadstoffentfrachtung der Bauteile und die Kreislaufführung von Werkstoffen verringert sich die Abfallmenge. Die schadstoffhaltigen Abfälle könnten vor allem durch recyclingfähige Bildröhrengläser und schadstoffarme Bauteile der Elektronik um rund 30 % reduziert werden.

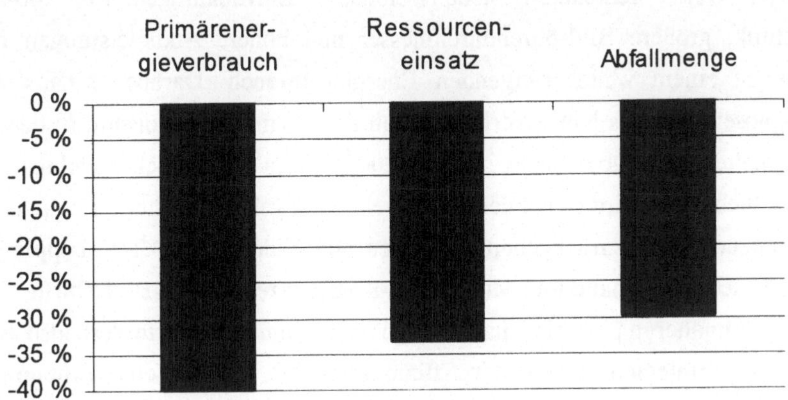

Abb. 16.5. Umweltentlastungspotentiale des ökologisch optimierten Fernsehgerätes

16.2.7 Nachhaltige Produktstrategien

Umweltentlastungs- und Optimierungspotentiale, wie sie hier ansatzweise errechnet wurden, bieten prinzipiell eine Zielorientierung für eine ökologische Produktpolitik. Die Grenzen liegen dort, wo Material- und Energieeeinsparungen

durch die steigende absolute Menge an Produkten und die größere Nutzungshäufigkeit kompensiert werden.

So ist der Anschlußwert von Farbfernsehgeräten von ca. 350 W im Jahr 1970
auf ca. 100 W im Jahr 1995 (einschließlich Stand-By) zurückgegangen. Ursache
dafür war die Einführung von Transistoren anstelle von Röhren, der Einsatz von
integrierten Schaltungen sowie Verbesserungen an der Bildröhre und den Netz-
teilen (Umweltbundesamt 1996). Trotzdem ist der Energieverbrauch zwischen
1970 und 1995 infolge der größeren Anzahl der Geräte und eines höheren Fern-
sehkonsums gestiegen. Rechnet man den Energieverbrauch auf alle Fernseher in
der Deutschland hoch, so lag der Energieverbrauch 1970 bei 3,9 TWh/a, 1995
verbrauchten die Fernsehgeräte nahezu 8 TWh/a pro Jahr. Dies entspricht ca. 1,3
Prozent des gesamten Stromverbrauchs in Deutschland und 6,5% des Stromverbrauchs der Haushalte. Allein für den Stand-By-Betrieb der TV-Geräte (2,2
TWh) muß ein Kraftwerk in der Größenordnung von 130 MW (Grundlast)
betrieben werden. Zwar läßt sich gerade der Energiebedarf für den Stand-By-
Betrieb weiter reduzieren, neue technische Entwicklungen wie 100-Hertz-
Technik, größere Bildröhrendurchmesser und höhere Audioleistungen führen
aber zu einem weiter steigenden Energieverbrauch. Darüber hinaus zeigen
Prognosen über das Nutzerverhalten, daß der gesamte TV-Konsum in deutschen
Haushalten gegenüber heute im Jahr 2004 um ca. 20% noch zunehmen wird.
Verschiebungen wird es bei der Art der Nutzung geben. Die herkömmliche Fern-
sehnutzung wird zurückgehen zugunsten von Videospielen, Teleshopping Pay-
TV, Video-on-Demand und Multimedia-Konferenzen am TV-Bildschirm.

Die Annäherung an eine nachhaltige Wirtschaftsweise erfordert also weitergehende Strategien. Neben der Effizienzstrategie, die auf eine Erhöhung der
Ressourcenproduktivität abzielt, bedarf es suffizienter Nutzungsformen. Hierzu
zählt beispielsweise der sparsame Umgang mit Energie, Wasser usw., aber auch
die gemeinschaftliche oder geteilte Nutzung von Produkten. Aufgabe von Unternehmen wäre es, produktbezogene Dienstleistungen anzubieten, die neue
Nutzungs- und Konsummuster unterstützen. Kerngedanke ist dabei, daß eine
geschickte Verteilung der Eigentums- und Nutzungsrechte an Gütern in besonderem Maße Anreize bietet, bisher weitgehend vernachlässigte, aber ökologisch
besonders entlastende Strategien der Lebensdauerverlängerung, der Nutzungsin-
tensivierung und der Wieder- und Weiterverwendung von Produkten zu
verfolgen.

Die eigentliche Herausforderung für die Produktgestaltung besteht darin, industrielle Stoffstromqualitäten zu schaffen, die sich relativ problemlos in das Naturgeschehen einfügen. Erst damit verbindet sich die soziale Perspektive, den Massenspielraum der Stoff- und Energieumsätze so zu gestalten, daß ein globaler Verteilungsspielraum an Ressourcen und Senken (Huber, 1995) für die Erdbevölkerung auf Dauer gewonnen wird.

Literaturverzeichnis

Ahbe, S.; Braunschweig, A.; Müller-Wenk, R. (1990): Methodik für Ökobilanzen auf der Basis ökologischer Optimierung, Bern, BUWAL - Schriftenreihe Umwelt Nr. 133

Aluminium (1989): Internationales Magazin für Industrie, Forschung und Praxis. Jahrgang 65 (1989). Nr. 11. S. 1088-1094

Angerer, G.; Bätcher, K.; Bars, P. (1993): Verwertung von Elektronikschrott - Stand der Technik, Forschungs- und Technologiebedarf, Band 59, Berlin

APME/PWMI Association of Plastics Manufactures in Europe/European Centre for Plastics in the Environment (1993): Eco-profiles of the European Plastics Industry, Report 2-6; Brüssel

Asche, W.: Computer-Entsorgung - Von der Wiege bis zur Bahre; in: Umwelt & Technik 3/91

Behrendt, S.; Köplin, D.; Kreibich, R.; Rogall, H.; Seidemann, T. (1996): Umweltgerechte Produktgestaltung - ECO-Design in der elektronischen Industrie, Springer Verlag, Berlin 1996

Behrendt, S.; Kreibich, R. (1994): ECODESIGN - Umweltorientierte Konstruktion von Produkten, IZT Werkstattbericht Nr. 17, Berlin

Benda, D. (o.J.): Basiswissen Elektronik, Band 2: Bauelemente; 3. Neubearbeitete Auflage;

Boustead. I. (1992): Eco-Balance Methodology for Commodity Thermoplastics, Brüssel, S. 3

Brandt, Olaf; Müllmagzin 2, S. 35ff, 1991

Braun, R. (1978): Recycling im Rahmen der Abfallwirtschaft, Wasser, Energie, Luft 1/1978, S. 30-33

Braungart, M (1994): Ein Wirtschaftssystem für intelligente Produkte anstatt einer High-Tech-Abfallwirtschaft, in: Hockerts, K. et. a. (Hrsg.): Kreislaufwirtschaft statt Abfallwirtschaft, Ulm, S. 45-56

Breer, J.; Dechow, O.; Jochimsen, J.; Röhrer, W. (o.J.): Computerschrott-Recycling - Stand und Entwicklungsmöglichkeiten, in: G. Fleischer (Hrsg.): Abfallwirtschaft in Forschung und Praxis, Band 51, Berlin

Brinkmann; E. et. al. (1995): Umwelt- und recyclinggerechte Produktentwicklung, Loseblattsammlung, Band 1 und 2, Augsburg

BUWAL (Hrsg.) (1992): Anorganische Zusammensetzung von Computer-Einzelteilen, Bern

BUWAL Bundesamt für Umwelt, Wald und Landschaft (Hrsg.) (1991): Ökobilanzen von Packstoffen, Schriftenreihe Umwelt 123, Bern

Chapman, Roberts (1983): Metal Resources and Energy, London

Daunderer, M. (1990): Handbuch der Umweltgifte: Klinische Umwelttoxikologie für die Praxis, Landsberg

Diener, J. (1994): Konzept einer ganzheitlichen Bewertung für Industrielle Fragestellungen, in: Fleischer, G.: Produktionsintegrierter Umweltschutz, Berlin, S. 437-454

DIN (1994): Grundsätze produktbezogener Ökobilanzen, in: DIN-Mitteilungen, Heft 3, S. 208-212, Berlin

DIN (1995): Standardliste der Wirkungskategorien, Arbeitspapier DIN/NAGUS/AA3/UAL, Stand: 11.1. 1995, Berlin

Dreyhaupt, Franz-Joseph (Hrsg.) (1994): VDI-Lexikon Umwelttechnik, Düsseldorf

Dummler, Roisa, (1989): Brandversuche zur Bildung von bromierten Dibenzofuranen und -dioxinen aus flammgeschützten Kunststoffen, Dissertation Bayreuth

Elektronikschrott - Ein Leitfaden für kleine und mittlere Unternehmen der Informations- und Kommunikationstechnologie Branche Berlin, o. J.

EMPA (1989): Herstellung von Aluminium: Ökologische Bilanzbetrachtungen; EMPA St. Gallen

Enquete-Kommission (1993): Enquete Kommission des Deutschen Bundestags 'Schutz des Menschen und der Umwelt': Verantwortung für die Zukunft - Wege zum nachhaltigen Umgang mit Stoff- und Materialströmen, Zwischenbericht, Bonn

Enquete-Kommission (1994): Enquete Kommission des Deutschen Bundestags 'Schutz des Menschen und der Umwelt': Die Industriegesellschaft gestalten, Bonn

EPA (1993): U.S. Environmental Protection Agency: Life-Cycle Assessment: Inventory Guidelines and Principles, Washington

EPS (1992): The EPS Enviro-Accounting Method, Report of the IVL - Swedish Environmental Research Institute, Göteborg

Ewen, Ch. (1993): Falsch programmiert - Am Beispiel des Elektronikschrotts lassen sich Kriterien für ein sinnvolles Recycling darstellen, in: Müllmagazin 1/1993, S. 30ff

Felser, G. (1994): Kein Fall für Hacker, Gefährlicher Computermüll: Gifte von Arsen bis Zinn, in: Natur und Umwelt, 74 Jg., H. 2, 1994, S. 16-19

Fleischer, G. (1992): Computerschrott-Recycling - Stand und Entwicklungsmöglichkeiten in: Abfallwirtschaft in Forschung und Praxis, Band 51, Erich Schmidt Verlag, Berlin

Fleischer, G. (1993): Der ökologische break-even-point für das Recycling, in: Abfallwirtschaftsjournal 5/1993, Nr. 3, S. 209-215

Förstner, Ulrich (1990): Umweltschutztechnik, Berlin-Heidelberg

Fritsche U. et al (1993): Umweltanalyse von Energiesystemen. Gesamt-Emissionsmodell Integrierter Systeme (GEMIS), Version 2.0; im Auftrag des Hessischen Ministeriums für Energie, Umwelt und Bundesangelegenheiten; Darmstadt/Kassel

Gefahrstoffe (1992): Universum Verlagsanstalt, Wiesbaden

Gefahrstoffe (1995): Neufassung der TRGS 900 und 905, Ausgabe April 1995, Universum Verlagsanstalt, Wiesbaden

Gelb, Pliskin et al. (1979): Energy Use in Mining: Pattern and Prospects. Cambridge, Massachusetts, USA

Gieck, K. (1989): Technische Formelsammlung, 29. Erw. Auflage, Germeringen

Giegrich, J. (1994): Bewertungsmethoden in Ökobilanzen - Zwischen wissenschaftlichem Anspruch und gesellschaftlichem Diskurs, Vortrag anläßlich der UTECH '94, Berlin 21. Und 22. Februar 1994

Greenwood, N.N.; Earnshaw, A. (1988): Chemie der Elemente, Weinheim

Grote, A. (1994): Grüne Rechnung, Das Produkt Computer in der Öko-Bilanz, in: c't, Computer und Technik, H. 12, 1994, S. 82-98

Hartmann D. R. (1986): Simulation des kumulierten Energieverbrauchs industrieller Produkte, Gräfelfing

Heijungs, R. et. al. (1991) / CML: Manual for the Environmental Life Cycle Assessment of Products, Leiden

Hessisches Ministerium für Umwelt, Energie und Bundesangelegenheiten (1994) (Hrsg.): Konversion Chlorchemie, Endbericht, Wiesbaden

Hofstetter, P. et. al. (1994): Ökoinventare für Energiesysteme, Grundlagen für den ökologischen Vergleich von Energiesystemen und den Einbezug von Energiesystemen in Ökobilanzen für die Schweiz, Zürich

Hofstetter, Patrick (1990): FCKW-Einsatz und -Entsorgung in der Kälte- und Klimatechnik mit ökologischem Vergleich heutiger Kühlschranksysteme und Ausblick auf alternative Kältesysteme, Schaffhausen

Holleman, Prof. Dr. A. F.; Wiberg, Prof. Dr. Egon (1988): Lehrbuch der anorganischen Chemie, 91. Auflage

Huber, J. (1993): Wirtschaftlichkeit und stofflich-ökologischer Nutzwert von werkstofflichen, rohstofflichen und energetischen Verfahren des Kunststoffrecyclings, Lehrstuhl für Industrie- und Umweltsoziologie, Martin-Luther-Universität, Abschlußbericht im Auftrag des Ministeriums für Umwelt und Naturschutz des Landes Sachsen-Anhalt, Halle-Wittenberg

Huber, J. (1995): Nachhaltige Entwicklung, Berlin

Hutzinger, O. (1990): Untersuchung der möglichen Freisetzung von polybromierten Dibenzodioxinen und Dibenzofuranen, Forschungsbericht Nr. 104 03 362, April 1990, im Auftrag des Umweltbundesamtes, Berlin

ifeu-Institut (1993): Schadstoffaspekte der Verwertung und Behandlung/Ablagerung von Abfällen (Toxiozitätsparameter), Heidelberg

ifeu-Institut (1994): Ökobilanz für Verpackungen, Teilbericht: Energie - Transport - Entsorgung, im Auftrag des Umweltbundesamtes Berlin, Endbericht März 1994, unveröffentlicht

IMS Ingenieurgesellschaft mbH (1991): Entsorgung von Elektro- und Elektronikgeräten aus Haushalten, Band 1 Grundlagen, Hamburg

INFU Institut für Umweltschutz der Universität Dortmund (1992): Erfassung und Bewertung von Elektronikschrott mit dem Ziel eines möglichst weitgehenden Recyclings, Hamburg

International Iron and Steel Institute (IISI) (1983): Energy and the Steel Industry, Brussels

Jolliet, O. (1993): Ökobilanz thermischer, mechanischer und chemischer Kartoffelkrautbeseitigung, Landwirtschaft Schweit Band 6 (11-12), S. 675-682

Kaltofen, Rolf; et al (1994): Tabellenbuch Chemie, Thun/Frankfurt/M.

Knall. J. (1993): Beschreibung und Bewertung von Kupferkreisläufen unter besonderer Berücksichtigung der Leiterplattenfertigung, Diplomarbeit Institut für Verfahrenstechnik, TU Graz

Koch, Rainer (1989): Umweltchemikalien, Weinheim

Korte, F. (1992): Lehrbuch der ökologischen Chemie, Stuttgart

Kottmeyer, Jost; Göpel, Kristina (1993): Verwertung von Bildröhren, in: Fleischer, Günter: EDV - Elektronikschrott - Abfallwirtschaft, Berlin

Kreibich, R.: Wirtschaften in Kreisläufen: Voraussetzung für eine zukunftsfähige Wirtschaft, in: Kreibich, R. et al., Wirtschaften in Kreisläufen, 1996 Weinheim und Basel.

Lahl u.a. in: Polybromierte Diphenylether in der MV, Müll und Abfall 2/91

Landeck, H. (1995): Ökologische Produktgestaltung komplexer Produkte, Teil 10, Kap.7.1; in: Brínkmann, Ehrenstein, Steinhilper: Umwelt- und recyclinggerecht Produktentwicklung, WEKA Fachverlag, Augsburg

Landeck, H. (1996): Firmeninformation der LOEWE Opta GmbH, Kronach

Landeck, H.; Fischer , T. (1995): Abschlußbericht: Beiträge zur Entwicklung einer Kreislaufwirtschaft am Beispiel eines komplexen Massenproduktes TV-Gerät - Teilvorhaben 4: Metallvariante,

Landeck, Hubert (1994): Konstruktion eines entsorgungsfreundlichen Farbfernsehgerätes der Loewe Opta GmbH, Kronach, unveröffentlicht

Lantzy und McKenzie 1979; cit nach Merian, Ernest et.al.; Metalle in der Umwelt; Verlag Weinheim 1989; S. 29

Leimeroth, Frank; Schöppinger, Carsten; Schmidt Joachim (1995): Aufs Korn genommen - Eine Studie gibt Aufschluß über den Stand der Technik bei der kaltmechanischen Aufbereitung von Platinenschrott, in: Müllmagazin, 2/1995, S. 39-43

Lindig, M., Schott Glaswerke (1996), Firmeninformation, Mainz

Maas, H.; Theobald, W. (1983): Rückstände der Eisen- und Stahlindustrie. Müll-Handbuch, Kennzahl 8575, Lieferung 6/83, Berlin

Merian, E. (1991): Metals and Their Compunds in the Environment, Weinheim

Meyers Grosses Universallexikon (1981): Bibliographisches Institut Mannheim/Wien/Zürich, Meyers Lexikonverlag

Microelectronics and Computer Technology Corporation (MCC) (1993): Environmental Consciousness: A Strategic Competitiveness Issue for the Electronics and Computer Industry; Comprehensive Report: Analysis and Synthesis, Task Force Reports, Appendices, Austin, TX, USA

Midwest Research Institute (1974): Resource and Environmental Profile Analysis of nine Beverage Container Alternatives, USA

Müller, Philips Consumer Electronics (1995), persönliche Mitteilung, Hamburg

Neckarwerke (1994): Dokumentation Aktion Stromsparen, Esslingen

Ninkaplast GmbH (1995): Firmeninformation, Bad Salzuflen

NORDIC (1995): LCA-NORDIC, Technical reports No 10 and Special reports No 1-2, Copenhagen

Nührmann, Dieter (1994): Das kleine Werkbuch Elektronik - Datensammlungen - Bauelemente - Grundschaltungen, 4. Auflage, München

Öko-Institut (1987): Projektgruppe Ökologische Wirtschaft: Produktlinienanalyse, Köln

Öko-Institut (1992/1994): Arbeitspapiere PLA Waschmittel, Protokolle der Projektwerkstätten 1-3, Freiburg

Öko-Institut; Ewen, Ch. et. al. (1993): Nicht schadstoffbezogene ökologische Belastungsparameter der Verwertung und Behandlung/Ablagerung von Abfällen (nicht-toxikologische Parameter), Darmstadt/Freiburg

Öko-Institut; Strubel, V.; et. al. (1995): Beiträge zur Entwicklung einer Kreislaufwirtschaft am Beispiel des komplexen Massenproduktes TV-Gerät, Freiburg

Päpke, O.; Lis, A.; Ball, Dr.M.; Weiterführende Untersuchungen zur Bildung von von polyhalogenierten Dioxinen und Furanen bei der thermischen Belastung flammgeschützter Kunststoffe und Textilien; UBA Texte; 1992.

Päpke, O.; Lis, A.; Priegnitz, J.; Helmcke, K.; Ball, M.; Methodenentwicklung zur Messung von polyhalogenierten Dioxinen und Furanen in Luft; 1990.

Peter, Dr. Horst; Jung, Dr. Simone; Substitues for polychlorinated biphenyls used in capactiors, transfomers and as hydraulic fluids in underground mining; UBA-Texte 57/93; S. 12ff.

Pfeifer, R. (1993): Tiefgekühlt und nicht recyclingfähig?, hrsg. Öko-Institut, Freiburg

Philips (1993): Passive Components Product Programme 1994, Eindhoven

Philips (1994): Passive Components Chemical Composition of Products, Eindhoven

Pillman, W.; Jaeschke, A. (Hrsg.) (1990): Informatik für den Umweltschutz, 5. Symposium, Proceedings Informatik Fachberichte, Band 256, S. 686 - 696, Berlin

Rippen, Handbuch der Umweltchemikalien

Roth, L.; Daunderer, M. (1993): Giftliste, gesundheitsschädliche, reizende und krebserzeugende Arbeitsstoffe, 6. Auflage

Rubik, F. (1994): Produktbilanzen, in: Hellenbrandt, S.; Rubik, F. (Hrsg.): Produkt und Umwelt, Marburg, S. 233-251

Rubik, F.; Teichert, V. (1994): Ökologische Produktpolitik, Stuttgart

Rubik, F. (1997): Neueste Erfahrungen in der Anwendung und Umsetzung von Produkt-Ökobilanzen, in: Ökobilanzen - Seminar der Zentralen Informationsstelle Umweltberatung Bayern, Band 9, GSF-Bericht 9/97, München

Rutronik (1997): EPROM-Highlights, Firmeninformationsbrochüre, Ispringen

Sage J. (1993): Industrielle Abfallvermeidung und deren Bewertung am Beispiel der Leiterplattenherstellung. Graz

Salmang, H.; Scholze, H. (1983): Keramik, Teil 2: Keramische Werkstoffe, 6. Verb. U. erw. Auflage, Springer-Verlag, Berlin, Heidelberg, New York

Salmang, H.; Scholze, H. (1992): Keramik, Teil 1: Allgemeine Grundlagen und wichtige Eigenschaften, 6. Verb. U. erw. Auflage, Berlin, Heidelberg, New York

Schaaf, Dr. Ralf; Emission von Metallverbindungen bei der Verwertung und Beseitigung von Produkten; Müll und Abfall, 11/1983, S. 277ff.

Schmidt-Bleek, F. (1992): Ein universelles ökologisches Maß?, Wuppertal Papers, Wuppertal Institut für Klima, Umwelt, Energie, Nr. 1/1992

Schnitzer, H., et al (1993): Branchenkonzept Leiterplattenherstellung, Wien

Schulz, P. (1995): Flammschutzmittel im Bereich der Unterhaltungselektronik; Beitrag im Rahmen der Fachtagung „Brandverhalten von Kunststoffen - Status und Perspektiven", Fellbach

Seidemann, T. (1990): Stoff- und Energieverteilungsanaylse einer Produktlinie mit verschiedenen Entsorgungswegen am Beispiel einer Weißblech-Konservendose; Diplomarbeit an der TU Berlin

SETAC (1992): Life-Cycle Assessment - Inventory, Classification, Valuation, Data Bases, Leiden workshop, Leiden workshop report, Leiden

SETAC (1993): Guidelines for Life-Cycle Assessment: A Code of Practice, Brüssel

SETAC (1994): Integrating Impact Assessment into LCA, Brüssel

Sondern, Philips Eindhoven, NL: mündliche Information vom 18.04.1996

Sony Deutschland GmbH: Firmeninformation, Fellbach 1996

SRU (1990): Rat von Sachverständigen für Umweltfragen, Abfallwirtschaft, Sondergutachten, Stuttgart

Streit, Bruno (1990): Lexikon der Ökotoxikologie, Weinheim

Tartler, D. Ch. (1994): Analytisch-chemische Behandlung von elementreichen Verbundmaterialien und Möglichkeiten ihrer stofflichen Verwertung am Beispiel Elektronikschrott, Erlangen

Thalmann W. (1995): Konversions- und Energieverbrauchswerte in: Umwelt- und recyclinggerechte Produktentwicklung, Augsburg

Theisen, Jochen; Hamm, Stephan (1992): Weiterführende Untersuchungen zur Bildung von von polyhalogenierten Dioxinen und Furanen bei der thermischen Belastung flammgeschützter Kunststoffe und Textilien; UBA Texte; Berlin

Tiltmann, K. O.; Schüren, A. (1994): Recyclingpraxis Elektronik, Köln

Tischner, Ursula (1993): Die Kühlkammer - Ein umweltfreundliches Konzept für den Haushalt, Kühlschrank: Diplomarbeit an der Bergischen Universtät Wuppertal, Wuppertal

Uhde, Dr.W.-J.; Woggon, Dr.H.; Zum Migrationsverhalten toxisch relevanter Polymerzusätze; Plaste und Kautschuk, Jahrgang 24, Heft 6, S. 389ff, 1977

Ullmann´s Encyclopedia of Industrial Chemistry (1990): 5 th Edition, Weinheim

UMK-Arbeitsgruppe (1989): Bericht der UMK-Arbeitsgruppe 'Bromhaltige Flammschutzmittel' an die Umweltministerkonferenz, Bonn, September 1989

Umweltbundesamt UBA (1990): Untersuchungen der möglichen Freisetzung von polybromierten Dibenzodioxinen und Dibenzofuranen beim Brand flammgeschützter Kunststoffe, Bericht Nr. 104 03 362, Berlin

Umweltbundesamt UBA (1992): Ökobilanzen für Produkte, Berlin

Umweltbundesamt UBA (1994): Diskussionspapier zum Workshop am 22. Und 23.9.94, Ökobilanz für Getränkeverpackungen, Berlin

Umweltbundesamt UBA (1996): Perspektiven eines Umweltzeichens für Elektro- und Elektronikgeräte im Haushalt, Bericht Nr. 101 02 167

Umweltgutachten 1996, Bundestagsdrucksache 13/4108

Valvo (1983): Datenbuch Festwiderstände

Valvo (1990): Keramikkondensatoren - Datenbuch, Heidelberg

VDEW (Verband der deutschen Elektrizitätswirtschaft) (1990): Die Elektrizitätswirtschaft in der Bundesrepublik Deutschland

VNCI (1991): Integrated Substance Chain Management, Niederlande

Werth, P. (1977): Entscheidungskriterien für das Recycling von Abfallstoffen unter dem Gesichtspunkt des Energieeinsatzes - Beispiel: Altreifenbeseitigung, Dissertation, TU Berlin, Berlin

Wirth, W.; Hecht, G.; Gloxhuber, C. (1971): Toxikologie-Fibel, 2.Auflage, Stuttgart

ZVEI (1992): Leitfaden - Vermeidung flammhemmender Zusätze in Kunststoffen, Frankfurt/M.

ZVEI (1994) - Arbeitskreis Produktionstechnik: Empfehlungen zur recyclinggerechten Erzeugnisgestaltung in der Elektro-/Elektronikindustrie, Frankfurt/M.

ZVEI (o.J.): Umweltgerechte Entsorgung von Geräten der Unterhaltungselektronik, Memorandum, Frankfurt/M.

Anhang 1: Emissionsprofil der vier Gehäusevarianten

Legende:

- Geh. 1 Referenzgehäuse aus Kunststoff
- Geh. 2 Kunststoffgehäuse gefertigt nach dem AirMould-Verfahren
- Geh. 3 Stahlgehäuse
- Geh. 4 'Mischgehäuse' bestehend aus den Werkstoffen Stahl, Aluminium und Holz

Tabelle 16.1. Emissionsprofil der vier Gehäusevarianten

Luftschadstoffe				
	Gehäuse 1	Gehäuse 2	Gehäuse 3	Gehäuse 4
Ammoniak	0,0000	0,0000	0,0001	0,0001
Arsen	0,0000	0,0000	0,0000	0,0000
Blei	0,0000	0,0000	0,0001	0,0000
Cadmium	0,0000	0,0000	0,0000	0,0000
Chlorwasserstoff	0,0004	0,0004	0,0026	0,0015
Chrom	0,0000	0,0000	0,0000	0,0000
Distickstoffmonoxid	0,0000	0,0000	0,0009	0,0005
Fluorwasserstoff	0,0000	0,0000	0,0001	0,0004
Hexafluorethan	0,0000	0,0000	0,0000	0,0002
Kobalt	0,0000	0,0000	0,0000	0,0000
Kohlendioxid, fossil	15,7335	12,4783	59,6054	39,4464
Kohlenmonoxid	0,0113	0,0093	0,0305	0,0305
Kupfer	0,0000	0,0000	0,0000	0,0000
Mangan	0,0000	0,0000	0,0001	0,0001
Metalle, unspez.	0,0001	0,0001	0,0000	0,0000
Methan	0,0098	0,0059	0,0853	0,0603
Nickel	0,0000	0,0000	0,0000	0,0000
NMVOC, unspez.	0,0003	0,0002	0,0014	0,0007
Nox	0,1696	0,1440	0,0537	0,0812
Quecksilber	0,0000	0,0000	0,0000	0,0000
Schwefeldioxid	0,2476	0,2111	0,1809	0,1542
Schwefelwasserstoff	0,0000	0,0000	0,0000	0,0000
Selen	0,0000	0,0000	0,0000	0,0000
Staub	0,0244	0,0202	0,0505	0,0529
Tetrafluormethan	0,0000	0,0000	0,0000	0,0013
VOC (Kohlenwasserstoffe)	0,1844	0,1579	0,0000	0,0280
Zink	0,0000	0,0000	0,0002	0,0001

Wasserschadstoffe

	Gehäuse 1	Gehäuse 2	Gehäuse 3	Gehäuse 4
Aluminium	0,0000	0,0000	0,0000	0,0000
Ammonium	0,0007	0,0006	0,0004	0,0003
Antimon	0,0000	0,0000	0,0000	0,0000
Arsen	0,0000	0,0000	0,0000	0,0000
Benzo(a)pyren	0,0000	0,0000	0,0000	0,0000
Blei	0,0000	0,0000	0,0005	0,0002
BSB-5	0,0007	0,0006	0,0000	0,0007
Cadmium	0,0000	0,0000	0,0000	0,0000
Chlorid	0,0046	0,0039	0,0000	0,0009
Chlorwasserstoff	0,0003	0,0003	0,0003	0,0000
Chrom	0,0000	0,0000	0,0001	0,0000
CSB	0,0092	0,0079	0,0000	0,0014
Cyanid	0,0000	0,0000	0,0001	0,0001
Feststoffe, gelöst	0,0033	0,0028	0,0000	0,0027
Feststoffe, suspensiert	0,0046	0,0039	0,0000	0,0007
Feststoffe, ungelöst	0,0000	0,0000	0,0064	0,0027
Fluorid	0,0000	0,0000	0,0019	0,0008
Kupfer	0,0000	0,0000	0,0000	0,0000
KW, unspez.	0,0052	0,0045	0,0001	0,0009
Metalle, unspez.	0,0072	0,0062	0,0000	0,0011
Nickel	0,0000	0,0000	0,0000	0,0000
Phenole	0,0000	0,0000	0,0002	0,0001
Säuren als H(+)	0,0014	0,0012	0,0000	0,0002
Selen	0,0000	0,0000	0,0000	0,0000
Stickstoffverb., unspez.	0,0001	0,0001	0,0000	0,0000
Stoffe, org., gelöst	0,0004	0,0003	0,0000	0,0001
Stoffe, org.,halog.,unspez.	0,0000	0,0000	0,0000	0,0000
Zink	0,0000	0,0000	0,0003	0,0001

Abwasser				
	Gehäuse 1	Gehäuse 2	Gehäuse 3	Gehäuse 4
Abwasser (Kühlwasser)	124,7854	74,8052	537,8806	504,5906
Abwasser, unspez.	107,0940	89,5870	40,3335	50,7491
Wasserdampf	6,1780	3,7036	26,6301	24,9819

Ergebnisse der Wirkungsberechnung für die Kategorien Treibhauseffekt, Überdüngung, Versauerung, Photooxidantienbildung und Humantoxizität

Tabelle 16.2. Ergebnisse der Wirkungskategorien

	Gehäuse 1	Gehäuse 2	Gehäuse 3	Gehäuse 4
Treibhauseffekt	16,0767	12,6840	62,5910	46,0353
Überdüngung	0,0228	0,0194	0,0071	0,0108
Versauerung	0,3677	0,3130	0,2188	0,2122
Photooxidation	0,0002	0,0001	0,0012	0,0007
Humantoxizität	0,4296	0,3657	0,2963	0,2644

Anhang 2: Stoffe in Fernsehgeräten

Die folgende Tabelle zeigt die in Elektro- und Elektronikgeräten eingesetzten bzw. vorkommenden Stoffe, sie bezieht sich nicht ausschließlich auf Fernsehgeräte.

Die Abkürzungen bedeuten hierbei:

- **A**: Akkumulatives Umweltverhalten
- **K**: Krebserzeugend, Gruppe A Eindeutig als krebserregend ausgewiesene Arbeitsstoffe, wobei A1 beim Menschen und A2 bisher nur beim Tier nachgewiesen sind, Gruppe B umfaßt Stoffe mit begründetem Verdacht auf krebserzeugendes Potential
- **P**: Persistent
- **S**: Klassifizierung nach der Schweizer Giftliste mit K = Kanzerogen, 2 = sehr starkes Gift, 3 = starkes Gift, 4 = nicht unbedenklich und F = Giftklassenfrei und - = nicht giftig
- **T** = sehr giftiger Stoff
- **Xn** = gesundheitsschädlicher Stoff
- **Xi** = reizender Stoff
- **Gefst**. = Verordnung über besondere Gefahrstoffe, wobei § 15 das Verbot von Herstellung und Verwendung umfaßt, § 15 a Beschränkungen der Verwendung
- **G/F** = Gesamt/Feinstaubgehalt in mg/m^3 bei Feststoffen oder in ml/m^3 bei Flüssigkeiten
- **Werte ohne Kennzeichnung**: MAK-Werte

Quellen der Stoffliste (ausführliche Angaben zu Autoren und Titel siehe Literaturverzeichnis):

- Angerer
- Breer
- Brinkmann 1995
- BUWAL 1992
- Dreyhaupt 1994

- Elektronikschrott , o. J.
- Förstner 1990
- Gefahrstoffe 1992
- Gefahrstoffe 1995
- IMS 1991
- INFU 1992
- Kaltofen 1994
- Koch 1989
- Korte
- Kottmeyer 1993
- Landeck 1994
- Leimeroth 1995
- Merian
- Nührmann1994
- Tartler o.J.94 v 95
- Tiltmann 1994
- ZVEI 1992
- ZVEI 1994

Stoff	Vorkommen im Gerät	Funktion	Wirkungen	GefstV..	Toxizität
Acrylharz	Klebstoffe				
Acrylnitril	Monomer von ABS-Kunststoffen				
Acrylnitril-Butadien-Styrol (ABS)	Gehäuse von Bauelementen; Chassis, Tastaturen	Umhüllung			
Acylnitril-Butadien-Kautschuk	Leitungsisolierung, Kabelmäntel				
Adipinsäureester	PVC-Weichmacher				
Alkydharz	Isolierlack, gewebehaltige Isolierschläuche				
Aluminium $\langle Al \rangle$	Kühlbleche, elektronische Bauteile (Kondensatoren); Getter; Gehäuse	Kühlung, Abschirmung, Umhüllung			6 F
Aluminiumoxid $\langle Al_2O_3 \rangle$	Kondensatoren; Keramik				6 F
Alumiumhydroxid $\langle Al(OH)_3 \rangle$	Flammhemmer		Reizstoff		
Antimon $\langle Sb \rangle$	Lote; Farbstoff (orange) in Kabeln	Temperaturerniedrigung, Farben			0,5 G, S: 2
Antimontrioxid $\langle Sb_2O_3 \rangle$	Flammhemmer in Kunststoffen, Konusglas; Gläser	Synergist zu Flammhemmern	Kanzerogen	Xn, K III A2	0,1 G, S: 4
Arsen$\langle As \rangle$ / $\langle GaAs \rangle$	Leiterplatten; elek.Bauelemente; LCD-Anzeigen	Dotierung	Nervengift	T, Gefst. § 15	S: K1
Arsenik $\langle As_2O_3 \rangle$	Schirmglas	Glasbildner	Nervengift	T, K III A1, Gefst. § 15	0,1 G, S: K1
Azaacennapthylen und Isomere	Leiterplatten				
Bariumferrit	Magnete				
Bariumoxid $\langle BaO \rangle$	Elektrodenbeschichtung in Leuchtstoffröhre, Kathodenoberfläche in Elektronenröhre, HV-Gleichrichterdiode, Glas, Getter	Gasfänger, Leuchtstoff		Xn	0,5 G
Bariumseife	Stabilisator	Radikalfänger			

Stoff	Vorkommen im Gerät	Funktion	Wirkungen	Gefstvo.	Toxizität
Bariumsilicat	Leuchtstoff blau-grün				
Bariumstrontiumoxid	Kathodenschicht ind Elektronenröhren				
Bariumsulfat	Füllstoff in Leiterplatten			Xn	G
Bariumtitanat	Kondensator- / ferroelektrische Keramik, PTC-Widerstand,				
Benzol	Leiterplatte	Ausgangsstoff von Monomeren	verd. Mutagenität, Nervengift	T, K III A1, Gefst. § 15	1 ml/m^3, 3,2 mg/m^3, S K1
Berylliumoxid⟨BeO⟩	Keramik, Glas, Wärmeleitschichten bei elektronischen Bauelementen (Transistorensockel)	wärmeleitend, elektrisch isolierend			
Bis-Ethylhexylphosphat	Gehäuse	Flammhemmer		Xi	S 2
Bismut (Wismut) ⟨Bi⟩	elektronische Bauelemente; Lötpasten (Alpha-grillo),				S: F
Bismutoxid	Bildröhre	Glasbildner			
Bisphenol A	Monomer von Duroplasten				
Bisphenol-A-Epichlorhydrin	Vergießen von Bauelementen (ICs) mit Quarzsand als Füllstoff; Basismaterial für Isolierlacke, Klebemittel, leitfähige Lacke (Ag als Füllstoff)		Reizstoff, Sensibilisierung möglich		S 4
Blei ⟨Pb⟩	Kabelmäntel; Anoden; Lote; Fernsteuerung; Stabilisatoren (Bleiseifen)		Teratogen, Nervengift	T'Gefst. §15b	0,1 G·S 3
Bleiborat	Glaslot in der Bildröhre	Glasverschmelzung	Teratogen, Nervengift		
Bleichromat	Farbstoffe (grüngelb, gelb, orange) in Kunststoffen (Kabel)			K III	
Bleioxid/sulfat	Glas; Glaslot	Strahlenisolation	krebsverdächtig		S 2
Bleititanat	Kondensatorkeramik				

Stoff	Vorkommen im Gerät	Funktion	Wirkungen	GefstV..	Toxizität
Bor und Verbindungen	Halbleiter; Kohleschichtwiderstand, Spulenkörper (BN)	Dotierung	Organ- und Atemgift		
Bortrioxid $\langle B_2O_3 \rangle$	Leiterplatten (Trägermaterialien); Glaslot; Schirm-, Konusglas		Nervengift		15 G·S 2
Butadienkautschuk	Gummi				
Butyrolacton	Elektrolytkondensatoren		Reizstoff	Xn	S 4
Cadmium $\langle Cd \rangle$	Stabilisator in Kunststoffen (Cd-Seife); Lote; Elektroden; Akkumulatoren	Radikalfänger, Legierungsfestiger, Korrosionsschutz		T·K III A 2·	S 3
Cadmiumborat	Leuchtstoff (rot)				
Cadmiumoxid	Leuchtstoff, Legierung in Kontaktwerkstoffen				
Cadmiumselenid	Selengleichrichter, Farbpigment (orange und rot)				
Cadmiumsulfid $\langle CdS \rangle$	Getter; Farbstoff (grüngelb, gelb, orange) in Kunststoffen,		Nervengift	K III A 2· Gefst. §15	S 4
Calciumcarbonat	LED-Füllstoff für Leuchtdioden	gleichmäßige Ausleuchtung			
Calciumfluorid	LED-Füllstoff für Leuchtdioden	gleichmäßige Ausleuchtung			
Calciumfluorophosphat	Leuchtstoff (blau)				
Calciummagnesium-carbonat	Füllstoff in Kunststoffen				
Calciummetasilikat	Leuchtstoff (orange)				
Calciumoxid $\langle CaO \rangle$	Keramik; elektronische Bauteile; Glas		ätzend		5 G·S 4
Calciumtitanat $\langle CaTiO_3 \rangle$	Keramikkondensatoren	Dielektrikum			
Calciumwolframat	Leuchtstoff (blau)				
Calciumzinkphosphat	Leuchtstoff (orange)				

Stoff	Vorkommen im Gerät	Funktion	Wirkungen	Gefstvo.	Toxizität
Celluloseacetat	Spulenfolien, Wickelbänder, Filme und Magnetbänder, Flammhemmer, Kondensatordielektrikum	Isolation, Flammhemmer			
Cellulosepropionat	Isolierteile				
Cellulosetriacetat	Folien	Isolation			
Cerdioxid $\langle CeO_2 \rangle$	Glas				
Chloropren	Klebstoffe	Monomer	Nervengift	$T^{+,}$ K III B	3 mg/1ml pro m^3 S 1
Chrom $\langle Cr \rangle$	Bildschirmbeschichtung; elektrische Bauteile, Stahlhärter, Oberflächenbeschichtung, Leistungsschalter (CrCu)	Oberflächenveredelung, Legierungshärter			
Chrom-(VI)-Verbindungen	Vercromungsagens, Farbmittel (grün schwarz,) in Kunststoffen (Chromat)				
Cobalt	Stahlhärter				
Cobaltoxid $\langle CoO \rangle$	Leuchtstoff in Bildröhren (Aluminate), Ferrite		Sensibilisierung , kanzerogen	Xn' K III A2	0,1 G' S 3
Di-Ethylhexylphthalat	weiche Kunststoffe	Weichmacher	Mutagenität und Sensibilisierung möglich,Reizstoff,		10 mg/m^3 S 4
Dicarbonsäureanhydrid	Härter in Epoxyharzen				
Dicyandiamid	Zusatz ind Isolierpapier und Preßspan				
Diethylhexylphthalat	Leiterplatte; Kabel	Weichmacher			

Stoff	Vorkommen im Gerät	Funktion	Wirkungen	GefstV..	Toxizität
Dimethylformamid	Elektrolytkondensatoren	Elektrolyt	Teratogen, Sensibilisierung möglich, Reizstoff, Hautresorbtion	T'	30 mg/ 10 ml pro m^3 S 3
Diphenylkresylphosphat	Leiterplatten, Gehäuse	Flammhemmer			
Dodecylphenol	Leiterplatten				
Eisen ⟨Fe⟩ ⟨FeNiCr⟩ ⟨FeCrAl⟩ ⟨FeNi⟩ ⟨FeNiCo⟩ ⟨FeNiMn⟩	Grundträgermaterial (verzinnt, verkupfert, vernickelt, verzinkt) für Kontakte, Anschlußstifte, Gehäuse von elektronischen Bauelementen, Fassungen				
Eisenoxid ⟨Fe$_2$O$_3$⟩	Leiterplatten; Schirm-, Konusglas; Farbmittel (schwarz, gelb) in Kunststoffen (Kabel); Ferrite	Farbstoff, Magnet			6 F
Epichlorhydrin	Monomer von Epoxyharzen				
Epoxy-Isocyanat-Harz	Transformatorisolierung				
Epoxyharze	Vergußmaterial für Kondensatoren und Spulen, Formmassen, Lacke, Halbleitereinbettung, Tauchharze, Hochspannungsisolierung, Leiterplattenwerkstoff				
Ethandiol	Elektrolytkondensatoren	Dielektrikum, Weichmacher		Xn	10 ml/ 20 mg pro m^3 S 4
Europium ⟨Eu⟩	Bildröhrenbeschichtung	Leuchtstoff			
Ferrit (Eisenoxid mit Beimengungen von NiO, MnO, ZnO, MgO, CuO, BeO, CdO, CaO, CoO)	Wickelteile; siehe Eisen				

Stoff	Vorkommen im Gerät	Funktion	Wirkungen	Gefstvo.	Toxizität
Fluorchlorkohlen-wasserstoffe 〈FCKW〉	Geschäumte Kunststoffe				ODP-Potential
Fluorethylenpropylen	Leiterplatten				
Fluorkautschuk	Kabelumantelung	temperaturstabil			
Gadolinium 〈Gd〉	Magnete, Bildröhrenbeschichtung (Luminizensaktivator)	Magnet, Luminzinsaktivator			
Gallium 〈Ga〉	Dotierungselement in Halbleitern				
Galliumantimonid	Halbleiter				
Galliumarsen-phosphid	rote Leuchtdiode				
Galliumarsenid	Leuchtdioden, FET				
Galliumphosphid	Leuchtdiode				
Germanide	elektrische Bauteile	Halbleiter			
Germanium 〈Ge〉	elektrische Bauteile	Halbleiter			
Germaniumhydrid	elektrische Bauteile	Halbleiter			
Glas	Siliziumoxid mit anderen Halb- und Metalloxiden, Röhren, Diodengehäuse, Glasuren, Isolierung, Gewebe in Leiterplatten	isolierend, transparent, thermostabil, fest			
Glycol	Elektrolytkondensator	Elektrolyt			
Gold 〈Au〉 〈AuNi〉, 〈AuPt〉 〈AuAg〉, 〈AuPd〉 〈AuCr〉	Kontaktwerkstoff bei Metallübergängen, Goldkondensator, Edelmetallote				
Graphit	Elektroden, Widerstände, Pigment				
Gummi	Gummidichtungen, Kabelisolierungen, Elektrolytkondensatoren				
Hafniumdioxid	Kondensatordielektrika				
Harnstoffharz	helle Isolier- und Schalterteile, Lack, Dielektrikum in Drehkondensatoren, Stecker				
Hexachlornaphtalin	Leiterplatten	Flammhemmer	Lungenreizstoff, Lebergift		S 3

Stoff	Vorkommen im Gerät	Funktion	Wirkungen	GefstV..	Toxizität
Indium	elektrische Bauteile	Halbleitern			
Indiumarsenid	Hallgenerator, Halbleitermaterial				
Indiumarsenidphosphid	Hallgenerator, Halbleitermaterial				
Indiumoxid	Flüssigkristallanzeige				
Indiumzinnoxid	Elktrodenschicht in Flüssigkristallanzeigen				
Iridium	Legierungsbestandteil				
Isobutylen-Isopren-Kautschuk	Kabelummantelungen				
Isocyanat	Monomer von Klebstoffen				
Kaliumoxid $\langle K_2O \rangle$	Keramik, Glas				
Kaolin	Füllstoff von Kautschuk und PVC				
Keramiken	Einkapselung von Halbleitern; Leiterplatten				
Kieselsäure	Kondensatorabdichtung, Füllstoff in PVC				
Kohlenstoff (Graphit) $\langle C \rangle$	Widerstände; Bildröhre; Isolatoren				
Kolophonium	Imprägniermittel zur Isolierung, Flußmittel				
Kreide	Füllstoff in PVC und Kautschuk				
Kresol	Leiterplatten	Monomer			
Kupfer, -verbindungen $\langle$ Cu$\rangle$, $\langle$CuO$\rangle$, $\langle$CuAl$\rangle$; $\langle$ CuMg$\rangle$, $\langle$CuBe$\rangle$, $\langle$CuCd$\rangle$, $\langle$CuCr$\rangle$, $\langle$CuZn$\rangle$	Massiv als Leiter: Kabel; Wickelteile; Ablenkeinheit; Farbmittel in Kunststoffen (Schwarz); Leitkleber, Korrosions- und verschleißfeste Legierungen; Kontakte; Kühlkörper; Buchsen; Stecker, Verschleißfeste Legierungen, Kontakte, Elektroden	Stromleiter	Lebergift, Nierengift		1 G. S. F
Kupferoxid	Bildschirm	Glasbildner			
Lithiumchlorid	Tantalkondensator	Elektrolytlösung			
Lithiumoxid $\langle Li_2O \rangle$	Konusglas, Verkappung elektronischer Bauelemente		ätzend		

Stoff	Vorkommen im Gerät	Funktion	Wirkungen	Gefstvo.	Toxizität
Magnesium	Legierungsbestandteil leichte Werkstoffe, Lautsprecherkörbe				
Magnesiumarsenat	Leuchtstoff (rot)				
Magnesiumchlorid	Elektrolyt in $MgClO_2$-Zelle				
Magnesiumfluorgermanat	Leuchtstoff (rot)				
Magnesiumhydroxid	Flammhemmer in Kunststoffen				
Magnesiumoxid $\langle MgO \rangle$	Keramik; Glas				6 F· S 4
Magnesiumoxyhydrat	Flammhemmer in Kunststoffen				
Magnesiumsilikat	Kondensatordielektrikum, Keramik				
Magnesiumwolframat	Leuchtstoff (weiß-blau)				
Magnseiumtitanat	Kondensatordielektrikum				
Mangan $\langle Mn \rangle$	Kabelummantelung, Legierungsbestandteil in Loten, Widerstandswerkstoff, Stahlhärter, Luminzensaktivator			Xn	5 G· S 4
Mangandioxid	Elektrolyt in trockenen Aluminium oder Tantalkondensatoren				
Melamin	Zusatz zu Isolierpapier und Preßspan				
Melaminharz	Isolierung in Hochspannungstechnik, Einbettmasse für Schalter und Stecker	isolierend, kriechstromfest			
Mesitylen	Leiterplatten		Reizstoff	Xi	S 4
Messing	Lampenfassungen, Armaturen, Schrauben, Klemmen, Schaltkontakte, Ösen				
Methoxy-methylbenzol	Leiterplatte				
Molybdän $\langle Mo \rangle$	Elektroden bei Röntgenröhren, Kontakte				S: F
Naphthalin	Imprägniermittel für Papier, Vergußmasse für Kabelmuffen				
Natriumoxid $\langle Na_2O \rangle$	Leiterplatten (Trägermaterial) Konusglas; Schirmglas		ätzend, Reizstoff		
Naturkautschuk	Gummischläuche, Steckerisolierung				

Stoff	Vorkommen im Gerät	Funktion	Wirkungen	GefstV..	Toxizität
Nickel und Verbindungen $\langle$Ni$\rangle$, $\langle$NiCr$\rangle$ $\langle$NiBe$\rangle$	Leiter; Leiterplatten; Crimp- und Lötanschlüsse; Leitkleber; Elektrodenmaterial; Oberflächenveredelung; Magnete, Widerstände; Hochvakuumgleichrichterdiode		Reizstoffe' in Form atembarer Stäube/ Aerosole von $NiCO_3$, NiS, $Ni(CO)_4$, NiO, kanzerogen	Xn' K III A 1	0,5 G (Ni) 0,05 (Ni-Verbindungen)
Nickelantimonid	magnetfeldabhängiger Widerstand				
Nickeloxid	Ferritbestandteil, Glasbestandteil				
Nickeltitanat	Farbmittel (gelb) in Kunststoffen (Kabel)				
Nitrilkautschuk	Kabelummantelungen				
p-Azoxyanisol	Flüssigkristalle (Display)				
Palladium $\langle$Pd$\rangle$	Oberflächenveredelung der Leiterbahnen; Kontakte, Schottkydiode				S: F
Papier	Elektrolytkondensatoren, Trägermaterial für Leiterplatten				
Perfluorhexylether	Isoliermittel	Isolator			
Phenol-formaldehydharz	Leiterplatten; Vergießen von elektronischen Bauelementen				
Phenolplaste	dunkelbraune Schalter und Steckdosen, Bindemittel bei braunem Hartpapier				
Phosphor	Leiterplatten (P_4)	Flammhemmer, Getter			S 4
Phosphorhydroxid	Flammhemmer in Kunststoffen	Flammhemmer			
Phosphorpentoxid $\langle$P$_2$O$_5\rangle$	Konusglas	Glasbildner	Lungenreizstoff		1 G' S 2

Stoff	Vorkommen im Gerät	Funktion	Wirkungen	Gefstvo.	Toxizität
Platin ⟨Pt⟩ ⟨PtIr⟩, ⟨PtNi⟩,	Widerstandsdrähte; Oberflächenveredelung; Kontakte		Sensibilisierung	Xi in Verbindungen	0,002 G in Verbindungen· 1 G als Platinmohr
Polethylenterephthalat	Kabelummantelungen, flexible Leiterplatten, Kondensator- und Transformatorisolierung				
Polyacrylsäureamid	Zusatz zu Isolierpapier und Isolierpreßspan				
Polyamid ⟨PA⟩	Isolierung; Steckverbindungen; Schalterteile; Tasten; Klemmleisten; Spulenkörper; Isolierfolien; Metallbeschichtung				
Polyamid	Kabelumantelung, Kondensatorbecher, Stecker, Gehäuse, transparente Kunststoffe, Drahtlack, Schrauben				
Polyamidimid	Isolierfolie für Transformatoren				
Polyamine	Härter für Epoxyharze				
Polyäthylentere-phthalat	Folienkondensatoren				
Polybromdiphenylether	Leiterplatten, Gehäuse	Flammhemmer			G
Polybromierte Dibenzodioxine und -furane ⟨PBDF⟩	in polybromierten Flammschutzmitteln	Verunreinigung	Teratorgen, Kanzerogen, Gefahr der Hausresorbtion, Nervengift, Umweltgift	Xn· K 3 Gefst. § 15	< 42% Cl: 0,1 ml/ 1 m < 54% Cl: 0,05 ml/ 0,5 mg pro m^3 S 1

Stoff	Vorkommen im Gerät	Funktion	Wirkungen	GefstV..	Toxizität
Polybromierte Diphenyl-ether ⟨PBDE⟩	Flammhemmer in Kunststoffen (Leiterplatte, Rückwände, Halbleiterge-häuse) (seit 1990 nicht mehr verwandt, ggf. in Importgeräten, Kunststoffgranulate)	Flammhemmer			
Polycarbonat	durchsichtige Abdeckung, Isolierung in Hochspannungstechnik, Steckerleisten, Spulenkörper, Abdeckhauben, Dielektrikum in Kunststoffolienkondensatoren				
Polychlorierte Biphenyle ⟨ PCB⟩	Kondensatoren; Transformatoren (nur in Altgeräten; ggf. auch Importgeräten)	flammwidriges Di-elektrikum			G; E; H; K (B); R
Polychloropren	Kabelmäntel				
Polydiallyl-phthalat ⟨ PDAP⟩	Umhüllung von elektro-nischen Bauele-menten				
Polyester	Folienkondensatoren, Kondesatordielek-trikum, Isolierfolie				
Polyester, ungesättigt	Gehäuse, Isolierung, Röhrensockel, Spulen-körper, Trafoumhüllung, Schalter				
Polyesterimid	Drahtlack				
Polyetheramid	Isolierfolie für Transformatoren, transpa-rente Bauteile				
Polyethersulfon ⟨PES⟩	Spulenkörper; Klemmbretter; Dielektrikum für Kondensatoren, hochtransparente Bau-elemente, Transistor- und IC-Fassung	Flammhemmer			
Polyethylen ⟨PE⟩	Dielektrika für Hochspannung				
Polyethylenglykol-terephthalat	Faserverstärkung für Epoxidharz				
Polyimid ⟨PI⟩	Isolierung; Kondensator-dielektrikum; Basismaterial für flexible Leiterplatten, Trägerfolie für ICs				

Stoff	Vorkommen im Gerät	Funktion	Wirkungen	Gefstvo.	Toxizität
Polyisobutylen	flüssiges Isoliermittel in Transformatoren und Kondensatoren, Dielektrikum				
Polyisopren	Gehäuse				
Polymethylmeth-acrylat ⟨ PMMA⟩	Gehäusekörper (Acylglas), Lichtfenster, Skalenplatten für Hintergrundbeleuchtung				
Polyoximetyhlen ⟨POM⟩	Gehäuse elektronischer Bauelemente; Isolierungen, Skalen, Tasten und Knöpfe				
Polyphenylenoxid ⟨PPO⟩	Umhüllung von elektronischen Bauelementen, Hochspannungsleitungen, Träger für Ablenkspulen				
Polypropylen ⟨PP⟩	Kabelummantelungen, Spulenkörper, Folienkondensatoren, Transormatorisolierung, Lautsprechermembran, Gehäuse,				
Polystyrol	Verpackungsmaterial (Styropor), Isolierfolien, Abdeckhauben, Spulenkörper, Lautsprechermembran, Dielektrikum,				
Polysulfon ⟨PSO⟩	Gehäuse für elektronische Bauelemente; IC-Sockel; Klemmleisten; Dielektrikum, transparente Bauteile	schwer entflammbar, selbstverlöschend			
Polyterephthalsäureester	Kabelummantelung, Dielektrikum in Kunststoffolienkondensator				
Polytetrafluorethylen / Teflon	Isolierfolien, Kabelisolierung, Kondesatordielektrikum, gedruckte Schaltungen, Schrumpfschläuche				
Polyurethan ⟨PUR⟩	Isolierungen; Schaumstoff, Klebstoffe im HF-Leitungen Mehrkomponentenkleber, als Harz Implosionsschutz von Bildröhren oder Vergießen von Bauteilen				
Polyvinylacetal	Lack für Trafodraht				

Stoff	Vorkommen im Gerät	Funktion	Wirkungen	GefstV..	Toxizität
Polyvinylcarbazol	Umhüllung elektronischer Bauteile				
Polyvinylchlorid $\langle$PVC$\rangle$	Kabelummantelung; Gehäuse elektronischer Komponenten; Metallbeschichtung, Klebebänder, Tonbänder, Stecker, Schalter und Spulenkörper, Dichtungen, Folien		Lebergift, Nervengift		5 F· S: F
Quecksilber $\langle$Hg$\rangle$	flüssiger Leiter (Kippschalter, Gleichrichter)		Nervengift	T· Gefst. § 15	0,001 ml / 0,1 mg pro m^3 S 2
Rhodium $\langle$Rh$\rangle$	Oberflächenveredelung von elektronischen Bauteilen; Kontakte; Leiterbahnen		Lungenreizstoff		S: F
Ruß	Füllstoff in Kunststoffen				
Samarium $\langle$Sm$\rangle$	Magnete				
Schwefel	Vulkanisiermittel für Kautschuk				
Schwefelhexafluorid	Hochspannungsisolierung und Kühlung in Transformatoren				
Schwefelsäure	Elektrolyt im Tantalkondensator				
Selen und Verbindungen $\langle$ Se$\rangle$	Halbleiter, Leuchtdioden, Selendiode, Gelichrichter		als Verbindungen oft Nervengifte	T	0,1 G· S 1
Silber und Verbindungen $\langle$Ag$\rangle$, $\langle$AgC$\rangle$, $\langle$AgNi$\rangle$ $\langle$ AgWC$\rangle$	Oberflächenveredelung von Drähten und Leiterbahnen; Korrosionsschutz; Kontaktwerkstoff; Leitkleber; Kondensatorbeläge; Elektroden; Schmelzdraht; Gehäuseüberzug für elektronische Bauelemente, Luminizensaktivator		Verbindungen oft reizend	Xn, Xi Verbindungen	0,01 G Verbindungen, S: F
Silicium $\langle$Si$\rangle$	Trägermaterial für ICs				
Siliciumcarbid	spannungsabhängiger Widerstand				

Stoff	Vorkommen im Gerät	Funktion	Wirkungen	GefstV..	Toxizität
Styrol-Butadien	Gehäuse von elektronischen Bauelementen				
Tantal ⟨Ta⟩	Anodenmaterial von Tantalkondensator, Getter für Hochlastöhren, Elektroden von Elektronenröhren				5 G, S: F
Tantalpentoxid	Dielektrikum im Tantalkondensator, Solarzelle, Keramik				
Tellur ⟨Te⟩	elektronische Bauteile	Halbleiter	Hautresorbtion		0,01 G, S 2
Terbium ⟨Tb⟩	Luminizensaktivator				
Tetrabrom-benzimidazol	Flammhemmer in Leiterplatten				
Tetrabrom-Bisphenol A	Flammhemmer in Kunststoffen (Leiterplatten, Halbleitergehäuse)				
Tetrabromethylen	Flammhemmer in Leiterplatten				
Tetraethylenphosphat	Flammhemmer in Kunststoffen				
Tetrasiloxan	Leiterplatte				
Thallium	Getter				
Titan ⟨Ti⟩	Halbleiter (Metallisiermittel)				
Titanoxide ⟨TiO$_2$⟩ ⟨MTiO$_3$⟩	Dielektrikum; Keramikleiterplatten (Trägermaterialien); Farbmittel (weiss) in Kunststoffen (Kabel), Magnetbänder (Rückschicht), Solarzellen, keramischer Kondensatorwerkstoff Keramiken (A=Ba, Ca, Mg, Sr)				
Toluol	Edukt von Aromaten, Lösungsmittel				
Trichlornaphtalin	Leiterplatten; Imprägniermittel für Kondensator-dielektrikum				G; H
Trikresylphosphat	Leiterplatten (Flammhemmer), Weichmacher für Nitrocellulose, synthetischen Kautschuk und Kunstharze	Flammhemmer			

Stoff	Vorkommen im Gerät	Funktion	Wirkungen	Gefstvo.	Toxizität
Triphenylphosphat	Leiterplatten	Flammhemmer			
Urethankautschuk	Dichtungen, Laufrollen				
Vanadium	Legierung für Spezialstähle				
Vaseline	Imprägniermittel für Gummi				
Vinylacetat	Monomer für PVA				
Vinylchlorid	Monomer für PVC				
Wachs	Imprägnierung				
Wolfram $\langle W \rangle$, $\langle WCu \rangle$, $\langle WAg \rangle$, $\langle Ag\text{-}WC \rangle$	Trägerwerkstoff für, Gitter, Halbleiter, HV-Gleichrichterröhre, Ag-W-Kontakte,				S: F
Wolframate	Leuchtstoffe				
Wolframtrioxid $\langle WO_3 \rangle$	Schirmglas	Ätzmittel			
Yttrium und Verbindungen $\langle Y_2O_3{:}Eu \rangle$ $\langle Y_2O_2S{:}Eu,Tb \rangle$	Magnete, Leuchtstoff in der Bildröhre	Luminizensaktivator	Nervengift (Yttrium)		5 G
Yttriumaluminiumgranat	Festkörperlaser				
Zink $\langle Zn \rangle$	Oberflächenveredelung, Metallschicht auf Metallpapierkondensator, Legierung in Loten, Dotiermaterial für LED				S: F
Zinkchlorid	Flußmittel beim Löten				
Zinkchromat	Pigment				
Zinkoxid	Schirmglas, Elektroden in Flüssigkristallanzeige, Varistor	Glasbildner			
Zinksulfat $\langle ZnSO_4 \rangle$	Bildröhre	Leuchtstoff		Xi	
Zinksulfid	Farbmittel (weiss) in Kunststoffen (Kabel), Leuchtstoff (blau)				
Zinksulfid-Komplexe mit AgI, Cu, AuI, Al, CdS	Bildröhre, Luminiszenzaktivator, Leuchtstoffe	Leuchtstoff			

Stoff	Vorkommen im Gerät	Funktion	Wirkungen	GefstV..	Toxizität
Zinkkomplexe: $\langle Zn_3(PO_4)_2 : Mn\rangle$ $\langle Zn_2SiO_4 : Mn\rangle$ $\langle ZnS\rangle$	Bildröhre	Leuchtstoff			
Zinn $\langle Sn\rangle$	Kontaktmetall; Korrosionsschutz		Lungenreizstoff (anorg. Verb.)		2 G, S: F
Zinn-Legierungen: $\langle SnSb\rangle$, $\langle SnPbAg\rangle$, $\langle SnPbCu\rangle$, $\langle SnBiPbCd\rangle$	Selendiode, Lote				
Zinnoxide $\langle SnO_x\rangle$	Glaslote, Flüssigkristallanzeige (X=2), Gassensor (X=1)				
Zirkonium $\langle Zr\rangle$	Kabelummantelung, Getter für Hochlaströhren				5 G
Zirkoniumdioxid $\langle ZrO_2\rangle$	Leiterplatten (Trägermaterial); Glas, Gassensor, Kondensatordielektrikum,				

Sachverzeichnis